Günter Schmidt
Frank Tautenhahn

Qualitätsmanagement

Günter Schmidt
Frank Tautenhahn

Qualitäts-management

Eine projektorientierte Einführung

Herausgegeben von Günter Schmidt

Mit über 100 Abbildungen

Die Autoren:
Günter Schmidt, BBS Rhein-Sieg-Kreis
Dr. Frank Tautenhahn, Staatliche Glasfachschule Rheinbach

Der Verlag Vieweg ist ein Unternehmen der Bertelsmann Fachinformation.

Umschlaggestaltung: Klaus Birk, Wiesbaden
Druck und buchbinderische Verarbeitung: Lengericher Handelsdruckerei, Lengerich
Gedruckt auf säurefreiem Papier

ISBN-13: 978-3-528-04949-2 e-ISBN-13: 978-3-322-84071-4
DOI: 10.1007/ 978-3-322-84071-4

Vorwort

Dieses Buch wendet sich an Leser, die sich mit der komplexen Thematik von Qualitätsmanagement auseinandersetzen sollen und wollen. Es ist aus Unterlagen einer Fortbildungsmaßnahme: Qualitätsmanagement im Rahmen der neugeordneten Fachschulen (Technikerschulen) des Landes Nordrhein-Westfalen entstanden.

Aufgrund seines Aufbaus ist die vorliegende projektorientierte Einführung ebenso für den Anfänger geeignet, der sich über die Zusammenhänge sowie Methoden und Techniken von Qualitätsmanagement „nur“ ein Bild machen möchte wie auch für den Teilnehmer, der anschließend im Rahmen von Qualitätsmanagement in verschiedenen betrieblichen Handlungsfeldern aktiv wird.

Es wendet sich daher an

- Studierende an Fachschulen der verschiedenen Fachrichtungen (Technikerausbildung)
- Studierende an Fachhochschulen
- Teilnehmer beruflicher Weiterbildungseinrichtungen
- Teilnehmer an Qualitätsmanagementlehrgängen
- Schüler an Berufsbildenden Schulen
- und alle, die im Sinne von Qualitätsverbesserungen tätig werden wollen.

Durch den Aufbau des Buches ist ein unterschiedlicher Einsatz denkbar. Dabei kann der Bogen von der selbständigen Erarbeitung in Qualitätsgruppen bis zu Lehrgangsformen gespannt werden.

Ausgangspunkt ist in allen Fällen die Erörterung der beschriebenen Krisensituation der Firma Anton Müller, die für die nachfolgenden Betrachtungen, Analysen und Empfehlungen der Beratungsfirma Frank & Günter herangezogen wird. Auf der Basis dieser Krisensituation werden die Bereiche:

- Managementverantwortung
- Qualitätsdokumentation und -aufzeichnung
- Mitarbeitermanagement
- Qualitätsmanagement in der Produktentwicklung
- Qualitätsmanagement in der Produktion
- Qualitätsmanagement in der Produkteinsatzphase beim Kunden
- Qualitätsauditierung

hintereinander unter folgenden Gesichtspunkten erarbeitet:

1. Analyse der Firmensituation unter Qualitätsgesichtspunkten
2. Empfehlungen der Beratungsfirma
3. Aktivitäten der Qualitätsgruppen

Dabei werden qualitätsrelevante Zusammenhänge, Techniken und Methoden behandelt, die bei der Einführung eines Qualitätsmanagementsystems zu beachten sind. Die dargebotenen Empfehlungen sind Ausgangspunkt für erforderliche Diskussionen zur konkreten Umsetzung in Qualitätsgruppen. Diese Vorgehensweise berücksichtigt die verschiedenen Handlungsfelder der Lernenden im Rahmen von Qualitätsmanagement und läßt diese konsequent an den Schritten beim Aufbau eines Qualitätsmanagementsystems mitwirken. Dabei ist zu beachten, daß zwar grundsätzlich jede Form der Erarbeitung der Inhalte möglich ist, die damit verbundenen Prozesse zum Aufbau eines Qualitätsbewußtseins sich jedoch erheblich effektiver gestalten, wenn die im Punkt 3 beschriebenen Aktivitäten der Qualitätsgruppen in tatsächlichen Gruppenzusammenhängen erarbeitet werden können. Hier haben auch die dem Buch beigelegten Materialien ihren Einsatzbereich. Kurz und prägnant werden Informationen und weitergehende Literaturstellen geboten, die für tiefergehende Problemklärungen und Lösungsfindungen herangezogen werden können.

Innerhalb des Buches sind die einzelnen Bereiche durch Rahmungen und Rasterungen voneinander abgegrenzt, damit ein leichteres Orientieren möglich wird.

Bonn, im April 1995

Günter Schmidt
Frank Tautenhahn

Inhaltsverzeichnis

1 Einleitung

1.1 Bedeutung der Qualität für Techniker

Der hohe Stand der Qualität europäischer Produkte gehörte lange Zeit zu den entscheidenden Erfolgsfaktoren. „Made in Germany“ und andere Kennzeichnungen galten als Markenzeichen.
Ausdruck fand diese Einschätzung bei Markenprodukten wie Rolls Royce, Mercedes Benz, Hilti usw. Qualität war Tradition!

Im Vordergrund stand die technische Beschaffenheit der Produkte.

Entsprechend bemühten sich Techniker beispielsweise um die Lebensdauer, Zuverlässigkeit und Festigkeit der Produkte, um die Qualität der Produkte so hoch wie möglich zu realisieren. Die dazu erforderlichen Kriterien wurden in technischen Normen und Richtlinien fixiert, die den jeweiligen Stand von Wissenschaft und Technik repräsentierten.

Vor diesem Hintergrund definierte sich das Selbstverständnis eines Technikers!

Die Qualität seiner Produkte mußte gesichert werden. Dazu waren Überprüfungen der erreichten Qualitätsstufen unerläßlich. Im Zentrum der Qualitätssicherung stand von daher auch konsequent die Qualitätsprüfung und mit ihr die Fertigungsmeßtechnik.

Die Aus- und Weiterbildung der Techniker erfolgte auf allen Stufen beruflicher Bildung, von den Berufsbildenden Schulen bis zur Technischen Hochschule, entlang dieser Linie.

In den letzten Jahren änderte sich jedoch der Standpunkt des Betrachters. Immer mehr wurde klar:

Qualität ist nicht Präzision!

Die hochwertigen und äußerst zuverlässigen Produkte europäischer Unternehmen ließen sich auf dem Markt immer schlechter absetzen. Als Verursacher dieser Krisensituation war schnell der Kunde ausgemacht. Dieser hatte seine *eigenen* Vorstellungen davon, was er benötigte und welchen Preis er dafür zu zahlen bereit war. Und diese Vorstellungen waren in den letzten Jahren im ständigen Wandel. Im Vordergrund standen nun nicht mehr nur Basisanforderungen und Selbstverständlichkeiten, die sich aus dem Stand von Wissenschaft und Technik ergaben. Erwartet wurden zunehmend Qualitätsprodukte mit zusätzlichen Verbesserungen und Vorteilen für den Kunden und Qualitätsmerkmalen, die ihn begeistern. Zusätzlich sollten die Produkte, den gestiegenen öffentlichen Interessen folgend, auch noch umweltverträglich sein.

Dazu war ein anderes, viel weitergehendes Qualitätsverständnis erforderlich. Dazu mußten die in den Unternehmen eingerichteten Qualitätssicherungssysteme auf eine ganz andere Basis gestellt werden. Mit dem Aufkommen von Qualitätssicherung, Qualitätsmanagement und zuletzt *Total Quality Management* (TQM) begann sich die Perspektive zu verschieben.

Im Vordergrund stehen nun die Kunden, die Mitarbeiter und die Herstellungsprozesse. Lean Management, Just in Time, Corporate Identity, Umwelt- und Qualitätsmanagement müssen keine Gegensätze mehr sein, sondern sind als Gesamtansatz zu fassen.

Ein erster Meilenstein auf diesem Weg war sicherlich die Normenreihe DIN ISO 9000ff zur Qualitätssicherung. In einem Leitfaden zur Auswahl und Anwendung (DIN ISO 9000), drei Modellen zur Darlegung der Qualitätssicherung (DIN ISO 9001, 9002, 9003) und einer Norm mit Hinweisen, mit welchen Elementen ein Qualitätssicherungssystem aufgebaut werden kann (DIN ISO 9004), wird umfangreich demonstriert, was Qualität aus heutiger Sicht ist:

Qualität ist die Beschaffenheit einer Einheit bezüglich ihrer Eignung, festgelegte und vorausgesetzte Erfordernisse zu erfüllen.

Das Verständnis dieser Normen wird damit zur Grundlage aller Qualitätsaktivitäten. Techniker haben sich diesen und daraus abgeleiteten Anforderungen zu stellen. Ihre Aufgabe muß es sein, die komplexen Zusammenhänge eines modernen Qualitätsmanagements in der betrieblichen Praxis in ihrem jeweiligen Handlungsfeld umzusetzen. Dazu muß deren Qualifizierung auf alle qualitätsrelevanten Bereiche ausgedehnt werden. Die bislang vorherrschende technische Sichtweise mit Prüfen und Messen muß um Managementgesichtspunkte, Qualitätsmethoden und -techniken ergänzt werden.

1.2 Vorgehensweise

Das in den letzten Jahren exponential angestiegene Literaturangebot zu Qualitätssicherung bzw. Qualitätsmanagement und TQM macht jedoch deutlich, daß diese Qualifizierung kein leichtes Unterfangen ist.

Schnell wird man durch die Komplexität und alle betriebliche Bereiche umfassende Thematik davon abgeschreckt, sich mit der Materie intensiver zu befassen.

Hier fehlt eine durchgehende und doch einführende Darstellung, die die Zusammenhänge vor einem konkreten Hintergrund zu durchleuchten versucht, auf deren Basis eine intensivere Auseinandersetzung mit den Inhalten möglich wird. Die folgenden Seiten sind ein Versuch in diese Richtung. Das ein solches Buch die zahlreiche Fachliteratur zu dieser Thematik nicht ersetzen kann, versteht sich von selbst. Ob solches überhaupt leistbar ist, ist, angesichts der ständigen Weiterentwicklungen auf diesem Gebiet, mehr als fraglich. Ausdrücklich wird der Leser daher in der Darstellung auf die zur Zeit aktuelle Literatur hingewiesen und mit ihr in Fragestellungen konfrontiert.

Ausgegangen wird von der Firmensituation eines mittelständigen Unternehmens (Anton Müller KG). Die Firma stellt Sinterteile für zahlreiche Anwendungsfälle her und montiert diese Sinterteile teilweise auch in eigenen Aggregaten (Pumpen). Die Auswahl der Produkte geschah vor dem Hintergrund, möglichst viele Fertigungbereiche, Prozesse und

Einsatzgebiete abzudecken, um die Inhalte der Darstellung schnell auf angrenzende Sektoren übertragen zu können. Da Sinterteile einen enorm großen Anwendungsbereich (Metall, Elektro, Chemie, usw.) abdecken und die Herstellung von Sinterteilen so gelagert ist, daß sowohl Stückgutprozesse als auch verfahrenstechnische Prozesse auftreten, schien dies mit den Sinterprodukten gewährleistet.

Durch Fremd- und Eigenverschulden gerät die Firma Anton Müller in eine Krisensituation.

Nach anfänglichen Selbstversuchen wird die Beraterfirma Frank & Günter GmbH eingeschaltet und eine Qualitätsverbesserungsgruppe bei der Firma Anton Müller eingerichtet.

Die Beraterfirma erhält den Auftrag, ein Gutachten zur Verbesserung der Qualitätssituation bei der Firma Anton Müller zu erstellen. Dieses Gutachten faßt die Bereiche des Qualitätsmanagement unter verschiedenen Gesichtspunkten zusammen. Jeder Block wird in einem Dreierschritt dargestellt:

- Darstellung der Firmensituation unter Qualitätsgesichtspunkten

  Unter diesem Schritt werden die qualitätsrelevanten Zusammenhänge und Problemstellungen der Firma Anton Müller dargestellt und Fragestellungen aufgeworfen, die beantwortet werden müssen.

- Empfehlung der Beraterfirma bezüglich der Qualitätsverbesserung in diesem Block

  Diese Empfehlungen verstehen sich als Anregungen. Es werden Lösungsansätze vorgestellt und diskutiert, die jedoch von der Firma Anton Müller nicht unreflektiert übernommen werden können.

- Aktivitäten der Qualitätsverbesserungsgruppe

  Durch diese Aktivitäten soll erreicht werden, daß eine intensivere Auseinandersetzung mit den qualitätsrelevanten Inhalten im jeweiligen Block erfolgt. Dazu werden im Anhang zusätzliche Materialien mit Literaturhinweisen bereitgestellt. In Auseinandersetzung mit den Empfehlungen der Beraterfirma wird der Leser – als Mitglied der Qualitätsverbesserungsgruppe – aufgefordert, sich seinen eigenen Zugang zu der komplexen Thematik Qualitätsmanagement zu schaffen. Dabei ist die Beleuchtung der Inhalte unter verschiedenen Blickwinkeln hilfreich.

Mit diesem Dreierschritt wird eine aktive Auseinandersetzung mit qualitätsrelevanten Inhalten möglich. Dies ist auch mit der Auffassung eines modernen Qualitätsmanagements kompatibel. Diese Auseinandersetzung schafft Handlungsspielräume, die es dem Nutzer ermöglichen, seinen eigenen Zugang zum Qualitätsmanagement aufzubauen.

***Wege entstehen beim Gehen*, so sagt man.**

In diesem Sinne wünschen wir allen Lesern, daß Sie mit dieser Einführung die Schritte wagen, die Ihnen die Wege zum Verständnis von Qualitätsmanagement eröffnen.

2 Ein Unternehmen in der Krise

2.1 Der Traditionsbetrieb Anton Müller KG

Als Familienbetrieb vor über 100 Jahren gegründet, kann die Firma Anton Müller auf eine lange handwerkliche Tradition im Bau von Aggregaten zurückblicken. Dabei konzentrierte sich der Gründer der Firma, Anton Müller, anfangs auf die Herstellung von Pumpen. Bei der Herstellung traten jedoch immer wieder Dichtungs- und Fertigungsprobleme mit den komplizierten Bauteilen für diese Pumpen auf. Mangels anderer Anbieter war die Firma Anton Müller gezwungen, sich mit dieser Problematik näher zu beschäftigen. Als Lösungsansatz wurde die damals noch ziemlich unausgereifte Sintertechnik entwickelt und patentiert. Dazu wurde eine eigene Entwicklungsabteilung eingerichtet. Aus diesen Entwicklungen entstanden mit den Jahren neue Produktbereiche bei der Firma Anton Müller, die heute den größten Anteil des Umsatzes ausmachen. Mittlerweile in die Rechtsform einer Kommanditgesellschaft übergegangen, wird das mittelständische Unternehmen heute von den Söhnen Herbert Müller (kaufmännischer Geschäftsführer) und Gerhard Müller (technischer Geschäftsführer) geleitet. Der Traditionsname Anton Müller wurde beibehalten.

Im Jubiläumsjahr beschäftigte die Firma Anton Müller KG ca. 1200 Mitarbeiter in ihren inländischen Werken, ausländischen Niederlassungen und den 12 Ingenieur- und Vertriebsbüros. Die Herstellung der über 18000 Erzeugnisse erfolgt in den drei organisatorisch selbständig agierenden Bereichen: Sintermetalle, Sinterkohle und -keramik, Pumpen **(Bild 2.1.1)**

Die in früheren Jahren noch in Niederlassungen der Firma gefertigten anderweitigen Antriebsaggregate wurden als Lizenz vergeben. Der Verkauf dieser Aggregate wird hauptsächlich von den produzierenden Firmen und nur noch teilweise von der Firma Anton Müller KG durchgeführt.

Zur Herstellung der Produkte stehen umfangreiche Fertigungseinrichtungen in verschiedenen Abteilungen zur Verfügung, die nach Gesichtspunkten von Produktuntergruppen gegliedert sind.

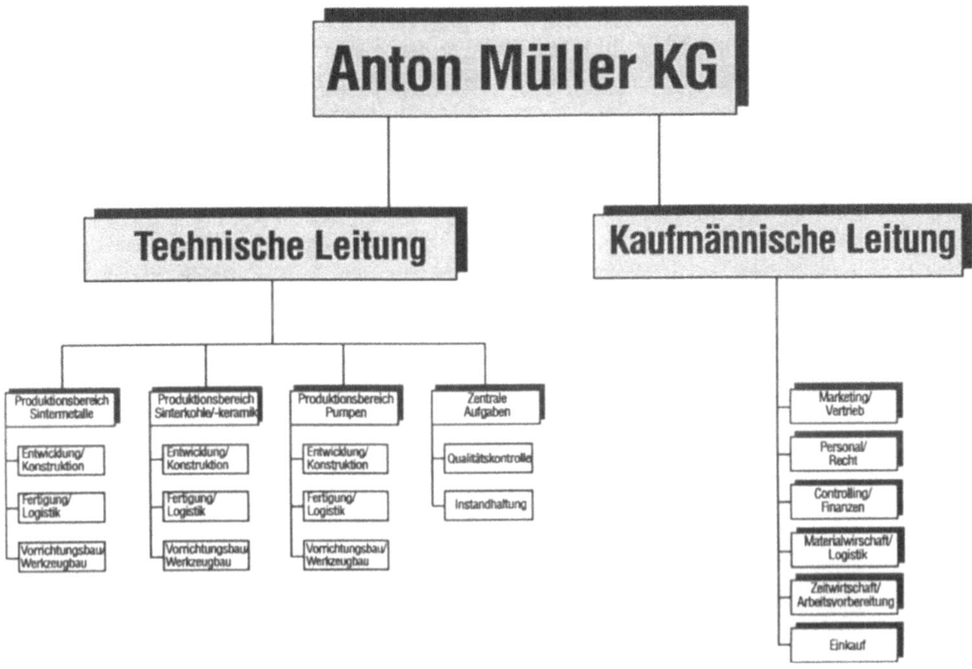

Bild 2.1.1 Aufbauorganisation der Firma Anton Müller KG (Grobstruktur)

Neben konventionellen Fertigungsstätten werden modernste rechnerunterstüzte Fertigungsanlagen eingesetzt. Im Bereich der spanenden Fertigung und Erodiertechnik sind CNC-Werkzeugmaschinen im Einsatz, teilweise mit CAD/CAM-Kopplungen. Die dazu benötigten hochqualifizierten Facharbeiter werden in der Regel von der Firma selbst ausgebildet. Auch für die überwiegend im Bereich der Formgebungstechnik (Presserei) eingesetzten angelernten Mitarbeiter (überwiegend ausländische Frauen) werden ständig innerbetriebliche Fortbildungsveranstaltungen durchgeführt.

Um den hohen Ansprüchen der Firma zu genügen, wird über ein ausgetüfteltes Kontrollsystem sichergestellt, daß kein Erzeugnis ohne Qualitätskontrolle zum Kunden gelangt. Vor der Fertigung werden alle Teile und Materialien einer Eingangsprüfung unterzogen. Eine lückenlose Endprüfung kontrolliert die Einhaltung von Spezifikationen nach der Fertigung. Für Großserienprodukte, bei denen diese 100%-Kontrolle nicht möglich ist, wird eine Stichprobenprüfung durchgeführt. Bis zur Stichprobenprüfung werden die erzeugten Produkte in ein Zwischenlager gespeist, um eine sachgerechte Auswahlentscheidung (i.O, n.i.O) treffen zu können. Die dazu erforderlichen Räumlichkeiten konnten durch die ausgelagerte Gießerei gewonnen werden, in der bislang die Gußgehäuse für die Pumpen hergestellt wurden. Diese werden nun aus einer Großgießerei bezogen. Die weiteren Komponenten der Pumpen werden entweder selbst gefertigt (Sinterteile, Wellen) oder fremdbezogen (Wälzlager, Kunststofflager). Bei Pumpenfertigungen, die nicht für Endkunden bestimmt sind, werden teilweise auch Komponenten von Kunden beigestellt, die dann in der Montage mit verarbeitet werden. Die in mittleren Serien gefertigten Pumpen sind jedoch nur zu ca. 20% am Umsatz der Firma Anton Müller KG beteiligt. Den weitaus größten Bereich nehmen die in Mittel- und Großserien gefertigten Kleinteile ein. Entweder nach Kundenauftrag oder für den anonymen Markt (Buchsen, Dichtringe, Normteile ...) hergestellt, wird hier ein Umsatzanteil von ca. 70% in den verschiedensten Branchen (Metall, Elektro, Werkzeugformenbau, Autoindustrie, Chemische Industrie, Armaturenbau für den Sanitärbereich, Haushaltstechnik ...) erwirtschaftet. Der Restanteil von ca. 10% wird über Kundenaufträge für Kleinserien und Einzelteilfertigungen (Sinterkohlegroßteile) erzielt (**Bild 2.1.2**). Dieser Bereich zeigte jedoch in den letzten Jahren eine stark steigende Tendenz.

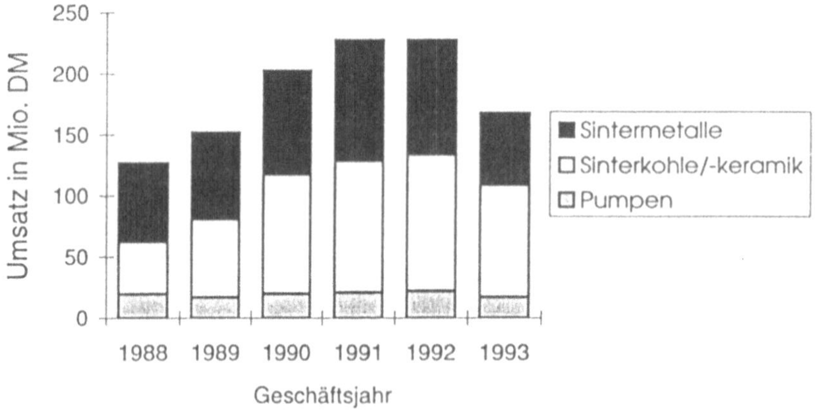

Bild 2.1.2 Umsatzentwicklung der Firma Anton Müller KG

Als Marktführer der Branche hat die Firma Anton Müller jedoch nicht nur Stammkunden im Inland, sondern exportiert ihre Produkte für Maschinen, Bauteile, Geräte und Fertigungsanlagen in die ganze Welt. Durch die Zusammenarbeit mit den Kunden und Berücksichtigung der spezifischen Anforderungen ist es der Firma Anton Müller bislang gelungen, sich gegen ihre beiden Hauptkonkurrenten in den USA und Japan zu behaupten. Zur Zeit steht ein Engagement auf dem höchst lukrativen Markt der Schneidplattenherstellung aus Hartmetall und Keramik an. Mit diesem neuen Produktsegment will die Firma Anton Müller KG neue Märkte erobern und ihre Marktposition sichern und ausbauen. Dazu soll die vorhandene Aufbauorganisation um diese Produktgruppe erweitert werden.

2.2 Darstellung der Krisensituation

Die seit vielen Jahren erfreuliche Umsatzentwicklung bei der Firma Anton Müller ist seit einigen Jahren ins Stocken geraten. Eine diesbezüglich durchgeführte Marktanalyse macht als Hauptursachen dieser Misere gestiegene Kundenforderungen und veränderte Marktgegebenheiten sichtbar. Stand früher ein mehr an der technischen Beschaffenheit ausgerichteter Qualitätsbegriff im Vordergrund, werden heute die Kundenforderungen mehr und mehr als Maßstab akzeptiert, dem es zu entsprechen gilt. Und diese Kundenerwartungen sind in den letzten Jahren ständig gestiegen. Die Produkte (und deren Herstellungsprozesse) sollen umweltverträglich sein, die Sonderwünsche der Kunden berücksichtigen und möglichst kurzfristig, d.h. bedarfsgerecht geliefert werden können (*Just-In-Time*). Erwartet werden Gesamtlösungen, die auch die entsprechenden Dienstleistungen mit einschließen. Im Vordergrund steht nun die Fähigkeit des Unternehmens, sich diesen Forderungen flexibel anzupassen; und das vor dem Hintergrund einer Internationalisierung und Öffnung der Märkte mit zunehmender Geschwindigkeit technischen Wandels.

All diese Veränderungen waren der Firma Anton Müller wohl bekannt, wurden jedoch wegen der anhaltend günstigen Konjunkturlage nicht ausreichend zur Kenntnis genommen. Gesetzt wurde auf „bewährte" Rezepte: Die Abteilung Qualitätskontrolle wurde einrichtungsmäßig und personell verstärkt; Prüfungen wurden verdoppelt und verdreifacht. Trotz einiger Anfangserfolge, die zu einer vorübergehenden Stabilisierung der Umsatzzahlen beitrugen, ließ der durchschlagende Geschäftserfolg auf sich warten. Weiter mußten Rückrufaktionen mit entsprechenden Imageverlusten hingenommen werden, weiter ließen sich Terminverletzungen wegen hoher Ausschußquoten und Nacharbeiten nicht vollständig verhindern.

Im letzten Geschäftsjahr mußte die Firma Anton Müller KG nun erhebliche Umsatzeinbußen hinnehmen. Alte Stammkunden waren zur Konkurrenz abgewandert und hinterließen eine Periode mit mangelnder Auftragslage und daraus resultierender Kurzarbeit. Da auch in den beiden letzten Quartalen des laufenden Geschäftsjahres die Verluste nicht aufgefangen werden konnten, beschloß die Geschäftsführung, den Ursachen auf den Grund zu gehen. Aufmerksam gemacht durch stark gestiegene Kundenreklamationen und Kundenbeschwerden, wird von der Marketingabteilung der Firma Anton Müller KG der Kunde als Verursacher der schlechten Absatzlage ins Blickfeld gerückt. Eine rasch durchgeführte weitere Marktanalyse macht deutlich, daß die Firma zwar hochwertige Produkte mit großer Zuverlässigkeit und Funktionsvielfalt herstellt, die aber nicht den Kundenwünschen entsprechen und als zu teuer angesehen werden (*over-engineering*). Zusätzlich wird das Eindringen von Konkurrenzprodukten in traditionell gewinnträchtige Bereiche beobachtet. Angesichts der sprunghaft gestiegenen Kosten (Prüfkosten, Kosten für Garantiefälle und Kulanz) (**Bild 2.2.1**) in den letzten beiden Geschäftsjahren, wirkt sich dies besonders verheerend auf die Gewinnsituation der Firma Anton Müller aus.

Erschwerend kommt hinzu, daß zunehmend Kunden einen Nachweis der Qualitätsfähigkeit der Firma Anton Müller verlangen, um sich vor eventuellen Haftungsfällen abzusichern. Gefordert wird die Führung eines Qualitätsbuches und die Abnahme der Qualitätsaktivitäten durch eine unabhängige Zertifizierungsstelle.

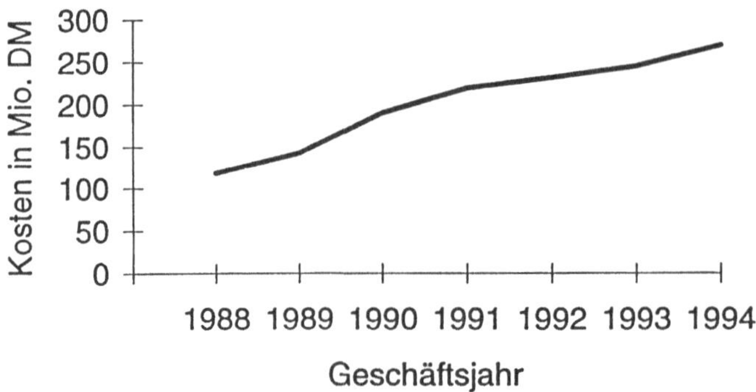

Bild 2.2.1 Kostenentwicklung der Firma Anton Müller KG

2.3 Krisenmanagement

Als persönlich haftende Gesellschafter der Firma Anton Müller KG war den Brüdern Herbert und Gerhard Müller schnell klar, daß hier nur einschneidende Maßnahmen eine spürbare Verbesserung der Ertragslage herbeiführen konnten. Auf einer eiligst einberufen Krisensitzung mit allen Führungskräften wurden die kritischen Punkte noch einmal herausgestellt. Dabei wurde deutlich, daß man um den Kundenwunsch nach einer Zertifizierung nicht herumkommen wird, wenn die Firma Anton Müller ihre Marktposition behaupten will. Die Abteilung Qualitätskontrolle wurde daher beauftragt, die Qualitätsaktivitäten der Firma in einem Qualitätsbuch zusammenzufassen und eine Zertifizierung vorzubereiten.

Als Vorlage sollte ein Handbuch einer ortsansässigen Firma dienen, das der Geschäftführer Gerhard Müller von einem Tennisfreund zur Einsicht erhalten hatte, nachdem er ihm seine Probleme geschildert hatte. Bei der Umsetzung stieß man jedoch immer wieder auf Abstimmungsschwierigkeiten, da einige Abteilungen der Auffassung waren, sie hätten mit der ganzen Sache nichts zu tun. Außerdem traten Fragen auf, die die Gesamtorganisation betrafen und von der Abteilung Qualitätskontrolle nicht beantwortet werden konnten. Erschwerend kam hinzu, daß sich die Mitarbeiter dem Vorhaben nicht gerade begeistert anschlossen. Zu sehr hatten hier negative Erfahrungen in der Vergangenheit geprägt. Die Umsetzung des geplanten Zertifizierungsvorhabens war offensichtlich von der Firma Anton Müller allein nicht zu bewältigen.

In dieser Situation beschloß die Firmenleitung, eine unabhängige Beraterfirma einzuschalten. Mit der Unternehmensberatungsgesellschaft Frank & Günter mbH wurde eine international anerkannte Beraterfirma beauftragt, die Qualitätssituation der Firma zu analysieren und entsprechende Verbesserungsvorschläge in einem Bericht zu dokumentieren. Eine Unterstützung bei der Zertifizierung des Qualitätssystems wurde vorbehalten.

3 Bericht der Unternehmensberatung FRANK & GÜNTER

Am 15. 3. des Jahres wurde die Unternehmensberatungsgesellschaft FRANK & GÜNTER mbH (U-Beratung F&G) beauftragt, für die Firma Anton Müller KG beratend tätig zu werden.

Gegenstand der Beratungstätigkeit war:

1. Analyse der Firma Anton Müller unter Qualitätsgesichtspunkten
2. Erstellung eines Abschlußberichts mit Empfehlungen über die weitere Vorgehensweise zur Verbesserung der Qualität

Die konkrete Umsetzung der Empfehlungen war ausdrücklich *nicht* Gegenstand der Vereinbarung.

In verschiedenen Vorgesprächen konnte deutlich gemacht werden, daß es sinnvoll ist, die Mitarbeiter der Firma Anton Müller frühzeitig in die Entwicklungsprozesse mit einzubinden, um Eindrücken entgegenzuwirken, die geplanten Qualitätsaktivitäten würden nur durchgeführt, um bestimmte Kunden nicht zu verlieren bzw. neue zu gewinnen. Gleichzeitig wird eine erste Sensibilisierung der Mitarbeiter für Qualitätsdenken ermöglicht.

Es wurde vereinbart, daß die Firma Anton Müller unmittelbar eine Qualitätsverbesserungsgruppe einrichtet und – falls erforderlich – weitere Qualitätsverbesserungsgruppen installiert. Diese Gruppen haben die Aufgabe, die Empfehlungen der U-Beratung F&G in der Firma Anton Müller mit- und selbstverantwortlich umzusetzen.

Bei Bedarf sollen diese Gruppen auf die fachkundige Unterstützung der U-Beratung F&G zurückgreifen können. Die U-Beratung F&G wird daher über den Zeitraum der Realisation ständig mit mindestens einem Mitarbeiter in der Firma Anton Müller präsent sein.

Entsprechend der Aufgabenstellung wird in diesem Bericht zunächst die Situation der Firma Anton Müller **global** skizziert. Diese Grobdarstellung und die sich daraus ergebende globale Vorgehensweise wird anschließend in der Struktur

- Darlegung grundlegender Qualitätspositionen unter Berücksichtigung der Firmensituation,
- Formulierung einer Empfehlung für die Firma Anton Müller,
- Hinweise für Aktivitäten der Qualitätsverbesserungsgruppe(n)

für alle qualitätsrelevanten Elemente detailliert behandelt.

Zum besseren Verständnis der kurz gefaßten Texte wurden dem Bericht *Materialien* hinzugefügt.

Diese Materialien beinhalten qualitätsrelevante Texte und Grafiken und geben Hinweise auf eingesetzte und weiterführende Normen, Literatur und Anregungen für die Gestaltung der Arbeitspapiere bei der Firma Anton Müller.

Ihre Beachtung wird dringend empfohlen.

Die im Text verwendeten Qualitätsbegriffe orientieren sich an den z.Zt. gültigen Normen. Die Übernahme von Textteilen aus der Norm berührt in keiner Weise die Urheberrechte der DIN, auf die ausdrücklich hingewiesen wird. Auf die Qualitätsbegriffe in der mittlerweilw vorliegenden DIN ISO 8402 Qualität;Begriffe wird an den geeigneten Stellen im Text eingegangen.

Globale Darlegung der Qualitätssituation der Firma Anton Müller

Zur Erfassung der Firmensituation wurden über einen Zeitraum von einem halben Jahr bei der Firma Anton Müller verschiedene Betriebsbegehungen durchgeführt, Produkte begutachtet, Fertigungs- und sonstige Unterlagen einschließlich einer Marktanalyse gesichtet und intensive Gespräche mit den Unternehmensbereichen geführt. Zusätzlich wurde ein auf der Basis europäischer Qualitätsnormen entwickelter Fragebogen [35], [36], [37], [38], [39], [40] eingesetzt. An allen Aktivitäten wurden die Mitglieder der Qualitätsverbesserungsgruppen im Rahmen der Möglichkeiten beteiligt.

Die umfangreichen Recherchen bestätigten die vermutete schlechte Qualitätslage der Firma Anton Müller.

Als Produktionsbetrieb, der sowohl *lagerorientiert* (Produktion für den anonymen Markt, Kundenanfrage ...) als auch *auftragsgebunden* (Kundenauftrag, Angebotsentwicklung ...) produziert, werden von der Firma Anton Müller Produkte von hoher Zuverlässigkeit und Gebrauchstauglichkeit auf der Basis einer lang eingeführten stabilen Technik entwickelt und hergestellt.

Die erzeugten Produkte werden vom Markt aber nicht wie erwartet aufgenommen.

Offensichtlich wurden die gestiegenen Forderungen eines Käufermarktes von den Entwicklungsingenieuren der Firma Anton Müller nicht richtig eingeschätzt und umgesetzt. Entwickelt und hergestellt werden Produkte, die die Ingenieure der Firma Anton Müller für technisch machbar und für qualitativ hochwertig halten. Dieses Verständnis von Qualität, das sich primär an der technischen Beschaffenheit der Produkte (Festigkeit, Gebrauchstauglichkeit, Lebensdauer, Funktionstüchtigkeit, Fehlerfreiheit ...) ausrichtet, berücksichtigt zu wenig das Verständnis der Kunden von Qualität und mußte auf gesättigten Märkten zu Fehlentwicklungen führen.

Qualität ist nicht der Aufwand, den der Hersteller in das Produkt steckt, sondern der Nutzen, den der Kunde aus dem Produkt zieht.

Ebenso ist die bei der Firma Anton Müller festgesetzte Überzeugung zu verurteilen, die Qualität der erzeugten Produkte ließe sich im wesentlichen durch Prüfmaßnahmen im Umfeld der eigentlichen Fertigung erreichen.

Unter Berücksichtigung der immer wieder festgestellten hohen Fehlerraten im Entwicklungsbereich und deren Auswirkungen auf nachfolgende Bereiche (**Bild 3.1**), läßt sich diese Annahme nicht halten.

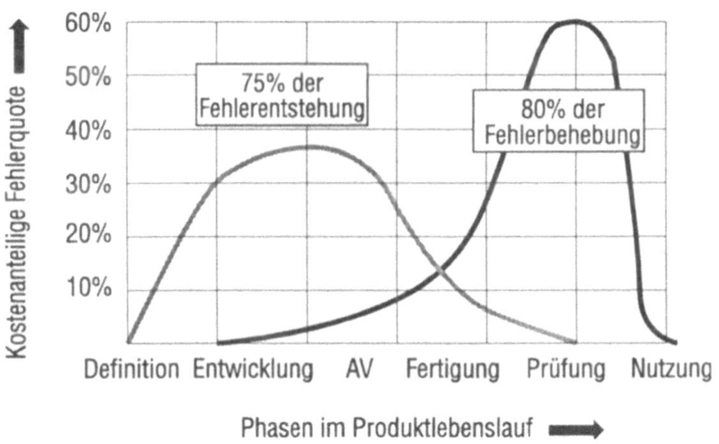

Bild 3.1 Fehlerentstehung und Fehlerbehebung

Die von der Firma Anton Müller getätigten hohen Investitionen für Prüfausstattungen im Fertigungsbereich zur Bewältigung von Qualitätsproblemen konnten somit nicht effektiv wirksam werden.

Qualität wird am Ende der Produktionsentstehungsphase „erprüft" (Gut-Ausschuß-Nacharbeit). Kein fehlerhaftes Teil entgeht der Qualitätskontrolle, entsprechenden Teilen wird die Freigabe verweigert (Auslieferungssperre). Die zwangsläufig damit verbundenen höheren Kosten (hoher Prüfaufwand, Aussortieren, Teile nacharbeiten, Ausschußteile ersetzen...) versuchte man durch eine Überwälzung auf den Marktpreis zu kompensieren, was die letzten Jahre offensichtlich nicht mehr gelang.

Dies ist nicht zuletzt darauf zurückzuführen, daß die Firma Anton Müller Kosten für Qualität nicht systematisch erfaßt und aufschlüsselt. Mit groben Schätzwerten lassen sich jedoch weder sachgerechte Zuordnungen vornehmen, noch geeignete Qualitätsmaßnahmen durchführen.

Betrachtet man die Zehnerregel der Fehlerkosten (**Bild 3.2**), nach der die Kosten mit jeder zusätzlichen Phase, in der ein Fehler im Produktentstehungsprozeß entdeckt und behoben wird, um den Faktor 10 ansteigen, so werden die hohen Prüf- und Fehlerbeseitigungskosten und die damit einhergehende überhöhte Preisgestaltung der Firma Anton Müller erklärbar.

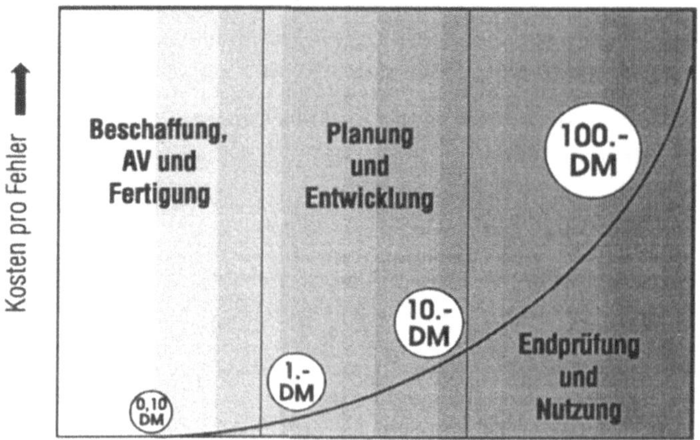

Bild 3.2 Zehnerregel der Fehlerkosten

Bedingt durch den Ausfall bestimmter Fertigungslose (Ausschuß, Nacharbeit ...), traten Verzögerungen und damit Lieferprobleme auf, die – insbesonders von Abnehmerfirmen mit modernen Logistikkonzepten wie *Just-in-time* – höchst unwillig aufgenommen wurden.

Das Management sah sich gezwungen, im Spannungsfeld zwischen Zeit-Kosten-Qualität immer häufiger gegen Qualität zu votieren, um wenigstens zugesagte Termine einhalten zu können. Dieser zu kurz greifende Ansatz übersah dabei vollkommen die damit verbundene Demotivation auf die Mitarbeiter. Vorgelebt vom Management auf allen Ebenen wurde „erkannt", daß Qualität eben nur einen nachrangigen Stellenwert besitzt.

Verbunden mit der Qualitätskontrolle als eigenständige Abteilung, wurde eine eher lasche Einstellung in punkto Qualität begünstigt nach dem Motto:"Dafür bin ich nicht zuständig, das ist Sache der Qualitätsabteilung, die werden dafür ja auch entsprechend bezahlt."

Ebenso wurde zu spät erkannt, daß getrennte Verantwortlichkeiten (hier der Hersteller des Produktes – dort der Kontrolleur des Produktes) einen Teufelskreis des Mißtrauens (**Bild 3.3**) bei den Beteiligten auslösen mußte.

Statt Fehlerursachen gemeinsam zu suchen und damit zukünftigen Fehlern vorzubeugen, wurden Schuldzuweisungen gemacht. Die daraus vom Management abgeleiteten schärferen Kontrollen führten über Demotivation und Passivität zu weiteren Fehlern usw. Mangelndes Wissen um Inhalte, Handhabung und Einsatzmöglichkeiten von Qualitätsmanagementverfahren, insbesondere in Unternehmensbereichen *vor* der eigentlichen Fertigung, machte der Firma Anton Müller ein Ausbrechen aus diesem Teufelskreis unmöglich.

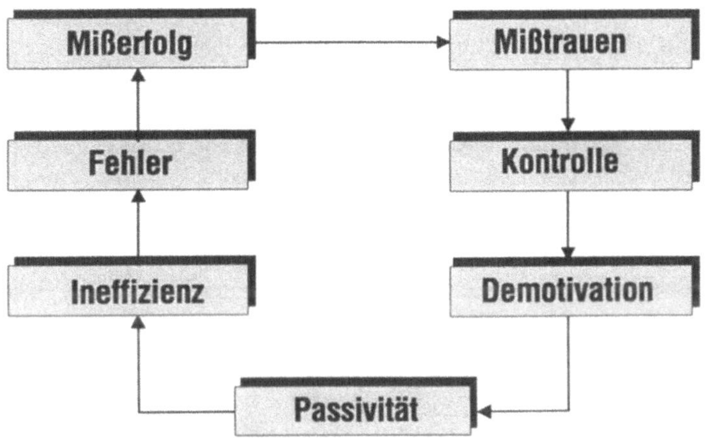

Bild 3.3 Teufelskreis des Mißtrauens (MASING)

Überdies muß angezweifelt werden, ob die Intensivierung der Prüftätigkeiten bei den Produkten der Firma Anton Müller zum gewünschten Erfolg führen konnte. Wie die Auftragsgestaltung der meisten Abnehmer erkennen läßt, werden praktisch *keine* fehlerhaften Produkte mehr zugelassen. Die früher im Prozent-Bereich (%) angesiedelten Fehlerquoten sind um Zehnerpotenzen kleiner geworden (‰ oder ppm). Bedingt durch Prüfmittelungenauigkeiten, Unsicherheiten beim Prüfpersonal und Schwankungen bei den Prüfabläufen, sind hier Kontrollprüfungen deutlich Grenzen gesetzt (eine zugelassene Fehlerquote von 1ppm bedeutet z.B. eine defekte Kugelschreibermine aus einem Los von einer Million Kugelschreiberminen).

Zielprojektion für die Empfehlungen

Als Lieferant von Produkten für verschiedene Branchen steht die Firma Anton Müller in einer Marktsituation, die gekennzeichnet ist durch:

- ein allgemein gestiegenes Qualitätsbewußtsein,
- steigende Kundenerwartungen (Zuverlässigkeit, Service, preisgünstige Erzeugnisse, kürzere Modellzyklen, Zusatzfunktionen, Sicherheit, Variantenvielfalt...),
- neue Organisationsformen (Just-in-time) in den Unternehmen (Gebrauchstauglichkeit, Liefertreue, kürzere Entwicklungszeiten, Vertrauen in die Fähigkeit Qualität liefern zu können, geringere Fertigungstiefe, geringere Lieferzeiten...),
- den Ausbau gesellschaftlicher und staatlicher Auflagen (Umweltschutz, schadensunabhängige Produkthaftung, Normen...),
- verschärften Wettbewerb um Kunden auf globaleren (EG) gesättigten Märkten.

Wie eine Studie des White House Office off Customer Affairs [71] belegt, haben dabei insbesondere Qualitätsdefizite gravierende Auswirkungen auf Unternehmen (**Bild 3.4**): Von 100 unzufriedenen Kunden meiden 90 zukünftig Produkte des Herstellers. Die Unzufriedenheit wird jedoch mindestens neun weiteren potentiellen Kunden mitgeteilt. Der Hersteller nimmt diese Mängel zunächst nur unzureichend wahr, da nur die Spitze des Eisbergs (4% der unzufriedenen Kunden beschweren sich direkt beim Hersteller) ersichtlich ist.

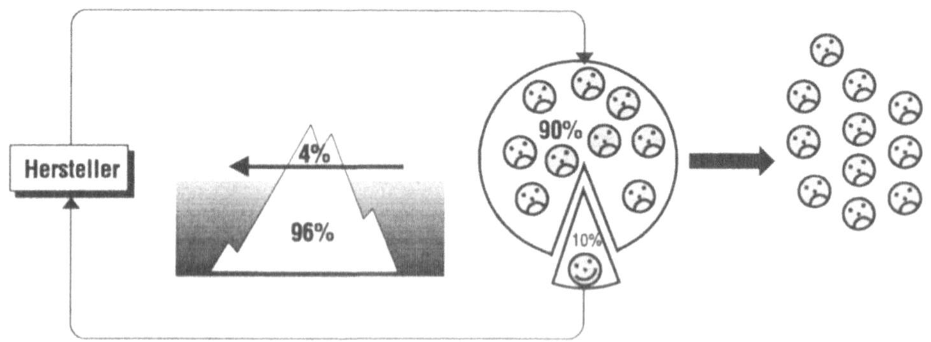

Bild 3.4 Reaktionen auf mangelnde Qualität

Erst am Rückgang des Verkaufsvolumens wird – zu spät – erkannt, daß die Qualität der Produkte den Kundenwünschen nicht entspricht.

Unter diesen Voraussetzungen wird nicht nur für die Firma Anton Müller Qualität zu einem Überlebensfaktor.

Die Erzeugung wirtschaftlicher, zuverlässiger und fortschrittlicher Produkte muß von einem Qualitätsstandard geleitet sein. Erst in dieser Kombination können die Unternehmensziele die gewünschte Marktakzeptanz der Produkte herbeiführen.

Kurz, das Qualitätsimage der Firma Anton Müller muß in diese Richtung verbessert werden.

CROSBY, ein bekannter Vertreter des Qualitätsgedankens, vergleicht Unternehmen mit Qualitätsproblemen mit kranken Patienten:

„Die akute Krankheit muß sofort fachkundig behandelt werden. Impfungen können gegen bestimmte Krankheiten immun machen. Regelmäßige Kuren können die Anwehrkraft stärken. Entscheidend ist aber das Bewußtsein des Patienten und die Einstellung zur Gesundheit." [5].

Diese Aussage trifft vollständig auf die Situation der Firma Anton Müller zu. Das kurzfristige Kurieren an Symptomen hat der Firma Anton Müller nicht die gewünschten Erfolge gebracht. Da die finanzielle Situation der Firma Anton Müller noch nicht so dramatisch ist, daß nur noch kurzfristige Notoperationen ein Überleben sichern können, wird eine längerfristige Strategie empfohlen. Um das Bewußtsein der Beteiligten für Qualität zu erhöhen und deren Einstellung zu Qualität zu fördern, ist ein konsequentes Qualitätsverbesserungsprogramm erforderlich. Dieses Qualitätsverbesserungsprogramm ist unter Beachtung verschiedener Orientierungen zu entwicken, die im Verlauf des Berichts noch näher ausgeführt werden:

a) ***Mitarbeiterorientierung und -beteiligung***

b) ***Kundenorientierung***

c) ***Managementorientierung***

d) ***Prozeßorientierung***

e) ***Öffentlichkeitsorientierung***

f) ***Systemorientierung der Qualitätsaktivitäten***

Zu a: Ohne Mitarbeiter läßt sich in einem Unternehmen keine Qualität realisieren. Unternehmen mit Qualitätszielvorstellungen sind deshalb gehalten, ihre Mitarbeiter dazu zu bewegen, die richtigen Dinge sofort richtig zu tun. Dazu sind die erforderlichen psychologischen, organisatorischen und fachlichen Voraussetzungen zu schaffen. Ohne entsprechendes Umfeld mit Kompetenzen und Verantwortlichkeiten wird sich kaum ein auf ständige Verbesserung angelegtes Qualitätsbewußtsein im Unternehmen entwickeln. Vertrauen schaffen über Selbstprüfungen, Eigenverantwortung, Qualitätsprämien, Projektteams usw. muß die Devise lauten, in allen Unternehmensbereichen bis hin zur Unternehmensleitung. Nur so lassen sich Mitarbeiter von der Notwendigkeit einer Fehlerursachenermittlung und -verhütung überzeugen. Die dazu erforderlichen horizontalen und vertikalen Kommunikations- und Informationswege sind sicherzustellen. Zu der(n) bereits installierten Qualitätsverbesserungsgruppe(n) bei der Firma Anton Müller wird daher die Einsetzung eines Qualitätsverbesserungs-Promotors vorgeschlagen, der das Vertrauen der Geschäftsleitung und der Mitarbeiter besitzt. Dieser Promotor hätte vorrangig die Aufgabe, das Qualitätsverbesserungsprogramm in Gang zu halten und die erforderlichen Koordinationen vorzunehmen.

Zu b: Zufriedene Kunden sind von erheblicher Bedeutung für den Fortbestand einer Unternehmung. Die Ermittlung von Kundenforderungen und Erwartungen und die Erfassung der Kundenzufriendenheit stehen damit an vorderster Stelle für das qualitätsbewußte Unternehmen. Das gilt sowohl für externe wie für interne Kunden. Die Zufriedenheit **externer** Kunden wird – wenn auch noch nicht in der gewünschten Güte – bei der Firma Anton Müller über Marktanalysen und über Gespräche mit Produktabnehmern berücksichtigt, bei denen Kundenwünsche genannt werden. In den Phasen der Wertschöpfungskette wird anschließend versucht, diesen Kundenwünschen gerecht zu werden. Diesen Phasen wird bei der Firma Anton Müller jedoch zu wenig Beachtung geschenkt. In jeder Phase werden Qualitätsanteile der Produkte geplant und erzeugt. Sehr anschaulich belegt der von MASING eingeführte und in der DIN 55350, T11 genormte Qualitätskreis (**Bild 3.5**) diese Zusammenhänge:

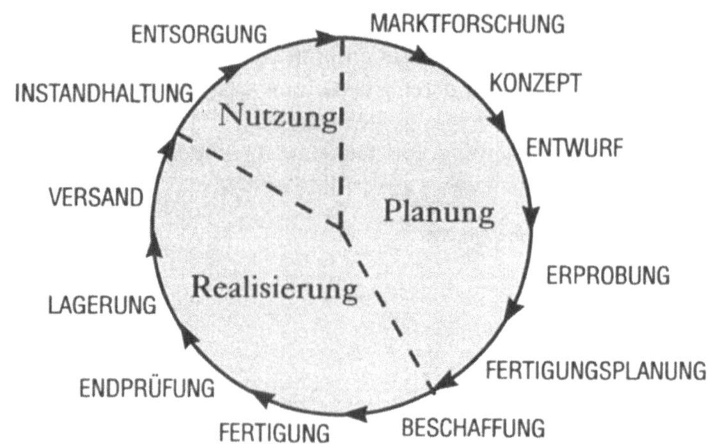

Bild 3.5 Qualitätskreis

Dieses gedankliche Modell verdeutlicht das Ineinandergreifen der qualitätswirksamen Maßnahmen und Ergebnisse in den Phasen der Entstehung und Anwendung eines **materiellen** oder **immateriellen** Produkts (Einheit). Die in den einzelnen Phasen des Qualitätskreises erzeugten Produkte und Informationen hängen voneinander ab und bilden so eine in sich geschlossenen Folge. Der Qualitätskreis zeigt, daß Qualität nicht „erprüft", sondern schrittweise „erzeugt" werden muß. In diesem internen Produkterstellungsprozeß treten die Mitarbeiter als internen Kunden und Lieferanten der erzeugten Produkte und Informationen auf (**Bild 3.6**).

Jeder ist Kunde und Lieferant zugleich.

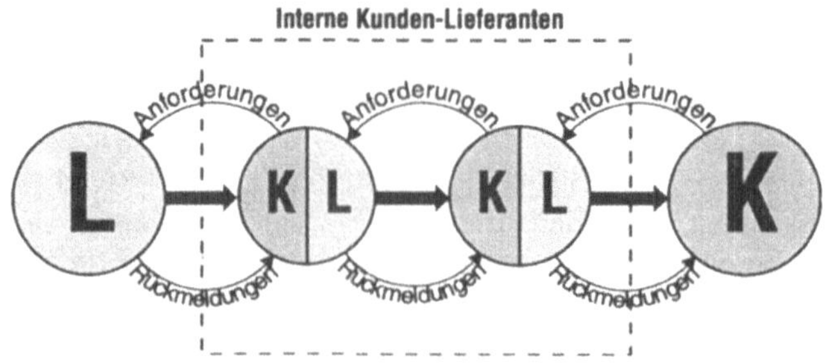

Bild 3.6 Kunden-Lieferanten-Modell

Um Qualität produzieren zu können, ist ein ständiger Informationsaustausch zwischen den Anforderungen des Kunden und den Möglichkeiten der Lieferanten erforderlich. So lassen sich Fehlerquellen frühzeitig eingrenzen. Dieser Zusammenhang gilt ebenfalls wieder intern wie extern.

Zu c: Im Gegensatz zu früheren Qualitätsansätzen, in denen das Management die Aufgaben der Qualitätssicherung an eine Abteilung deligierte, sollte bei der Firma Anton Müller das Management selbst in die Pflicht genommen werden. Die Bewußtseinsänderung beim Management, Qualität als wichtiges Unternehmensziel und nicht als Kostenquelle anzusehen, muß deutlich werden. Dieses Vorbild kann durch nichts ersetzt werden. Qualitätsmanagement ist eine Top-Down-Strategie. Nur das Top-Management hat die Macht und die Verantwortung, die richtigen Dinge durchsetzen zu können. Selbstverständlich dürfen dabei die Kosten nicht aus dem Blickfeld geraten. Qualität um jeden Preis schneidet sich nur in seltenen Fällen mit Kundenwünschen.

Zu d: Die Forderung nach einer Null-Fehler-Produktion erfordert eine stärkere Berücksichtigung der Phasen im Produktentstehungsprozeß, die hohe Fehlerraten ausweisen (ca. 75% aller Fehler entstehen bei der Planung, Entwicklung und Konstruktion von Produkten). Die Produkte dieser „Lieferanten" sind immaterieller Natur und werden über einen Denk- und Planungsprozeß erzeugt. Analog der eigentlichen Fertigung kann also auch hier von Prozessen und Prozeßverbesserungen gesprochen werden. Nicht mehr das Produkt steht hier im Vordergrund, sondern die ineinander geschachtelten Prozesse in den Produktentstehungsphasen. So verstanden ist jede Tätigkeit im Unternehmen zwischen einem „Kunden" und einem „Lieferanten" ein Prozeß mit materiellen oder immateriellen Produkten und Informationen. Im Rahmen von Qualitätsverbesserungsmaßnahmen müssen diese Prozesse und ihre Einflugrößen (die 5M Mensch, Maschine, Methode, Material, Mitwelt, bzw. 7M, wenn Meßbarkeit und Management noch hinzukommen [71], geeignet geplant (Qualitätsplanung), laufend überprüft (Qualitätsprüfung) und gesteuert bzw. gelenkt (Qualitätslenkung) werden (Bild 3.7). Störgrößen und ihre Auswirkungen lassen sich so rechtzeitig erkennen und mit geeigneten Methoden und Techniken begegnen. Qualitätsprüfungen erhalten in diesem Modell den Charakter einer parallel zum Produktionsprozeß verlaufenden Informationsbereitstellung. Eine Kontrolle findet nicht statt.

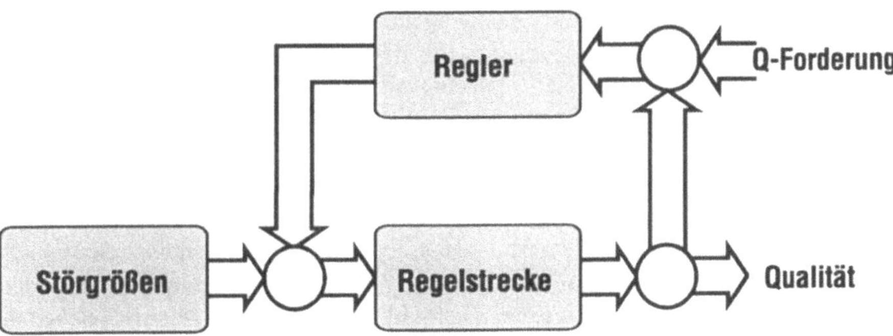

Bild 3.7 Prozeßregelkreismodell der Qualität

Zu e: Das Gebaren der Industrie in der Vergangenheit bei Schadensfällen hat zu einer Sensibilisierung der Gesellschaft geführt. Bürgerinitiativen, organisierte Proteste und parteiliche Inanspruchnahmen zwangen den Staat und die Behörden zu immer höheren Auflagen für Unternehmen und deren Produkte. Umweltschutzauflagen, Verpackungsverordnung, Normen, Richtlinien und die seit 1990 gültige verschuldensunabhängige Produkthaftung zwingen die Unternehmen zu veränderten Produktionsprogrammen. Qualitätsorientierte Unternehmen verstehen diese „Kundenforderungen“ als Chance eines Wettbewerbsvorteils. Die wenig ressourcenfreundlichen „Prozesse“ bei der Firma Anton Müller sind unter diesem gesellschaftlichen Blickwinkel für die Zukunft der Unternehmung schädlich. Anlaß genug, die gesellschaftlichen Entwicklungen bei Qualitätsverbesserungsmaßnahmen zu berücksichtigen, um frühzeitig auf entsprechende Rückfragen reagieren zu können.

Zu f: Aufeinander abgestimmte Qualitätsaktivitäten in einem Unternehmen bilden ein System. In diesem Qualitätsmanagementsystem werden alle qualitätsrelevanten Aktivitäten und Abläufe im Unternehmen überwacht und dokumentiert. Alle Betroffenen wissen genau, was sie zur Erzeugung der gewünschten Qualität zu tun haben (Aufbau, Verantwortlichkeiten ...) und wie sie es tun müssen (Abläufe, Methoden, Verfahren, Techniken). Der Aufbau eines solchen Qualitätsmanagementsystems ist von unschätzbarem Wert für ein Unternehmen. Lückenlos wird hier für die Mitarbeiter und für Außenstehende (Produktabnehmer, potentielle Kunden ...) dargelegt, wie in dem Unternehmen Qualität geplant und erzeugt wird. Das Vertrauen in das Unternehmen, die gegebenen Qualitätsforderungen erfüllen zu können, wird dadurch gestärkt. Ein geeignetes Qualitätsmanagementsystem kann als Nachweis für die Qualitätsfähigkeit eines Unternehmens herangezogen werden und Grundlage vertraglicher Absprachen sein. Ein effektives Qualitätsmanagementsystem ist überdies in der Lage, bei Ansprüchen Dritter, die aus Produkthaftungsfällen entstehen können, geeignete Entlastungsbeweise zu liefern.

Der Aufbau eines individuell gestalteten Qualitätsmanagementsystems scheint für die Firma Anton Müller zwingend geboten. Die aktive Beteiligung aller Mitarbeiter schon in der Aufbauphase des Qualitätsmanagementsystems unterstützt die anschließende Herstellung von Qualitätsprodukten mit diesem Qualitätsmanagementsystem. Um wenig effektive Insellösungen zu vermeiden, wird ein spiraliges Vorgehen bei der Umsetzung vorgeschlagen. Darunter ist ein gleichzeitiger, aber abgestimmter Beginn verschiedener Qualitätsverbesserungsaktivitäten zu verstehen. Ein perfekter Ausbau einer Qualitätsinsel z.B. in der Fertigung widerspräche dem ganzheitlichen Gedanken des Qualitätsmanagements. Die fehlende Effektivität (die perfekte Prüforganisation in der Fertigung bleibt wirkungslos, wenn keine gleichbleibende Versorgung der Prüfmittel erfolgt oder die Mitarbeiter nicht in der Lage sind, mit den Meßmitteln umzugehen ...) der Qualitätsinsel wirkt zudem für die Mitarbeiter demotivierend, wenn nicht gleichzeitig weitergehende Maßnahmen greifen. Das Qualitätsmanagementsystem muß die Grundsätze des Qualitätsmanagements (Qualität betrifft jeden, Qualität ist vorrangig eine Top-Down-Aufgabe, muß aber durch eine Bottom-Up-Strategie unterstützt werden, Qualität ist eine ständige Aufgabe ...) so gestalten, daß sie von jedem Mitarbeiter verstanden, getragen und verinnerlicht werden können. Unterstützend sollte für alle Phasen der Produktentstehung (Qualitätskreis) ein „Rechnerunterstütztes Qualitätsmanagement-System (CAQ = computer aided quality management) installiert werden. Dabei ist zu beachten, daß der Aufbau eines CAQ-Systems erst nach der Stabilisierung eines Qualitätsmanagementsystems selbst den gewünschten Erfolg bringen kann.

Nach der Installation des Qualitätsmanagementsystems bei der Firma Anton Müller sollte das Verfahren zur externen Abnahme und Anerkennung des Systems durch eine unabhängige akkreditierte Stelle eingeleitet werden. Mit dieser Zertifizierung sollte es der Firma Anton Müller gelingen, ihre Stellung als Qualitätslieferant bei den vorhandenen und potentiellen Produktabnehmern wieder deutlich zu machen.

Um auf diese Zertifizierung vorzubereiten, wird die Darstellung der einzelnen Qualitätsaspekte im weiteren Bericht sich auch an den Fragestellungen einer solchen Zertifizierung orientieren.

Aktivitäten der Qualitätsverbesserungsgruppe

Wie zuvor gezeigt, erfordert die Installation eines Qualitätsmanagementsystems den Einbezug der Mitarbeiter der Firma Anton Müller. Da nicht alle Mitarbeiter gleichzeitig beteiligt werden können (Produktion muß weiterlaufen!), sind vorab einige Punkte in den Firma Anton Müller zu klären:

- Wer ist z.Zt Mitglied in der von der Unternehmensleitung der Firma Anton Müller eingesetzten Qualitätsverbesserungsgruppe? Sprechen Gründe für eine Neubesetzung?
- Wer wird innerhalb der Qualitätsverbesserungsgruppe wann und wie lange tätig? Soll ein ständiger Wechsel der Mitglieder stattfinden, oder steht die Aufgabenerfüllung mit gleicher Besetzung im Vordergrund? Welche Rolle soll die Unternehmensleitung in diesen Gruppen einnehmen?
- Welche Kompetenzen erhalten die Mitglieder der Qualitätsverbesserungsgruppe?
- Wie soll die Stellung des Qualitäts-Promotors sein?
- Wie könnte die Qualitätsverbesserungsgruppe beteiligt werden?
- Sind weitere Qualitäts-Gruppierungen in der Firma Anton Müller erforderlich?

3.1 Managementverantwortung

Dem Management in einem qualitätsbewußten Unternehmen wird eine nicht unerhebliche Verantwortung übertragen. Erfolge und Mißerfolge von ganzheitlichen Qualitätsansätzen lassen sich in der Regel auf den Einsatz und das Engagement des jeweiligen Managements auf allen Ebenen (Unternehmensleitung, mittleres Management, Führungskräfte ...) zurückführen. Fördert das Management entsprechende Qualitätsaktivitäten, folgen die Mitarbeiter diesem Vorbild. Ist Qualität für das Management nur ein Schlagwort, werden die Mitarbeiter dieser Situation passiv begegnen. Diese Passivität konnte auch bei der Firma Anton Müller beobachtet werden. Von einigen aus sich heraus motivierten Tüftlern abgesehen, hält niemand Qualität so richtig für ein bedeutsames Unternehmensziel. „Das ist Aufgabe der Qualitätssicherung", so der durchgehende Tenor, „... deren überzogene Forderungen kosten zu viel und lassen sich sowieso nicht realisieren (haben keine Ahnung von den Problemen der Fertigung)", und „... die Teile werden doch vor der Auslieferung geprüft. Da werden doch nur *gute Teile* gefunden". Abgesehen von diesen Endprüfungen ist es mehr als einmal vorgekommen, daß Freigaben vom Management erzwungen wurden. Die Mitarbeiter werden ständig angehalten, weniger Fehler zu machen, obwohl – nach Meinung der Mitarbeiter und häufig auch deren direkten Vorgesetzten – die Fehler gar nicht zu ihren Lasten gehen, sondern von ′vor′-gesetzten Stellen verursacht wurden (fehlendes Material, falsche und unvollständige Zeichnungen, ungenaue Prüfmittel, Zeitdruck, mangelnde Schulung für den Umgang mit speziellen Betriebsmitteln ...). In dieser demotivierenden Situation sehen die Mitarbeiter keine Veranlassung, Fehlern auf den Grund zu gehen. Niemand bei der Firma Anton Müller fühlt sich für Qualität verantwortlich, niemand hat die Zeit und die Mittel und die Lust, sich mit Fehlervermeidungs- und Prozeßverbesserungstrategien auseinanderzusetzen.

Empfehlungen

Das Management der Firma Anton Müller muß unmittelbar und auf Dauer seinen Qualitätsaufgaben nachkommen. Vorrangig ist hier die eigene Einstellung zur Qualität zu nennen. Für alle sichtbar muß Qualitätsmanagement ′vor′-gelebt und praktiziert werden. Nur so lassen sich Mitarbeiter motivieren, dauerhaft am Qualitätsgebäude mitzubauen. Dazu sind die nötigen Mittel und Kapazitäten bereitzustellen.

Qualität ist Managementaufgabe

DEMING, einer der Väter des modernen Qualitätsgedankens, stellt 14 Führungspflichten des Management heraus, die auch heute noch nichts von ihrer Aktualität verloren haben. Sie lauten in einer nach [5] modifizierten und mit Ergänzungen von [50] versehenen Form:

1. Machen Sie das Prinzip der ständigen Verbesserung von materiellen und immateriellen Produkten zum Unternehmensziel. Dieses Prinzip muß auch am eigenen Führungsstil und der eigenen Führungstätigkeit erkennbar sein. Beziehen Sie untergebene Mitarbeiter in Ihre Entscheidungen ein. Machen Sie durch Verbesserungsprojekte in Ihrer eigenen Arbeit Ihren Willen zur Qualität für alle Mitarbeiter sichtbar. Qualitätsergebnisse müssen fester Bestandteil von Budget- und Ergebnisbesprechungen innerhalb der Unternehmensleitung und bei Stellungnahmen vor Betriebsversammlungen werden.

2. Nehmen Sie die neuen Denkweisen an.

3. Beenden Sie die Anhängigkeit von Vollkontrolle und Qualitätsverbesserungen durch Prüfung. Diese Prüfwirtschaft dauert zu lange und ist unwirtschaftlich. Fördern Sie das Prozeßdenken auf allen planerischen und operative Ebenen.
4. Beenden Sie die alleinige Anhängigkeit vom Preis der Produkte.
5. Verbessern Sie ständig und für immer die Produktions- und Servicesysteme. Die Qualität der Produkte wird durch Teamarbeit in der Entwicklungs- und Konstruktionsphase geschaffen. Probleme sind daher primär dort zu suchen.
6. Qualifizierte und motivierte Menschen sind die wichtigste Ressource eines Unternehmens. Dazu sind die erforderlichen Schulungsmöglichkeiten (training on the job) zu schaffen.
7. Sorgen Sie für richtiges Führungsverhalten. Die meisten Menschen arbeiten in komplexen Systemen und haben nur einen begrenzten Handlungsspielraum. Helfen Sie Ihnen, ihren Job besser zu tun. Vergrößern Sie den Entscheidungsspielraum. Schaffen Sie Freiräume für eigenständige Aktivitäten.
8. Beseitigen Sie jede Atmosphäre von Angst. Niemand kann sich entfalten, wenn er sich nicht sicher fühlen kann. Schaffen Sie Vertrauen und Glaubwürdigkeit durch eigene Handlungen. Nehmen Sie Stellung in externen und internen Publikationen zu Problemen und Erfolgen der Qualitätsaktivitäten. Treffen Sie für alle erkennbare Entscheidungen unter Qualitätsgesichtspunkten.
9. Reißen Sie Barrieren zwischen Abteilungen ein. Schaffen Sie Teamstrukturen. Lassen Sie verstärkt horizontale und vertikale Kommunikationen entstehen.
10. Vermeiden Sie allgemeine Slogans, Ermahnungen und Zielsetzungen zur besseren Arbeit und zur höheren Produktivität. Wenn Sie keine entsprechenden Lösungen haben, hilft dies niemandem, seine Arbeit besser zu tun.
11. Beseitigen Sie rein zahlenmäßige Leistungsvorgaben für das Management und die Mitarbeiter. Diese Vorgaben sind häufig willkürlich und berücksichtigen den durchschnittlichen Arbeiter, den es nicht gibt. Ungenutzte Reserven sind die Folge. Ersetzen Sie Leistungsvorgaben durch Qualitätsprämien. Sprechen Sie persönliche Anerkennungen und Belobigungen für geleistete Qualitätsarbeit aus und verleihen Sie entsprechende Qualitätspreise.
12. Beseitigen Sie alle Barrieren, die Mitarbeiter behindern, stolz auf ihre Arbeit zu sein.
13. Fördern Sie ein durchgehendes Weiterbildungsprogramm für alle Mitarbeiter einschließlich des Managements in den neuen Methoden, im Teamwork und in statistischen Methoden.
14. Sorgen Sie dafür, daß eine ausreichende Zahl von geeigneten Mitarbeitern dieses Programm durchläuft und weiterträgt.

Sollen diese Pflichten ernst genommen werden, sind bei der Firma Anton Müller einige Grundvoraussetzungen zu schaffen:

- Möglichst in Zusammenarbeit mit allen Abteilungen und den Mitarbeitern ist eine Qualitätspolitik mit Qualitätszielen zu formulieren und zu publizieren, die von der Unternehmensleitung sichtbar getragen und gefördert wird. Zur Umsetzung diese Qualitätspolitik ist ein auf die Firma Anton Müller zugeschnittenes Qualitätsmanagementsystem zu installieren. Dazu sind die erforderlichen konzeptionellen, strategischen und planerischen Entwicklungen durchzuführen. Die in diesem Rahmen durchgeführten Qualitätsverbesserungsprogramme müssen ebenfalls vom Management und den Mitarbeitern getragen werden.
- Die Aktivitäten zur Installation und Weiterentwicklung eines Qualitätsmanagementsystems erfordern fachliche und methodische Kenntnisse. Daher sind Schulungen zwingend erforderlich. Das Management sollte an diesen Schulungen in gleichem Umfang und Dauer teilnehmen wie die anderen Führungskräfte, um seinen Willen zur Qualität zu verdeutlichen.
- Der Stand der Entwicklung des Qualitätsmanagementsystems muß regelmäßig vom Management selbst festgestellt werden, damit erforderliche Korrekturen eingeleitet werden können. Dieses Management-Audit darf nicht als Überprüfung der Mitarbeiter in den Abteilungen verstanden werden. Um diesem Eindruck vorzubeugen, ist eine kooperative Zusammenarbeit zwischen Management und allen Unternehmensbereichen sicherzustellen.
- Der Einbezug von Mitarbeitern in kontinuierliche Qualitätsverbesserungsmaßnahmen erfordert einen kooperativen Führungsstil. Entscheidend ist hier die Motivation der Mitarbeiter, an den entsprechenden Programmen aktiv mitzuarbeiten. Das setzt Vertrauen und Glaubwürdigkeit voraus. Diesen Erfolgskreis des Vertrauens (**Bild 3.1.1**) als Grundlage für den Geschäftserfolg setzt MASING seinem Teufelskreis des Mißtrauens gegenüber.

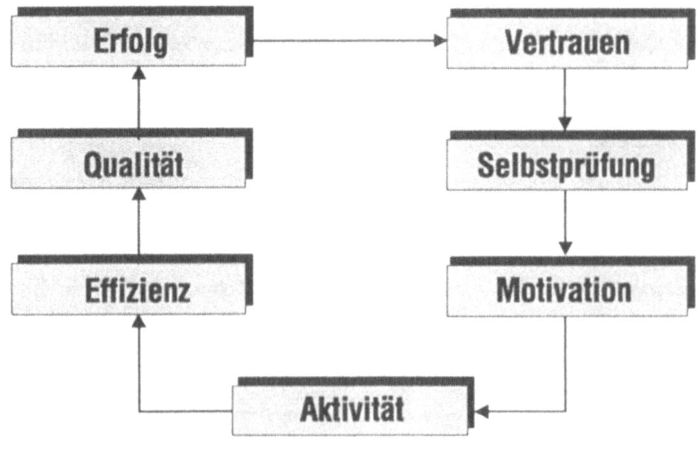

Bild 3.1.1 Erfolgskreis des Vertrauens

- Da dieses Vertrauen bei der Firma Anton Müller nicht als gegeben angesehen werden kann, muß das Management mit entsprechenden Vorgaben und Handlungen versuchen, dieses Vertrauen aufzubauen. Das Verhalten der Führungskräfte auf allen Ebenen spielt dabei die wichtigste Rolle. Mitarbeiter sind als Aktivposten jedes Qualitätsverbesserungsprogramms anzusehen und dort ständig mit einzubeziehen. Sie sollten ihren Fähigkeiten und Fertigkeiten entsprechend dort eingesetzt werden (und nicht 80% der Mitarbeiter dort, wo 20% der Fehler ihre Ursache haben), wo die gemeinsam erarbeiteten Zielvorgaben einen Einsatz erfordern. Ihnen müssen die nötigen Kompetenzen und Freiräume für Verbesserungsaktivitäten gegeben werden, ohne die eine Abkehr von der Passivität der Mitarbeiter nicht zu vollziehen ist. Wer will, daß Mitarbeiter aktiv am Arbeits- und Qualitätsgeschehen teilnehmen, Verbesserungsvorschläge einbringen und Fehlervermeidung statt -vertuschung betreiben, der muß auch die notwendigen Kommunikationswege schaffen (Kunden-Lieferanten-Beziehungen, symmetrische Kommunikation zwischen Vorgesetzten und Untergebenen ...) und festgefahrene Hierarchien aufbrechen. Der schlichte Grundsatz: 'Die Entscheidungsbefugnis liegt bei der Fachkompetenz' muß zur Maxime werden. Diese Grundregel besagt nicht weniger als die Auflösung vorhandener Hierarchien. Nur wer die für sein Handeln erforderlichen Entscheidungen auch selbstverantwortlich treffen kann, ist bereit, für sein Handeln auch einzustehen, im positiven wie im negativen Sinne. Diese Erkenntnis fördert seine Motivation, weniger Fehler zu machen und ständige Verbesserungen herbeizuführen.
- Die Selbstverantwortung für Qualität muß sich auch in der Organisation der unvermeidbaren Qualitätsprüfung wiederspiegeln. Die bei der Firma Anton Müller vorfindliche Qualitätskontrolle durch die Abteilung Qualitätssicherung muß durch die Eigenverantwortung der Linien (Einkauf, Konstruktion, Fertigung ...) abgelöst werden. Der dortige Bereichsleiter entscheidet selbstverantwortlich, ob die Qualität seiner Produkte den Qualitätsforderungen seiner innerbetrieblichen Kunden entspricht. Das Qualitätswesen wird zur Stabsstelle der Unternehmensleitung und übernimmt vorrangig Aufgaben zur Weiterentwicklung und Verbesserung des Qualitätsmanagementsystems.

Aktivitäten der Qualitätsverbesserungsgruppe

Die Umsetzung der Führungspflichten in der praktischen Arbeit vor Ort bei der Firma Anton Müller sollte nicht dem Zufall überlassen werden. Organisatorische Umstellungen und den Mitarbeiter motivierende Maßnahmen müssen diesen Prozeß begleiten. Die Vorarbeiten dafür sollten sinnvollerweise in den Qualitätsverbesserungsgruppen mit der Unternehmensleitung, sofern diese dort nicht ständiges Mitglied ist, durchgeführt werden:

- Wie soll die Managementverantwortung allen Mitarbeitern verständlich gemacht werden?

- Inwieweit, in welcher Form und zu welchem Zeitpunkt sind Mitarbeiter in den Prozeß der vertrauensbildenden Maßnahmen einzubinden?
- Wie sollte der kooperative Führungsstil konkret gestaltet sein? Sind Pläne für Verantwortlichkeiten und Zuständigkeiten erforderlich?
- Welche Qualitätsaufgaben könnten den Produktionslinien zugeordnet werden?
- In welcher Form könnte eine Zielvereinbarung mit den Mitarbeitern organisiert sein? Wer vereinbart was mit wem?
- Läßt sich die 'Überprüfungssituation' eines Management-Audits so gestalten, daß daraus für beide Seiten eine Qualitätsförderung wird?
- In welchem Umfang sind Freistellung für Qualitätsarbeiten erforderlich? Welche Kosten sind damit verbunden?
- Könnte durch ein Beurteilungsraster für Führungskräfte, das unter Qualitätsgesichtspunkten erstellt wurde, eine Verhaltensänderung der Führungskräfte gefördert werden und wenn ja, wie?
- Sollen Mitarbeiter der Abteilung Qualitätssicherung in Linienfunktionen eingesetzt werden und wenn ja, wo?

3.1.1 Qualitätspolitik

In jeder Unternehmung existieren Grundsätze darüber, wie mit Kunden zu verfahren ist, welche Personal- und Preispolitik betrieben wird, wann Investitionen getätigt werden, wie das Zahlungsverhalten auszusehen hat usw. Diese Unternehmenspolitik wird von der Unternehmensleitung vorgegeben. Damit jeder Mitarbeiter nach diesen Grundsätzen verfahren kann, sind diese der Belegschaft auf geeignete Art und Weise mitzuteilen. Das gilt auch für die Grundsätze zur Qualität. Hier sind bei der Firma Anton Müller erhebliche Unterlassungen festzustellen.

Die Grundsätze zur Qualität existieren nur in den Köpfen des Top-Managements. Den Mitarbeitern wurden diese Grundsätze nirgendwo mitgeteilt. Zwar wurden die Führungskräfte ständig angehalten, mehr Qualität zu produzieren. Was darunter zu verstehen ist, blieb jedoch immer im Dunkeln. Verstärkt wurde diese unklare Unternehmenspolitik noch durch die den Mitarbeitern willkürlich erscheinenden Entscheidungen der Unternehmensleitung im Spannungsdreieck Zeit-Kosten-Qualität gegen die Qualität. Angesichts dieser desolaten Situation kann es dem einzelnen Mitarbeiter nicht angelastet werden, wenn er nach seinen eigenen Wertvorstellungen operiert.

Empfehlungen

Die Entwicklung und Festlegung einer Qualitätspolitik, die mit den anderen Grundsätzen der Unternehmung vereinbar ist, ist eine nicht delegierbare Aufgabe der Unternehmensleitung. Ihre Formulierung bereitet oftmals große Probleme, da keine festen Regeln bestehen und die Grundlagen häufig nicht richtig durchdacht sind. Zu allgemein gehaltene Aussagen wirken nichtssagend und sind letztlich unverbindlich. Grundsätzlich sollte sie berücksichtigen, daß die Erlebniswelt des Kunden aus unterschiedlichen Erfahrungen mit dem Produkt (Prospektgüte, Lesbarkeit der Gebrauchsanweisung, Funktion und Umfang der Verpackung, Service, Richtigkeit von Angebot und Nachfrage, Effizienz der Telefonvermittlung ...) geprägt ist. Auf der Grundlage dieser Erlebniswelt urteilt allein der Kunde über die Qualität. Dabei spielen unterschiedliche Kundensegmente (Luxusklasse oder Mittelklasse, Gütegruppe A oder C ...) und deren unterschiedliche Wertvorstellungen eine bedeutsame Rolle, die von der Qualitätspolitik nicht vernachlässigt werden darf. AKAO und BLÄSING machen deutlich, daß Kundenorientierung auf vier grundlegende Kundenerwartungen treffen kann [1], [5]:

ausdrückliche (wie bestellt)
erwartete (wie heute üblich)
aufregende (wie heimlich erwartet)
bestätigende (wie nicht anders erwartet).

Strategien auf der Basis einer Qualitätspolitik der Übererfüllung von Kundenerwartungen (over-engineering) unterscheiden sich grundsätzlich von einer Qualitätspolitik, die auf vollständige Erfüllung der Kundenerwartungen abzielt. Welche Politik betrieben wird, ist nicht ganz risikolos und muß sorgfältig überlegt werden (Wer sind den die Kunden, die zufriedenzustellen sind? Was ist denn der Stand der Technik für welche Kundengruppe? ...). Nach FREHR sollte eine gut durchdachte Qualitätspolitik Aussagen zu folgenden Elementen machen [50]:

- Zweck und generelle Zielsetzung des Unternehmens
  „Die Zufriedenheit unserer Kunden hat für uns den höchsten Stellenwert. Deshalb ist hohe Qualität und Zuverlässigkeit unserer Produkte und Dienstleistungen das oberste Unternehmensziel."
- Strategische Bedeutung der Qualität für diese Zielsetzung
  „Qualität bedeutet für uns die Erfüllung von Kundenforderungen."
- Mitarbeiterverhalten
  „Unsere Mitarbeiter sind unser höchstes Qualitätspotential. Jeder zufriedene Mitarbeiter trägt an seinem Platz zur Verwirklichung unserer Qualitätsziele bei."
- Managementverantwortlichkeiten
  „Die Unternehmensführung setzt sich aktiv auf allen Ebenen für Qualität ein."

- Maßnahmen zur Realisation der Qualitätspolitik
  „Über ein ständig weiterentwickeltes Qualitätsmanagementsystem werden die gesetzten Qaulitätsziele auf allen Ebenen realisiert und überwacht."
- Steuerungsmaßnahmen
  „Die Fortschritte in der Qualitätsverbesserung werden über Kennzahlen sichtbar gemacht und ständig mit den Sollwerten verglichen."

Die Erstellung, Veröffentlichung und Inkraftsetzung der so entwickelten Qualitätspolitik ist ohne Zweifel gemeinsame Aufgabe der Unternehmensleitung der Firma Anton Müller. Immer mehr Firmen gehen jedoch dazu über, die Qualitätspolitik gemeinsam mit den Mitarbeitern zu erarbeiten. Dadurch läßt sich die Akzeptanz bei den Mitarbeitern erhöhen und damit die konkrete Umsetzung erheblich erleichtern. Aus der Qualitätspolitik ergeben sich die Qualitätsziele für die einzelnen Unternehmensbereiche (**Bild 3.1.2**). Diese Ziele sind die quantitativen Meßlatten, an denen ein Vergleich zwischen den Soll- und Istgrößen erfolgen kann. Dabei sind, zumindest auf Unternehmensebene, bedeutsame Qualitätsziele zur Leistung der Produkte und Prozesse, Zuverlässigkeit, Gebrauchstauglichkeit und Sicherheit von der Unternehmensleitung selbst zu formulieren. Die auf Unternehmensebene allgemein formulierte Qualitätspolitik kann von den zuständigen Bereichsebenen selbständig für die einzelnen Unternehmensbereiche der Firma Anton Müller konkretisiet und detailliert werden. Die Gesamtverantwortung für diese vielfach nicht einfach zu formulierenden Zielsetzungen, z.B. im Entwicklungsbereich die Zielsetzung „Zuverlässigkeit", bleibt jedoch beim Management.

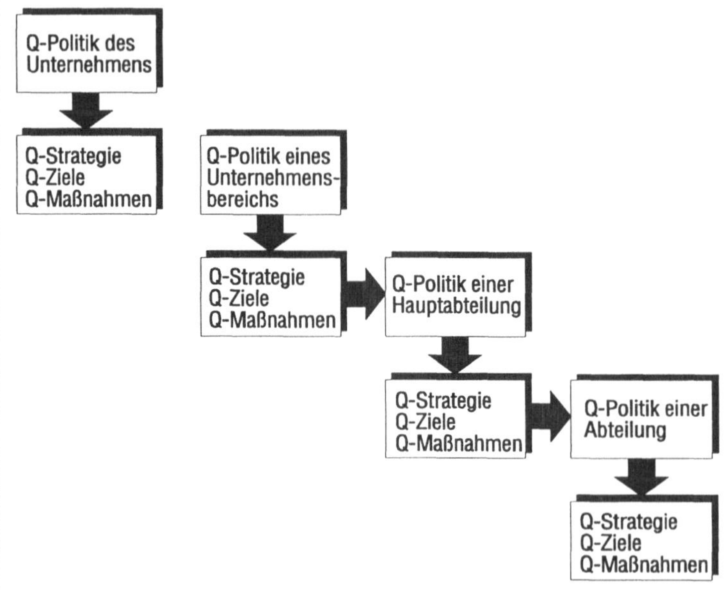

Bild 3.1.2 Gliederung der Qualitätspolitik und der Qualitätsziele

Aktivitäten der Qualitätsverbesserungsgruppe

Die Qualitätspolitik ist stets betont firmenbezogen. Da sie von allen internen und externen Kunden verstanden werden soll, ist eine leicht verständliche Sprache zu wählen. Die aus ihr erarbeiteten Zielsetzungen sollen erreichbar, aber anspruchsvoll sein. Die Gesamtverantwortung für die Realisierung der Qualitätspolitik und der Qualitätsziele liegt beim Management.

- Wie ist der Einbezug welcher Mitarbeiter bei der Erstellung der Qualitätspolitik bzw. der Qualitätsziele zu beurteilen? Wie könnte diese Mitarbeit realisiert werden?
- Welche Probleme ergeben sich, wenn die Qualitätspolitik von externen Gremien oder nur von einem Führungsmitglied der Unternehmensleitung oder in dessen Auftrag vom Qualitätsleiter ausgearbeitet würde? Muß die Qualitätspolitik zwischen den Mitgliedern der Unternehmensleitung abgestimmt sein?
- Erstellen Sie eine sinnvolle Qualitätspolitik für die Firma Anton Müller. Formulieren Sie dazu oberste Ziele
- Ist eine Weiterentwicklung der Qualitätspolitik erforderlich?
- Über welche Wege könnte die Qualitätspolitik allgemein bekannt gemacht werden?
- Wie soll die Qualitätspolitik der Firma Anton Müller gestuft werden? Welche Ziele ergeben sich auf diesen Stufen? Welche Strategien und Maßnahmen könnten wirksam werden?

3.1.2 Qualitätsmanagementsystem

Sind die Grundsätze zur Qualitätspolitik bei der Firma Anton Müller gelegt, können diese vom Management zur Ausführung gebracht werden. Dazu sind vielfältige und komplexe Qualitätsaktivitäten aufeinander abzustimmen. Zusammengefaßt bilden diese festgelegten Abläufe, Verantwortlichkeiten, Methoden und Mittel zur Qualitätssicherung das Qualitätssicherungssystem, oder wie heutzutage immer häufiger formuliert wird, um den Managementcharakter des Qualitätsgedankens zu betonen, das Qualitätsmanagementsystem der Firma Anton Müller. Welches Konzept bzw. **Ideal**profil diesem Qualitätsmanagementsystem, d.h. dem **Real**profil zugrunde liegt, ist dabei von erheblicher Bedeutung. Nicht jedes Idealprofil ist gleichermaßen für jede Unternehmung geeignet. Bevor Strategien und Planungen zum Aufbau eines Qualitätsmanagementsystems führen können, muß sichergestellt werden, daß das Qualitätskonzept kompatibel zum übergeordneten Unternehmenskonzept (Führungsstil usw.) ist. Anderenfalls ist mit hoher Wahrscheinlichkeit ein Mißerfolg vorprogrammiert. SEGHEZZI unterscheidet Qualitätskonzepte (**Bild 3.1.3**) nach ihrer Benennung und Charakterisierung [79].

Benennung und Charakterisierung nach...		
URHEBER	INHALT	MODELL
	Qualitätsprüfung	ISO 9003/EN 29003
Crosby	Qualitätslenkung	ISO 9002/EN 29002
	Qualitätssicherung	ISO 9001/EN 29001
Imai (Kaizen)	Qualitätsverbesserung	
	"Elektrizitätstypus"	
	"Kulturtypus"	
Deming	Company-Wide-Quality-Control	Deming Prize
Juran		Malcolm Baldrige Award
	Total-Quality-Management	European Quality Award

Bild 3.1.3 Qualitätskonzepte

Alle Konzepte sind in sich schlüssig und lassen eine Bewirtschaftung der Qualität im Spannungsdreieck **ZEIT-KOSTEN-QUALITÄT** zu. Für SEGHEZZI prägen vier Konzepttypen vorhandene Qualitätsmanagementsysteme:

- Der Konzepttyp **Qualitätsprüfung/Inspektion** versucht eine Übereinstimmung der Produkte mit den Qualitätsforderungen durch Aussortieren fehlerhafter Produkte vor der Weiterverarbeitung und Auslieferung herbeizuführen.
- Bei dem Konzepttyp **Qualitätslenkung** steht die Prozeßbeherrschung im Vordergrund. Über interne Kunden-Lieferanten-Beziehungen wird die Vermeidung von Fehlern angestrebt. Die Beherrschung der Prozesse in allen Bereichen soll verhindern, daß fehlerhafte Teile entstehen.
- Das Qualitätskonzept der **Qualitätssicherung (Bild 3.1.4)** ergänzt die Elemente der Qualitätslenkung um Aktivitäten zur Qualitätsgestaltung und vorbeugenden Fehlerverhütung. Betont werden die erforderlichen horizontalen und vertikalen Integrationsvorgänge zur Erzeugung von Qualität innerhalb zweckmäßiger Aufbau- und Ablaufstrukturen.
  Der internationalen Normenreihe DIN ISO 9000ff bzw. EN29000ff liegt dieses Konzept zugrunde.

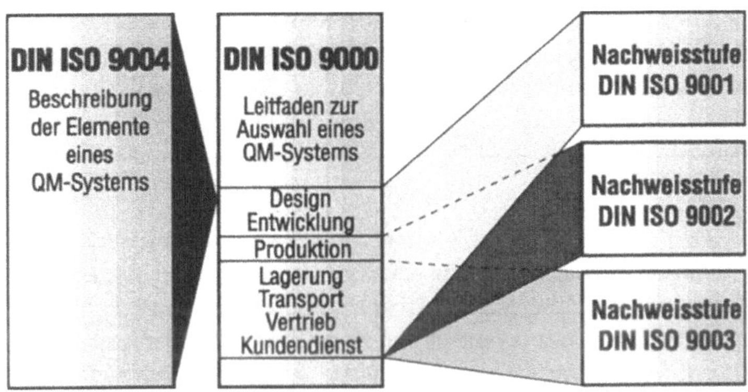

Bild 3.1.4 Aufbau der DIN ISO 9000 bis 9004

Inhaltlich gliedert sich die Normenreihe in

- einen Leitfaden zur Auswahl und Anwendung (DIN ISO 9000 bzw. EN 29000),
- Modelle zur Darlegung der Qualitätssicherung in Design/Entwicklung, Produktion,
  Montage und Kundendienst (DIN ISO 9001 bzw. EN 20001), Produktion und Montage (DIN ISO 9002 bzw. EN 29002) und bei der Endprüfung (DIN ISO 9003 bzw. EN 29003),
- Empfehlungen zum Aufbau eines Qualitätsmanagementsystems mit den erforderlichen Qualitätssicherungselementen (DIN ISO 9004 bzw. EN 29004).

– Einen noch weitergehenden Ansatz verkörpert das Qualitätskonzept der **Qualitätsverbesserung**. Auf dynamische Weiterentwicklung der Unternehmensstrukturen zum Qualitätsunternnehmen ausgerichtet, wird in diesem Konzept der motivierte und qualifizierte Mitarbeiter auf allen Ebenen in den Mittelpunkt gerückt. Über ihn sollen Fehler vermieden, Abläufe und Prozesse verbessert und eine höhere Zufriedenheit der internen und externen Kunden angestrebt werden.

Darüber hinausgehende komplexere Konzepte sind verschieden ausgeprägte Kombinationen der dargestellten Konzepttypen. Am bekanntesten und sicher auch am anspruchvollsten ist hier das Führungskonzept TQM (Total Quality Management). In dieser Konzeption wird Qualität zur wichtigsten Erfolgsgröße überhaupt. Das Management und alle Mitglieder der Unternehmung stellen die Qualität und die Kundenzufriedenheit in den Mittelpunkt ihrer Aktivitäten.

Vor diesem Hintergrund zeichnet sich das Bild der Firma Anton Müller düster. Dem vorhandenen Qualitätssicherungssystem kann allerhöchstens der Konzepttyp Qualitätsprüfung/Inspektion zugeordnet werden. In dieser Hinsicht konsequent wird diese Qualitätskonzeption auch in der Unternehmenskonzeption verkörpert, die durch einen von oben diktierten Führungsstil und einem Denken in Kosten, Terminen und Marktanteilen geprägt ist. Wie die Marktsituation deutlich macht, ist das vorhandene Qualitätssicherungssystem jedoch weder in der Lage, den Kundenforderungen nachzukommen, noch kann es als Schutzschild gegen ungerechtfertigte Forderungen im Haftungsfall dienen.

Empfehlungen

Um ihre Marktposition halten und ausbauen zu können, muß die Firma Anton Müller ihr vorhandenes Qualitätskontrollsystem zu einem Qualitätsmanagementsystem ausbauen. Dieser Ausbau kann ohne eine eingehende Überarbeitung der Unternehmenskonzeption kaum gelingen. Steht das Management der Firma Anton Müller voll hinter den formulierten Unternehmensgrundsätzen zur Qualität, kann von einer sich ändernden Unternehmenskultur ausgegangen werden. Je nach Güte und Zielsetzung dieser Entwicklung läßt sich die Konzeption für ein weiterentwickeltes Qualitätsmanagementsystem bestimmen. Als Schritt in die richtige Richtung wird hier der Ausbau des Qualitätskontrollsystems auf der Basis der Normenreihe DIN ISO 9000 ff bzw. EN 29000 enpfohlen. Diese Normenreihe hat den Vorteil einer hohen Akzeptanz im europäischen Wirtschaftraum, kann zur Darlegung der Qualitätssicherung einer Unternehmung dienen und damit das Vertrauen in die Qualitätsfähigkeit der Unternehmung stärken, den Qualitätsforderungen entsprechend liefern zu können, und läßt sich als Vertragsgrundlage zwischen Kunde und Lieferant heranziehen. Die geforderte aufwendige Dokumentation des Qualitätsmanagementsystems in der Norm, kann als Schutzschild gegen Produkthaftungsforderungen ebenso von unschätzbarem Nutzen sein, wie zur Reduzierung von Überprüfungen des Qualitätsmanagementsystem durch externe Kunden. Daß diese Norm „nur" dem Konzept Qualitätssicherung folgt, kann nicht als Nachteil angesehen werden. Wenn es der Firma Anton Müller gelingt, das Vertrauen in die Qualitätsfähigkeit wieder zu stärken, die Fehlerrisiken abzudecken, Prozesse zu beherrschen und die Kundenforderungen befriedigend umzusetzen, dann ist schon ein ganzes Stück Arbeit auf dem Weg zu einem qualitätsbewußten Unternehmen getan. Mit diesem Erfolg darf sich die Firma Anton Müller aber nicht zufriedengeben. Dank der Flexibilität der Normenreihe DIN ISO 9000ff bzw. EN 29000ff kann ein weiterer Ausbau bis hin zu TQM problemlos erfolgen. Der krasse Wandel in der Unternehmenskonzeption muß jedoch erst einmal vom Management und von den Mitarbeitern verkraftet werden. In dieser Situation scheint der wünschenswerte Schritt zu TQM verfrüht. Das eingangs beschriebene spiralige Vorgehen sollte jedoch deutlich gemacht haben, daß hier TQM als Zielprojektion angesehen wird.

Da bei der Firma Anton Müller in der Entwicklungs- und Konstruktionsabteilung eigene Entwürfe erstellt und ausgearbeitet werden, ist es ratsam, innerhalb der Normenreihe ein umfassendes Modell zur Darlegung der Qualitätssicherung zu wählen, das diesen Bereich mit reguliert. Die DIN ISO 9001 bzw. EN 29001 ist ein Modell zur Darlegung der Qualitätssicherung in Design/Entwicklung, Produktion, Montage und Kundendienst. In Verbindung mit der DIN ISO 9000 bzw. EN 29000 und der DIN ISO 9004 bzw. EN 29004 steht der Firma Anton Müller damit ein geeignetes Regelwerk für den Aufbau eines Qualitätsmanagementsystems zur Verfügung. Mit den Elementen des Regelwerks läßt sich nun konkretisieren, in welchem Maße die einzelnen Qualitätssicherungselemente ausgebaut werden sollen (**Bild 3.1.5** und **3.1.6**). Diese „Maße" lassen sich aus den Unternehmenszielen und den Qualitätssicherungselementen der DIN ISO 9001/9004 ermitteln [5], [79].

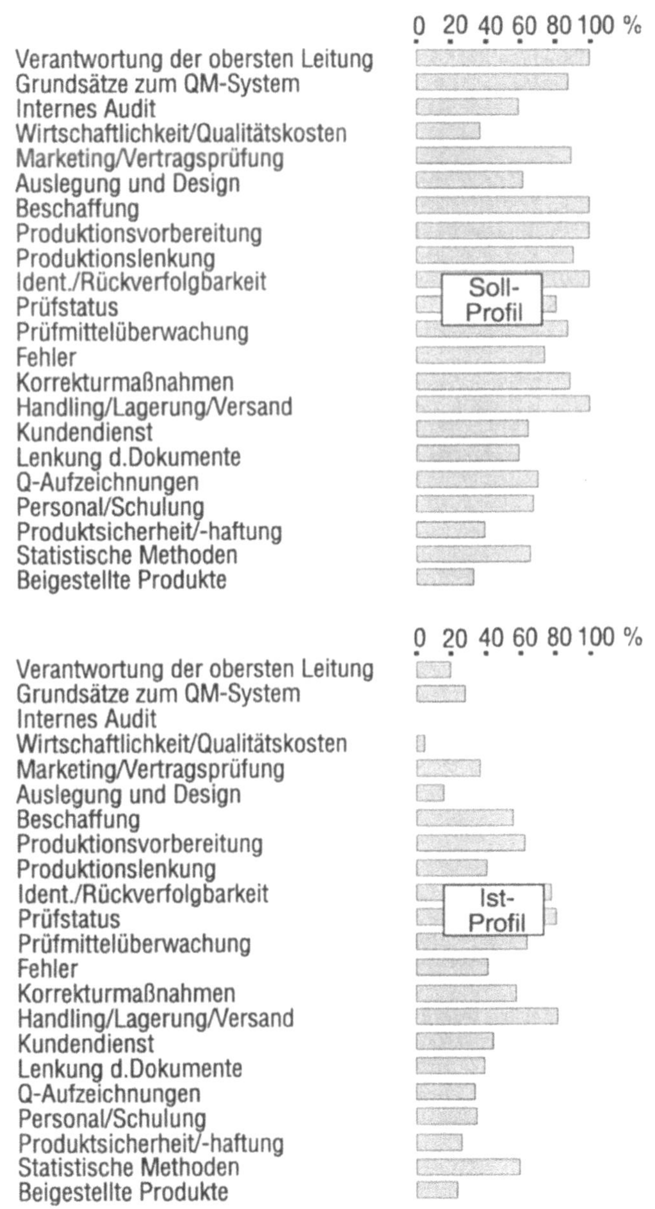

Bild 3.1.5 Profile eines Qualitätsmanagementsystems nach DIN ISO 9004

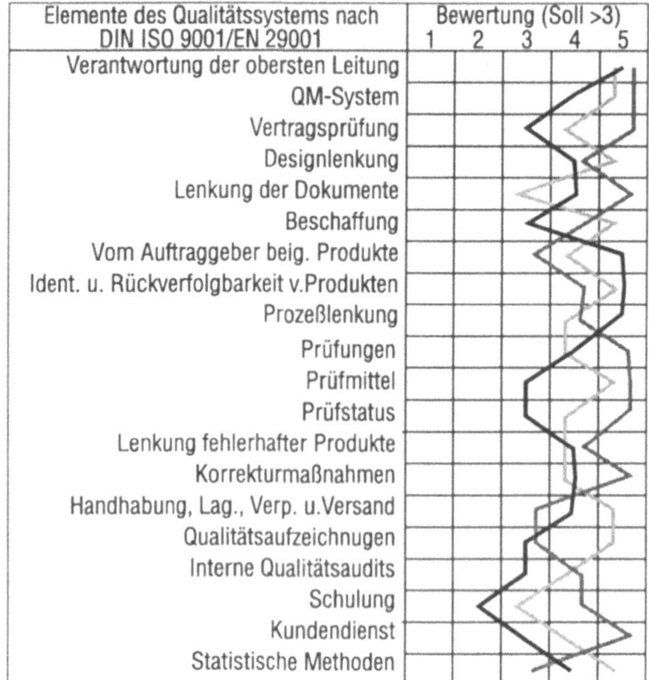

Bild 3.1.6 Sollprofile dreier Firmen nach dem Qualitätskonzept DIN ISO 9001

Aktivitäten der Qualitätsverbesserungsgruppe

Eine aktive Mitarbeit der Qualitätsverbesserungsgruppenmitglieder erfordert die genaue Kenntnis der zugrundeliegenden Normenreihe DIN ISO 9000, 9001 und 9004 bzw. ihr entsprechendes Pendant in der EN 29000ff. Diese Normen müssen für alle Mitglieder zugänglich sein!

- Ist die Qualitätssicherung das geeignete Qualitätskonzept für die Firma Anton Müller oder muß konsequent ein TQM-Konzept verfolgt werden? Welche Konsequenzen hätte diese Entscheidung für den Aufbau des Qualitätsmanagementsystems? Stellen Sie einmal selbst die Argumente Pro und Kontra gegenüber.
- An welchen Stellen können welche Mitarbeiter am Aufbau des Qualitätsmanagementsystems mitarbeiten?
- Wie sollte die Aufbaustruktur, wie die Ablaufstruktur gestaltet sein und von wem? Diskutieren Sie zentrale und dezentrale Ansätze. Wer soll die Aufbauorganisation, wer die Ablauforganisation für die einzelnen Unternehmensbereiche ausarbeiten und schriftlich niederlegen? Welche Stellung soll das Qualitätswesen erhalten? Erstellen Sie für die Firma Anton Müller mögliche Ablaufdiagramme, Verantwortungsmatrixen, Organigramme, Funktionsbeschreibungen ...

- Wie sieht das Ist-Profil der Firma Anton Müller nach DIN ISO 9001 aus? Zu welchen Zeitpunkten sollte es wie aussehen? Erstellen Sie in Ihrer Gruppe ein geeignetes Bewertungsraster und zeichnen Sie die Profile. Lassen sich aus den Profilen Ziele ableiten? Für wen?
- Welche Basis ist für den Vergleich der Elemente des Qualitätsmanagementsystems der Firma Anton Müller geeigneter, die DIN ISO 9001 oder die DIN ISO 9004? Lassen sich Kombinationen denken?
- Halten Sie die dargestellten Bewertungsraster für geeignet, regelmäßig den aktuellen Stand des Qualitätsmanagementsystems zu erfassen?
- Überzeugen Sie die Unternehmensleitung von der Notwendigkeit einer weitereichenden Qualitätskonzeption.

3.1.3 Qualitätskosten

Die Qualität bzw. Nicht-Qualität der erzeugten Produkte hat erhebliche Auswirkungen auf die Gewinn- und Verlustsituation einer Unternehmung. Deshalb ist es wichtig, die Auswirkungen des installierten Qualitätsmanagementsystems auch betriebswirtschaftlich zu betrachten. Nach DIN 55350 ist Qualität die *„Gesamtheit der Merkmale und Merkmalswerte eines materiellen oder immateriellen Produkts bezüglich ihrer Eignung, Qualitätsforderungen zu erfüllen"* [28]. In dieser Definition bestimmt sich die Qualität aus den Qualitätsforderungen an die Produkte. Alle Kosten, die zur Erzeugung der Produkte aufgebracht werden müssen, sind Herstellungskosten. Dazu gehören auch die Kosten, die für die Qualität der Produkte aufzubringen sind. Qualitätsmanagement verursacht aber nicht nur Kosten, sondern führt auch zu erheblichen Einsparungen. Kosten, die bei fehlerhafter Leistung für z.B. Kundenreklamationen, Nacharbeit, zusätzliche Prüfungen usw. aufgebracht werden müßten, werden vermieden und führen somit zu einer Kostenreduktion. Um deutlich zu machen, welche Zusatzkosten bei einer fehlerhaften Fertigung anfallen würden, ist es üblich geworden, die Kosten, die vorwiegend durch Qualitätforderungen verursacht werden, gesondert auszuweisen. Nach DIN 55350, T11 werden diese Kosten, die zur Feststellung, Behebung und Verhütung von Fehlern und ihrer Ursachen aufgewendet werden müssen, als Qualitätskosten bezeichnet.

Diese Kosten werden bei der Firma Anton Müller weder direkt noch indirekt erfaßt. In dieser Hinsicht verhält sich die Firma Anton Müller wie die meisten Betriebe der Branche. Zirka 90% aller Klein- und Mittelbetriebe haben keine Qualitätskostenerfassung oder verlassen sich auf Schätzungen. Aufgrund dieser Schätzungen, die auf vergleichenden Untersuchungen der Branche basieren, werden vom Management der Firma Anton Müller Qualitätskosten in einer Größenordnung von 5% – 10% vom Umsatz angenommen. Obwohl erkannt wurde, daß hier ein beachtliches Einsparungspotential vorliegt, sieht die Firma Anton Müller keinen rechten Hebel, wo diese Einsparungen vorgenommen werden sollen. Wegen der fehlenden Differenzierung der Qualitätskosten wird nicht ersichtlich, wie das Verhältnis der **vermeidbaren** Qualitätskosten zu den für die Auf-

men werden sollen. Wegen der fehlenden Differenzierung der Qualitätskosten wird nicht ersichtlich, wie das Verhältnis der **vermeidbaren** Qualitätskosten zu den für die Aufrechterhaltung der Qualität **notwendigen** Qualitätskosten ist. In Situationen mit erhöhtem Kostendruck werden deshalb vom Management vielfach die Qualitätskosten mit den Prüfkosten gleichgesetzt. Die erforderlichen Einsparungen finden dann in diesem Bereich statt. Ein Kostenbewußtsein bei der Erzeugung von Qualität kann auf diese Weise bei den Mitarbeitern nicht erzeugt werden.

Empfehlungen

Maßnahmen zur Förderung der Qualitätsfähigkeit einer Unternehmung sind unter Berücksichtigung der Kosten festzulegen. Dazu ist ein Qualitätskostensystem mit Erfassung und Auswertung der Qualitätskosten zu entwickeln. Die Arbeitsgruppe 17 der Deutschen Gesellschaft für Qualität e.V. (DGQ) hat den Aufgabenbereich eines Qualitätskostensystems abgesteckt [12]:

- Entscheidungshilfe für das Management bei der Festlegung der Qualitätspolitik sein
- Produktverfolgung unter Qualitätskostengesichtspunkten ermöglichen
- Gewinnbeeinträchtigungen durch Schwachstellenanalysen aufdecken
- Kostenprioritäten aufzeigen
- Maßnahmen zur Qualitätsverbesserung und Kostensenkung ableitbar machen
- zur Berücksichtigung von Kosten bei der Qualitätsplanung beitragen
- Daten für Qualitätsberichte liefern
- eine kostenoptimale Planung von Prüfungen ermöglichen
- überhöhte Kosten für nicht verlangte Qualitätsforderungen sichtbar werden lassen
- die wirtschaftliche Bedeutung von Qualitätsforderungen besser erkennbar machen
- Mitarbeiter einschließlich der Führungskräfte für Kosten im Bereich des Qualitätsmanagement sensibilisieren

Um diese Aufgaben wahrnehmen zu können, müssen die Qualitätskosten erfaßt und aufbereitet werden. Hier stellt sich die Frage, welche Qualitätskosten erfaßt werden sollen und wie diese Erfassung durchzuführen ist. Zweckmäßigerweise wird die Erfassung analog der übergeordneten betrieblichen Kostenrechnung durchgeführt. Die in einem Rechnungsabschnitt angefallenen Kosten werden nach ihrer Art auf Kostenartenkonten übertragen und über Kostenstellen den Kostenträgern (den hergestellten Produkten) anteilig zugeordnet. Dazu werden die Qualitätskosten international üblich in die drei Kostengruppen (Kostenarten) Fehlerverhütungskosten, Prüfkosten und Fehlerkosten gegliedert (**Bild 3.1.7**).

Bild 3.1.7 Einteilung der Qualitätskosten

Je nach Bemessungsgrundlage (Umsatz, Herstellungskosten, Wertschöpfung, Fertigungskosten, Anzahl produzierter Einheiten ...) und Branche finden sich typische Verteilungen (**Bild 3.1.8** und **Bild 3.1.9**) der Qualitätskostengruppen [50], [56].

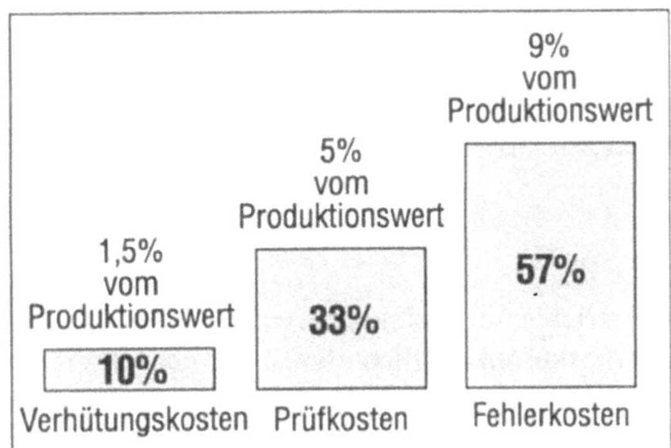

Bild 3.1.8 Qualitätskostenverteilung nach den Herstellungskosten

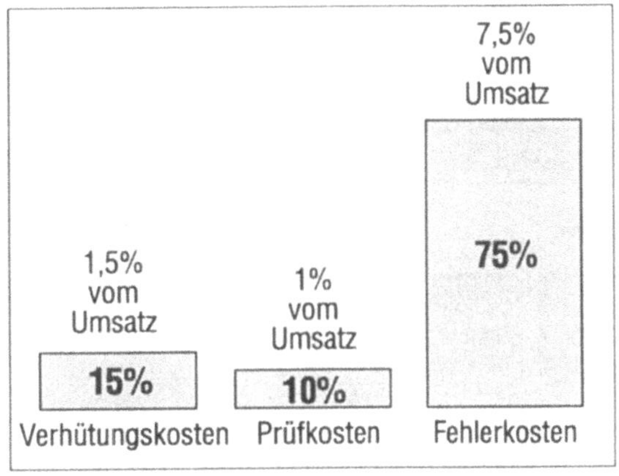

Bild 3.1.9 Qualitätskostenverteilung nach dem Umsatz

Fehlerverhütungskosten sind Kosten für vorbeugendes und fehlerverhütendes Qualitätsmanagement wie z.B.:

- Planung der Qualität vor der Fertigung
- Mitarbeiterschulungen im Qualitätsmanagement
- Qualitätsfördermaßnahmen
- Lebensdauertests
- Lieferantenbeurteilungen, -beratungen und -bewertungen
- Planung und Steuerung von Prüfungen
- Aufwendungen für das Qualitätswesen
- Überprüfungen der Qualität der Produkte, der Verfahren und des Qualitätsmanagementsystems
- Entwurfsüberprüfungen
- Teams zur Feststellung von Fehlerquellen
- Durchführbarkeitsuntersuchungen
- Qualitätsföderungsprogramme
- Qualitätsvergleiche mit der Konkurrenz
- Feststellung von Kundenforderungen
- Qualitätslenkung mit Berichtswesen
- vorbeugende Instandhaltung

Ihre Erfassung über das vorhandene betriebliche Rechnungswesen ist jedoch nicht unproblematisch. Da die Fehlerverhütungskosten in allen Bereichen der Unternehmung auftreten, werden im Betriebsabrechnungsbogen keine speziellen Kostenstellen ausgewiesen. Die vollständige Erfassung ist daher nur mit erhöhtem Aufwand möglich. Vielfach muß auf ungenaue und manipulierbare Schätzungen zurüchgegriffen werden. Der Wert dieser Erfassungen ist daher umstritten. Nach einem Vorschlag von HENCKELS (**Bild 3.1.10**) gehören die Fehlerverhütungskosten zu den **notwendigen** Qualitätskosten [56].

Bild 3.1.10 Struktur zur vereinfachten Qualitätskosten-Begrenzung

Notwendige Qualitätskosten verbessern die Qualität bezüglich der Qualitätsforderungen und verringern daher in der Regel Fehlleistungkosten (zusätzliche Prüfkosten, Fehlerbeseitigungkosten). Unter Berücksichtigung dieser Auswirkungen muß ihr Anteil an den Qualitätskosten als zu niedrig angesehen werden. Wo hier eine Grenze zu ziehen ist, kann ohne die Erfassung der Fehlerverhütungskosten nicht eindeutig bestimmt werden, mag diese Erfassung auch noch so problematisch sein.

Unter Prüfkosten sind die Kosten zusammengefaßt, die zur Feststellung und Steuerung der Qualität im Herstellungsprozeß über Qualitätsprüfungen entstehen. Dabei können Prüfkosten unterschieden werden, die z.B. für folgende Aktivitäten angefallen sind:

- Wareneingangprüfungen
- Warenausgangprüfungen/Endprüfungen
- Fertigungsprüfungen
- Abnahmeprüfungen
- auswärtige Prüfungen für Außenmontagen usw.
- Prüfmittelmanagement
- Qualitätsgutachten
- Laboruntersuchungen
- Funktionsprüfungen
- Fähigkeitsprüfungen
- Umweltsimulationsprüfungen

Die Erfassung der Prüfkosten stößt auf weniger Probleme als die Erfassung der anderen Qualitätskosten, da diese häufig direkt ausgewiesen werden, oder Übertragungen aus zugeordneten Kostenstellen möglich sind.

Anteilsmäßig liegen hier nur geringe Kosteneinsparungspotentiale vor. Der Sparefekt im Bereich der Prüfkosten ist daher für die Firma Anton Müller marginal. Die Auswirkung auf die Qualität der Produkte kann überdies nur schlecht eingeschätzt werden. Nach HENCKELS können Prüfkosten notwendige und vermeidbare Qualitätskosten darstellen. Analog den Fehlervermeidungskosten ist es nur sinnvoll, die vermeidbare Prüfkosten zu reduzieren. Dazu müssen jedoch erst ganz bestimmte Voraussetzungen geschaffen werden, die bei der Firma Anton Müller z.Zt. noch nicht vorliegen.

Erfüllen Produkte nicht den Qualitätsforderungen, entstehen Fehler- bzw. -folgekosten. Nach HENCKELS sind diese Fehlerkosten vermeidbare Qualitätskosten. Sie stellen für jedes Unternehmen direkte Verluste dar. Ihrer Erfassung ist also höchste Ausmerksamkeit zu schenken. Aus Gründen der zeitlich verschobenen Erfassung außerbetrieblich festgestellter Fehler und der nicht direkt erkennbaren weitergehenden Bedeutung dieser Fehler für das Unternehmen (Verlust des Firmen-Images, Verlust von Umsatzanteilen ...), werden üblicherweise interne und externe Fehlerkosten unterschieden. Interne Fehlerkosten entstehen z.B. für:

- Nacharbeit
- Ausschuß/Schrott
- Losgrößenmengenabweichungen
- nicht planmäßige Sortierprüfungen
- Wertminderung/Abstufungen
- Wiederholprüfungen
- Qualitätsbedingte Ausfallzeiten
- Problemuntersuchungen und Fehleranalysen
- Nichterreichen von Entwicklungsvorgaben

Externe Fehlerkosten fallen z.B. an für

- Garantieansprüche/Gewährleisungen/Kulanzfälle
- Haftungsfälle
- Rückgaben/Rückrufaktionen
- außerbetriebliche Nacharbeit
- außerbetriebliche festgestellten Ausschuß
- Beschwerden

Die Erfassung dieser hauptsächlich im Fertigungbereich auftretenden Kosten ist in der Regel über vorhandene betriebliche Abrechnungsbögen (BAB) für Nacharbeitszeiten und Materialerfordernisse leicht möglich. Allerdings ist zu berücksichtigen, daß sich viele Fehlerkosten in der betrieblichen Kostenrechnung gar nicht widerspiegeln. Nach FREHR ist nur die Spitze des Eisbergs in Form von Materialkosten und Stunden direkter Mitarbeiter erkennbar. Der Aufwand und die damit verbundenen Kosten für zusätzlich Telefonate, zusätzliche Vertreterbesuche, zeitliche Belastung der Führungskräfte, Kundenbesänftigung, Gutschriften, Rücksendungen und die fünfmal höheren Kosten für die Gewinnung neuer Kunden gegenüber der Pflege eines alten Kunden, werden nicht erfaßt. Die tatsächlichen Fehlerkosten müssen daher über einem Faktor ermittelt werden. Die Beachtung dieser Fehlerkosten läßt eine vielfach durchgeführte Optimierungsstrategie der Qualitätskosten problematisch erscheinen (**Bild 3.1.11**). Diese Strategie geht von der Annahme aus, daß ein steigendes Qualitätsniveau (Null-Fehler) mit steigenden Fehlerverhütungs- und Prüfkosten erreicht wird, während die Fehlerkosten naturgemäß geringer werden. Dieses Modell akzeptiert im vorhinein eine bestimmte Fehlerzahl und unzufriedene Kunden.

Dem wird ein Minimierungsmodell (**Bild 3.1.12**) gegenübergestellt, das Fehlerkosten grundsätzlich nicht akzeptiert. Fehler erzeugen vermeidbare Kosten und unzufriedene Kunden. Die Beachtung der tatsächlichen Fehlerkosten und die gleichzeitige Berücksichtigung der geringer werdenden Prüfkosten bei verminderter Fehlerrate, kann den Gesamtkostenverlauf erheblich beeinflussen [50].

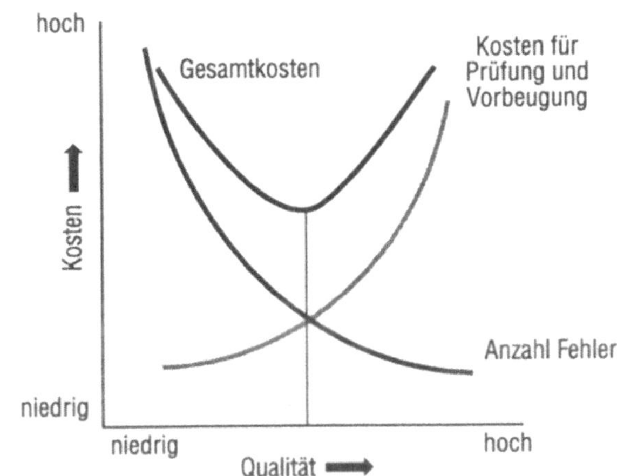

Bild 3.1.11 Qualitätskostenoptimierungsmodell

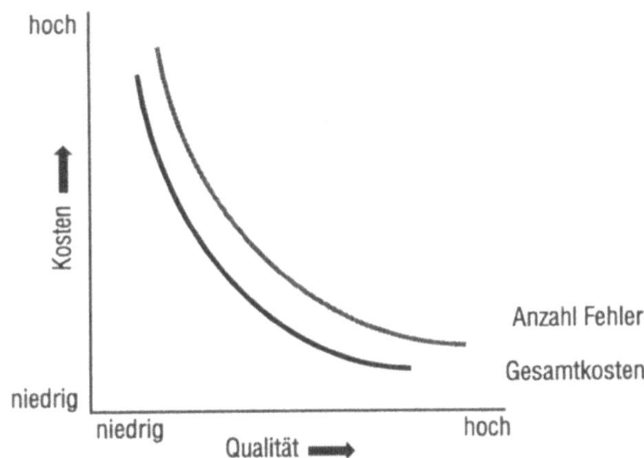

Bild 3.1.12 Qualitätskostenminimierungsmodell

Nach diesem Modell sind minimale Qualitätskosten in der Nähe der Null-Fehler-Produktion zu erwarten. Diese Annahme wird auch von der Tendenzdarstellung der Qualitätskosten nach REFA (Bild 3.1.13) gestützt, die sich aus den erfaßten Qualitätskostengruppen ergibt [72].

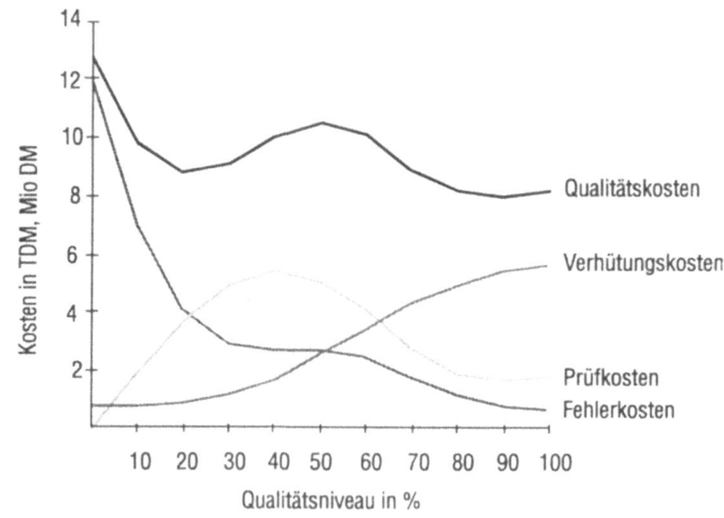

Bild 3.1.13 Tendenz der Qualitätskosten

Die gleichen Tendenzen zeigt eine andere Kostenuntersuchung aus der Industrie (**Bild 3.1.14**):

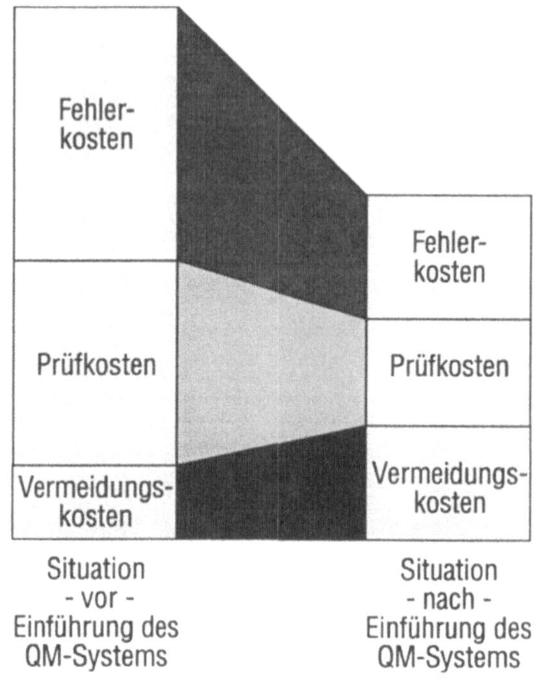

Bild 3.1.14 Qualitätskostenentwicklung bei der Fa. Rank Xerox

Inwieweit sich diese Trends auch bei der Firma Anton Müller bestätigen lassen, muß die Erfassung aller Qualitätskostengruppen ergeben.

Stehen die Qualitätskosten fest, kann über Qualitätskostenanalysen eine Auswertung der erfaßten Qualitätskosten erfolgen. Diese sind die Basis für Qualitätskostenberichte, Qualitätskostenminimierungs-strategien, Schwachstellenanalysen und Korrektur- und Lenkungsmaßnahmen im und am Qualitätsmanagementsystem. Nach dem bisher Gesagten ist klar, daß es sich hier nur um Qualitätskosteneinsparungen bei den vermeidbaren Qualitätskosten handeln kann. Die Qualität der geforderten Produkte darf dadurch nicht verschlechtert werden. Dazu werden die Qualitätskosten häufig tabellarisch oder grafisch aufbereitet.

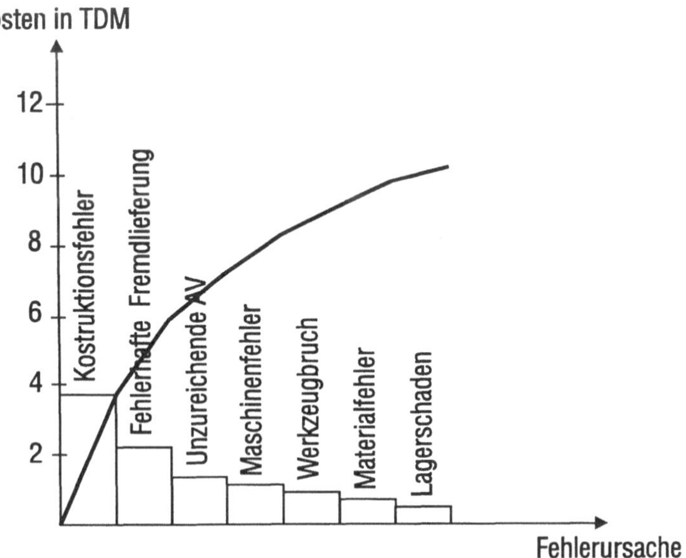

Bild 3.1.15 Beispiel für eine Pareto-Analyse der Nacharbeitskosten

Diese Aufbereitung kann nach Qualitätskostengruppen, -elementen, Kostenentstehungsursachen, Produktarten oder -gruppen, Fehlerarten, verursachenden Kostenstellen oder Abteilungen, Lieferanten usw. vorgenommen werden [12]. Die geeignete Darstellung läßt wichtige Zusammenhänge sichtbar werden. Z.B. bestätigt eine Aufschlüsselung der Fehlerkosten nach verursachenden Kostenstellen die schon weiter oben dargelegte Annahme, daß Produktfehler vielfach in vorgelagerten Planungsabteilungen verursacht werden. Als zweckmäßig hat sich auch die rangmäßige Darstellung der Kosten (PARETO-Analyse) erwiesen (**Bild 3.1.15**). Diese Anordnung vermittelt einen Eindruck über Kostenschwerpunkte und lohnende bzw. vorrangig notwendige Korrekturmaßnahmen.

Wie bei betriebswirtschaftlichen Zusammenhängen üblich (Kennzahlen für Rentabilität, Produktivität usw.), werden auch die Qualitätskosten in Qualitätskostenkennzahlen verdichtet. Dadurch lassen sich ungewollte Beeinflussungsgrößen auf die Qualitätskosten ausschalten. Erst diese bereinigten Kennzahlen ermöglichen die aufschlußreichen Trendbetrachtungen der Qualitätskosten in einem Unternehmen. Auf welcher Basis diese Qualitätskostenkennzahlen in der Firma Anton Müller gebildet werden sollen, muß in Absprache mit der Rechnungsabteilung vor Ort geklärt werden.

Die Aufbereitung der Qualitätskosten ist nicht zuletzt auch davon abhängig, wer diese Daten anschließend nutzbringend einsetzen soll. Der Detaillierungsgrad von Qualitätskostenberichten orientiert sich daher an den Möglichkeiten der Einflußnahme des Empfängers. Unterschieden werden periodisch aktualisierte Qualitätskostenberichte für die Unternehmensleitung (knapp und auf die Höhe der gesamten Qualitätskosten und Qualitätskostenelemente ausgerichtet), Abteilungs-/Werksleitung (Aufschlüsselung der Qualitätskosten nach Kostenschwerpunkten, Produktgruppen und anteiligen Abteilungskosten) und die Meisterebene (detaillierte Übersichten, aus denen die verursachenden Kostenstellen für die Fehlerkosten ersichtlich sind).

Mit diesen Qualitätskostenberichten wird das Ziel verfolgt, geeignete Maßnahmen zur Qualitätslenkung auf allen Unternehmensebenen ableiten zu können. Inwieweit dieses Ziel erreicht werden kann, ist strittig. Für FREHR sind Qualitätskostenberichte auf der Meisterebene dazu wenig geeignet. Die erfaßten Fehlerkosten sind dafür zu unscharf und kommen in der Regel zu spät, um geeignete Sofortmaßnahmen einzuleiten [50]. Diese Erkenntnis ist bei der Organisation eines Qualitätskostenerfassungssystems bei der Firma Anton Müller zu berücksichtigen.

Aktivitäten der Qualitätsverbesserungsgruppen

Wie DEMING in seiner bekannten Reaktionskette (**Bild 3.1.16**) aufzeigt, führen Qualitätsverbesserungen auch zu Kosteneinsparungen.

Ausgangspunkt seiner Betrachtung ist jedoch die Qualitätsverbesserung, über die vermeidbare Qualitätskosten reduziert werden. Stehen Kosteneinsparungsgesichtspunkte im Vordergrund, werden u.U. notwendige Qualitätskosten reduziert. Diese Leistungseinschränkungen (schlechterer Service, verkleinerte Ersatzteilläger, weniger Kundenberatung ...) für die externen und internen Kunden führen letztlich zu einer höheren Kundenunzufriedenheit bzw. Demotivation bei den Mitarbeitern als interne Kunden. Die Akteure in den verschiedenen Gruppen bei der Firma Anton Müller dürfen diese Zusammenhänge nicht aus den Augen verlieren.

Bild 3.1.16 Demings Kettenreaktion

- Welche Voraussetzungen sind für den Aufbau eines Qualitätskostensystems erforderlich?
- Erstellen Sie für die Firma Anton Müller geeignete Arbeitspapiere zur Erfassung, Aufbereitung und Dokumentation der Qualitätskosten. Beachten Sie die unterschiedlichen Zielgruppen.
- Versuchen Sie, ein sinnvolles Verfahren zur Erfassung der Qualitätskostenelemente bei der Firma Anton Müller zu beschreiben. Erfassen Sie danach die Qualitätskosten. Treffen Sie dazu geeignete Absprachen mit dem Rechnungswesen. Erstellen Sie eine Matrix, welche Qualitätskosten in welchen Abteilungen auftreten bzw. auftreten können.
- Welche Qualitätskostenverdichtungen über Qualitätskostenkennzahlen sind für die Firma Anton Müller geeignet? Suchen Sie geeignete Bezugsgrößen.
- Bereiten Sie die erfaßten Qualitätskosten für die Berichterstattung in den verschiedenen Unternehmensbereichen und die Einleitung von Schwachstellenanalysen auf.
- Versuchen Sie eine Darstellung der Qualitätskostenarten in Form einer Pareto-Analyse.

3.2 Qualitätsdokumentation

Der Wertschöpfungsprozeß in modernen Unternehmen erfordert in allen Phasen der Produktentstehung Informationen, zu deren Erzeugung, Verarbeitung, Speicherung und Lenkung nicht selten mehr als 80% der gesamten Aufwände zur Herstellung eines Produkts aufgebracht werden. Ohne diesen Informationsfluß wäre der Prozeß der Produktentstehung nicht lebensfähig. Auch die Sicherstellung der Qualität im Unternehmen ist ohne Informationsverarbeitung nicht denkbar. Über ein Qualitätsmanagementsystem ist sicherzustellen, daß diese Informationen im Sinne der Qualitätsforderungen zur Verfügung stehen. Für Qualitätsmanagementsysteme, die auf der Normenreihe DIN ISO 9000ff bzw. EN 29000ff basieren, werden die Grundsätze der Informationsverarbeitung unter verschiedenen Qualitätssicherungselementen behandelt. Unterschieden werden in diesen Normen:

- **Qualitätsrelevante Unterlagen bzw. Dokumente** wie Zeichnungen, Spezifikationen, Zeichnungskopien, Prüfanweisungen, Prüfverfahren, Arbeitsanweisungen, Arbeitspläne, Arbeitsverfahren, Qualitätssicherungsverfahren, Qualitätssicherungspläne, Qualitätssicherungshandbuch, Rezepturen, Normen, Gesetze, Fertigungsverfahren, Verfahrensanweisungen, Referenzmuster ...[40], [87]. Diese Dokumente dienen der internen und externen Darlegung der qualitätssichernden Tätigkeiten, zur Entwicklung, Planung, Fertigung und Qualitätssicherung der Produkte. Aus ihnen lassen sich Sollgrößen für Regelprozesse ableiten.
- **Qualitätsrelevante Aufzeichnungen bzw. Qualitätsaufzeichnungen** wie Prüfberichte, Prüfdaten, Berichte über Qualifikationen, Berichte über Validierungen, Auditberichte, Berichte über Materialprüfungen, Kalibrierdaten, Berichte über Qualitätskosten, Lieferantenbewertungen, Reklamationen, Nachweise durchgeführter Korrekturmaßnahmen, Nachweise über vorbeugende Wartung, Fähigkeitsnachweise ...[40], [87]. Qualitätsaufzeichnungen erbringen die internen oder externen Nachweise darüber, ob den Qualitätsforderungen entsprochen werden konnte oder nicht. Sie markieren Istgrößen für Qualitätsregelkreise und machen deutlich, ob das Qualitätsmanagementsystems wirkungsvoll funktioniert.

Nach DIN ISO 9001 bzw. EN 29001 sind Verfahren und Zuständigkeiten für die Lenkung qualitätsrelevanter Dokumente und Aufzeichnungen [37], [36] festzulegen. Diese Festlegungen sollten eine eindeutige Identifikation, Pflege, Prüfung, Bereitstellung und Freigabe qualitätsrelevanter Unterlagen und Aufzeichnungen ermöglichen.

3.2.1 Qualitätsmanagementhandbuch

Wichtigste Informationsquelle zur Darlegung qualitätsrelevanter Abläufe, Verfahren und Zuständigkeiten ist das Qualitätssicherungs- bzw Qualitätsmanagementhandbuch [34]. In diesem Dokument wird die Qualitätspolitik dargelegt und die Aufbau- und Ablauforganisation für alle Qualitätssicherungselemente des Qualitätsmanagementsystems systematisch und geordnet beschrieben. Eine solche Dokumentation liegt bei der Firma Anton Müller nicht vor. Existierende Unterlagen wie Arbeitsunterweisungen, Prüfanweisungen,

Zeichnungen, Angebotsrichtlinien, Normen und Richtlinien zu Herstellungsverfahren und gesetzlichen Vorschriften usw. sind unvollständig, nicht bekannt oder werden vielfach nicht beachtet. Änderungen gelangen nur zufällig zu den beteiligten Stellen, wodurch Mehrfacharbeiten vorprogrammiert sind. Ein Ordnungssystem läßt sich nicht erkennen. Entsprechend gering ist der Grad der Transparenz der Abläufe. Entsprechend unterschiedlich ist auch das Verständnis von Qualität zwischen und in den einzelnen Abteilungen bei der Firma Anton Müller.

Empfehlungen

Ohne Zweifel ist die Erstellung eines Qualitätsmanagementhandbuchs mit hohem Aufwand verbunden. Dennoch muß der Ausarbeitung eines Qualitätsmanagementhandbuchs zur Realisierung, Einführung und Aufrechterhaltung des Qualitätsmanagementsystems bei der Firma Anton Müller oberste Priorität eingeräumt werden. Dafür sprechen nicht nur externe Gründe (Qualitäts- und Darlegungsforderungen von Kunden, Behörden, Versicherungen usw., die an die Firma Anton Müller herangetragen werden). Auch intern lassen sich nicht unerhebliche Vorteile mit der Erstellung und Einführung eines Qualitätsmanagementhandbuchs benennen [9], [71]:

- Abläufe und Zuständigkeiten werden in allen Bereichen erheblich transparenter und damit sicherer. Risikominimierung
- Doppelarbeiten lassen sich vermeiden.
- Schwachstellen und deren Auswirkungen im Qualitätsmanagementsystem lassen sich frühzeitig erkennen.
- Qualitätsrelevante Tätigkeiten werden personenunabhängig.
- Qualitätsprüfungen lassen sich zweckmäßig organisieren
- Die Auswirkungen und Einflüsse von Änderungen werden erkennbar.
- Minimierung der festgelegten Verfahren und Reaktionszeiten. Gewachsene Abläufe werden neu überdacht.
- Schnittstellenprobleme werden aufgedeckt.
- Verbesserung der Unternehmenskultur durch klare Zuständigkeiten und Anweisungen. Dadurch kann die Motivation und das Verantwortungsbewußtsein bei den Mitarbeitern gefördert werden.
- Die Darlegung des Qualitätsmanagementsystems kann verkaufsfördernd wirken.
- Vertrauen in die Qualitätsfähigkeit des Unternehmens. Qualitätsimage
- Führungsaufgaben werden transparenter und nachweisbar. Vorbildfunktion
- Die aktive Mitarbeit der Unternehmensleitung unterstreicht die Bedeutung der Qualität für das Unternehmen.

- Voraussetzungen für eine interne Überprüfung des Qualitätsmanagementsystems werden gelegt.
- Die Grundlagen für eine externe Anerkennung des Qualitätsmanagementsystems werden gelegt (Zertifizierung).
- Nachweis der Wahrnehmung der unternehmerischen Sorgfaltspflicht in Haftungs- und Umweltschutzfragen

Wie eine Unternehmung ihre Qualitätsfähigkeit in einem Qualitätsmanagementhandbuch darlegt, ist letztlich freigestellt. Bislang war es allgemein üblich, den Aufbau eines Qualitätsmanagementhandbuchs an der jeweiligen Darlegungssnorm [37], [38], [39] auszurichten. Diese eher externe Betrachtung wird heute immer mehr von einer internen Betrachtungsweise überlagert. Es wird vorgeschlagen, sich bei der Erstellung des Qualitätsmanagementhandbuchs an der DIN ISO 9004 bzw EN 29004 zu orientieren und dabei die entsprechenden Darlegungsmodelle der DIN ISO 9001-3 mit zu berücksichtigen [9]. Diesem Ansatz sollte die Firma Anton Müller folgen, zumal ein weiterer Ausbau in Richtung Zertifizierung und TQM angestrebt wird.

Nach DIN ISO 8402 bezieht sich ein Qualitätsmanagementhandbuch auf die Qualitätspolitik, das Qualitätsmanagementsystem und die qualitätsrelevanten Vorgehensweisen. Dabei ist besonders auf die Verfahren und Anweisungen zu achten (Anmerkung 2). Im Gegensatz zu den eher grundsätzlichen Beschreibungen der Abläufe zur Durchführung von Qualitätsmanagementaufgaben im Qualitätsmanagementsystem (WER macht WAS?), wird bei den Verfahrensanweisungen deutlich, WIE und mit WELCHEN Mitteln in der Praxis die Qualität zu sichern ist. Erst mit diesen Verfahrensanweisungen können die im Qualitätsmanagementhandbuch durchdachten Abläufe berücksichtigt und wirksam werden. Sinnvoll ist daher der Aufbau dieser Qualitätsdokumentation als „Top down“ **und** „Bottom up“ Strategie. Der frühzeitige Einbezug der Mitarbeiter bei der Erstellung der Verfahrensanweisungen vermag zusätzlich ein Qualitätsbewußtsein zu fördern, das für die gesteckten Qualitätsziele unabdingbar ist.

Trotz Qualitätsmanagementhandbuch im Regal ist den Mitarbeitern noch vieles egal.

Die Verfahrensanweisungen und Arbeitsanweisungen liefern ablauforganisatorische und arbeitsplatzbezogene Regelungen für Führungskräfte und operative Ebenen. Hier wird firmeninternes „Know-how“ dargelegt. Für aquisitorische Maßnahmen ist daher in der Regel nur der die Ziele, den Aufbau- und die Ablauforganisation beschreibende Teil des Qualitätsmanagementhandbuchs zu nutzen, in dem die Qualitätsfähigkeit des Unternehmens dargelegt wird.

Diese Trennung sollte auch im Aufbau und in der Gliederung des Qualitätsmanagementhandbuchs (**Bild 3.2.1**) deutlich werden (Qualitätsmanagementhandbuch mit Hinweis auf die in separaten Ordnern abgelegten produkt- und systemspezifischen Verfahrensanweisungen).

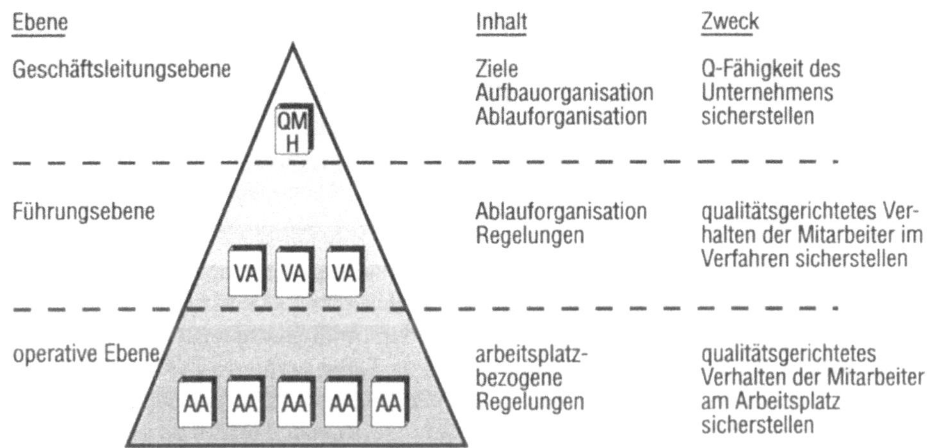

Bild 3.2.1 Hierarchie der Qualitätsmanagement-Dokumente

Da das Qualitätsmanagementhandbuch der Firma Anton Müller auch für externe Zwecke genutzt werden soll, ist eine entsprechende Aufmachung mit Firmenkopf, Deckblatt, Inhaltsverzeichnis, Geltungsbereich usw. zu wählen (**Bild 3.2.2**).

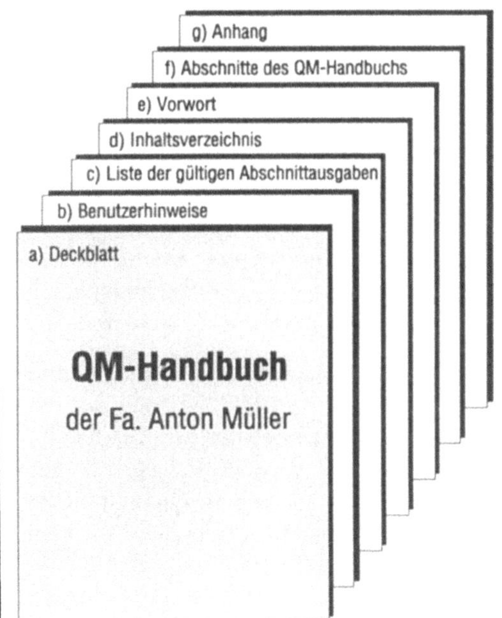

Bild 3.2.2 Aufbau eines Qualitätmanagementhandbuchs [9]

Ergänzungen und Änderungen machen eine entsprechend strukturierte Loseblattsammlung erforderlich. Flußdiagramme mit Sinnbildern nach DIN 66001 gestalten Ablaufstrukturen sehr übersichtlich und machen sie leichter verständlich. Diese Darstellungsform sollte auch bei der Firma Anton Müller gewählt werden (s. Materialien). Die Festlegung von Zuständigkeiten für qualitätsrelevante Tägigkeiten ist in ihrer Darstellung ebenfalls offen. Als sehr übersichtlich haben sich hier Matrizen herausgestellt. Diese lassen sich den Ablaufstrukturen zuordnen (s. Materialien).

Bei der Erstellung des Qualitätsmanagementhandbuchs ist stets daran zu denken, daß es sich hier um ein Qualitätsdokument eines „lebenden" Qualitätsmanagementsystems handelt. Jede Veränderung am und im System muß naturgemäß Folgen für das beschreibende Dokument mit sich bringen. Dieser Tatbestand erfordert eine entsprechende Organisation (Änderungsdienst, Verteiler, Registrierung ...) bei der Einführung des Qualitätsmanagementhandbuchs, damit seine ständige Pflege gesichert ist. Eine entsprechende Organisation ist bei der Firma Anton Müller aufzubauen und im Qualitätsmanagementhandbuch zu dokumentieren. Ob sich das eingeführte Qualitätsmanagementhandbuch in der täglichen Praxis bewährt, hängt nicht zuletzt von den Mitarbeitern ab, die mit diesem Dokument arbeiten sollen und von der Wirksamkeit der festgelegten Abläufe und Verfahren. Die Mitarbeiter sind daher entsprechend zu qualifizieren und zu motivieren. Die Wirksamkeit der festgelegten Verfahrensanweisungen kann nur vor Ort festgestellt werden. Dazu können Ergebnisüberprüfungen durch Vorgesetzte oder größer angelegte interne Qualitätsüberprüfungen (Audits) dienen. Verbunden mit entsprechenden Anerkennungen lassen sich darüber hinaus positive Wirkungen auf die Motivation der Mitarbeiter erzielten.

Aktivitäten der Qualitätsverbesserungsgruppe

Die Erstellung eines Qualitätsmanagementhandbuchs ist eine komplexe Tätigkeit, die sich über einen längeren Zeitraum erstreckt. Über eine Reihe von Schritten werden verschieden Gruppen und Abteilungen der Firma Anton Müller in den Entwicklungsprozeß eingebunden sein, bevor das Qualitätsmanagementhandbuch am Ende des Prozesses von der Unternehmensleitung in Kraft gesetzt werden kann.

- Bilden Sie ein Projektteam für die Erstellung eines Qualitätsmanagementhandbuchs nach DIN ISO 9004 unter Berücksichtigung der DIN ISO 9001 auf der Basis der bereits vom Management definierten Qualitätsgrundsätze. Bei der Bearbeitung der einzelnen Qualitätssicherungselemente sind die vorhandenen Ist- und Soll-Profile (vgl. Kap.3.1.2) heranzuziehen. Sind weitere Qualitätssicherungselemente aufzunehmen? Wie könnte eine Gliederung aussehen? Sichten Sie vorhandene qualitätsrelevante Unterlagen und ordnen Sie diese den Qualitätssicherungselementen im Handbuch zu. Welche Verfahrensanweisungen, Richtlinien, Normen, Gesetze usw. müssen in den einzelnen Qualitätssicherungselementen beachtet werden? Zeigen sie entsprechende Querverweise auf.

- Machen Sie Ablauf- und Aufbaustrukturen in der Firma Anton Müller deutlich. Legen Sie dazu entsprechende Tabellen und Grafiken an. Kennzeichen Sie Verantwortlichkeiten und Kompetenzen. Diese Darstellungen sollten auch die Stellung des Qualitätswesens bei der Firma Anton Müller verdeutlichen.
- Welche Verfahrensanweisungen sind bereits vorhanden, wie sind diese zu modifizieren, welche Verfahrensanweisungen müssen neu erstellt werden?
- Wer soll die Verfahrensanweisungen schreiben, wer ist für Abstimmungen zwischen den Verfahrensanweisungen zuständig? Wie sollen die Verfahrensanweisungen aussehen?
- Welche Anweisungen sind für die operative Ebene zu erstellen? Wie? Von wem?
- Wie kann ein Freigabe-, Verteiler- und Änderungsdienstsystem für dieses Qualitätsdokument aufgebaut werden? Wohin wird gelenkt? Wer sorgt wie für eine geeignete Archivierung des Qualitätsmanagementhandbuchs?
- Ist es sinnvoll, für die Firma Anton Müller weitere qualitätsrelevante Unterlagen wie z.B. Qualitätssicherungspläne [40] einzuführen?
- Wie sollen Unterlagen dokumentationspflichtiger Teile gehandhabt werden?

3.2.2 Qualitätsberichte

Qualitätslenkung wird in einem funktionierenden Qualitätsmanagementsystem über ineinander geschachtelte Qualitätsregelkreise auf verschiedenen Ebenen realisiert. Dazu werden Qualitätsinformationen über Soll- und Ist-Zustände benötigt. Soll-Größen lassen sich aus Qualitätsdokumenten ermitteln, Ist-Werte werden z.B. über Prüftätigkeiten erfaßt. Alle angefallenen Qualitätsdaten werden entsprechend aufbereitet und als Qualitätsberichte mit den erforderlichen Analysen, Kommentaren und Verdichtungen den zuständigen Verantwortungsebenen als Entscheidungsgrundlage für Verbesserungs- und Sicherungsmaßnahmen zugeleitet. Die folgende Darstellung (**Bild 3.2.3**) versucht diese Zusammenhänge zu veranschaulichen [72]:

Dieses Berichtswesen ist bei der Firma Anton Müller mangelhaft ausgestaltet. Qualitätsaufzeichnungen, die bei der Firma Anton Müller geführt werden (Prüfprotokolle über Wareneingangsprüfungen, Endprüfungen, Sonderprüfungen, Fertigungsprüfungen und Werkstoffprüfungen, Laboruntersuchungen, Kalibrierdaten ...) sind unzureichend aufbereitet und von daher für Steuerungs- und Regelungsmaßnahmen nur schlecht verwendbar. Wichtige Qualitätsaufzeichnungen sind fehlerhaft oder fehlen überhaupt, weil die notwendigen Grundlagen dafür im Unternehmen nicht gelegt sind. Diese betrifft vor allem die Kostensituation. Überdies stellt das vorhandene Verteilungssystem der Qualitätsaufzeichnungen bei der Firma Anton Müller nicht sicher, daß diese den richtigen Verantwortungsbereichen zum richtigen Zeitpunkt zur Verfügung stehen.

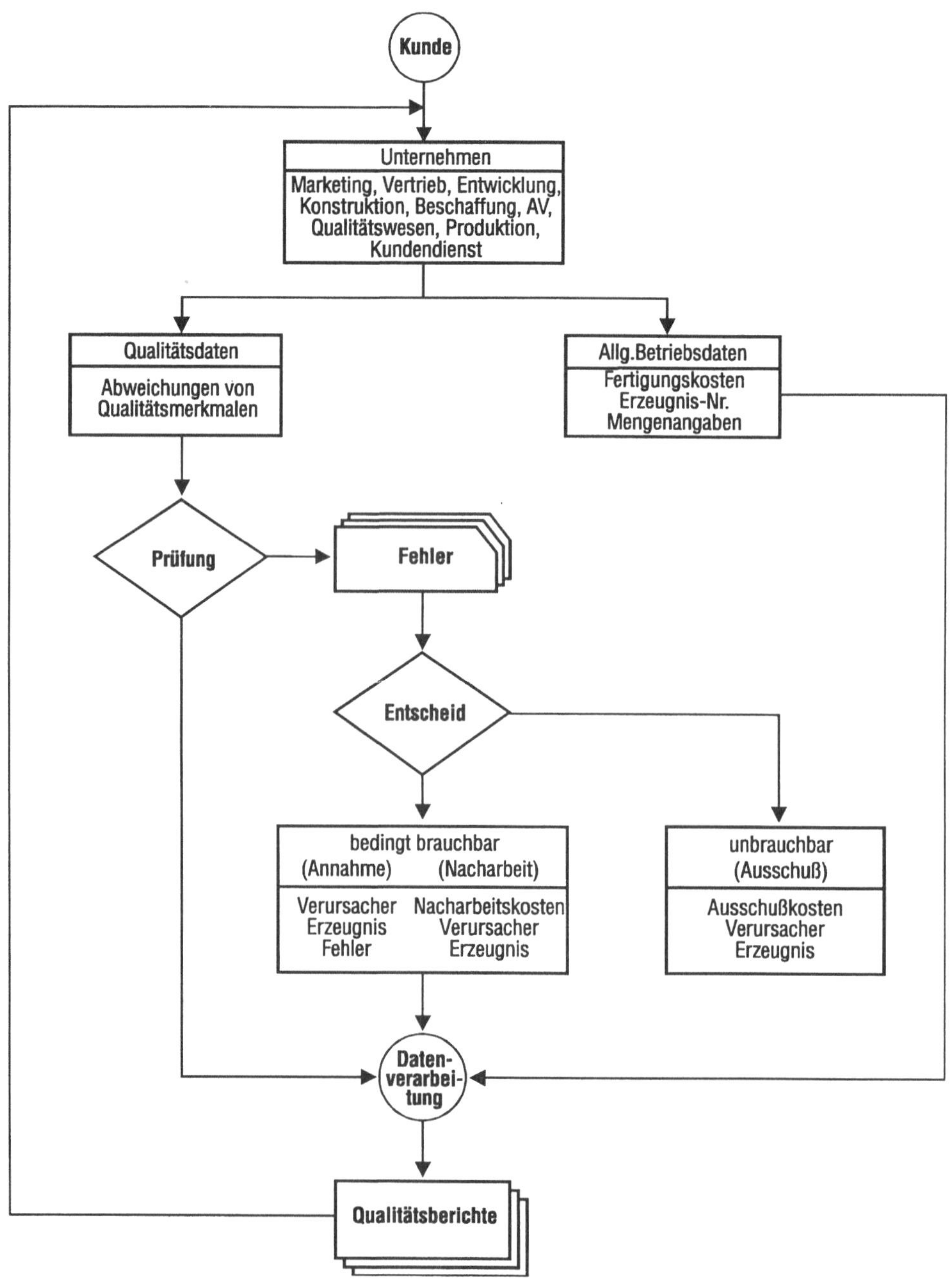

Bild 3.2.3 Regelkreis der Qualitätsdatenerfassung und -weitergabe

Empfehlungen

Qualitätsaufzeichnungen sollen in Qualitätsmanagementsystemen auf der Basis der Normenreihe DIN ISO 9000ff bzw. EN 29000ff den Nachweis erbringen, daß die Qualitätsforderungen erfüllt wurden bzw. was getan worden ist, um Abweichungen zu korrigieren [36]. Analog den Qualitätsdokumenten sind daher auch für Qualitätsaufzeichnungen bestimmte Festlegungen bezüglich Identifikation, Ordnung, Speicherung, Änderung und Aufbewahrung vorzunehmen. Insbesondere muß fixiert sein, wer für die festgelegten Verfahren zur Auswertung und Verteilung zuständig ist.

Werden Qualitätsaufzeichnungen als Qualitätsberichte für Maßnahmen zur Schwachstellenanalyse und vorbeugenden Fehlerverhütung eingesetzt, sind diese Qualitätsberichte entsprechend aussagekräftig aufzubereiten. Die Bandbreite dieser Aufbereitungen ist entsprechend groß und in Abhängigkeit von der Zielgruppe (Unternehmensleitung, Führungsebene, Meisterebene, Kunden, Lieferanten ...), dem Zeithorizont (Jahres-, Monats-, Tagesberichte) und der Bezugsgröße der Produkte (alle Produkte, eine Produktgruppe, einzelne Bauteile ...) zu sehen. Qualitätsberichte, die für die Unternehmensleitung erstellt werden, müssen naturgemäß ein anderes Aussehen haben als Qualitätsberichte, mit denen auf Meisterebene täglich Anpassungen entschieden werden. Nach REFA können Qualitätsberichte Analyseergebnisse, aufbereitete Qualitätskosten und Kommentare beinhalten [72]. Zur Ermittlung der Analyseergebnisse aus den Qualitätsdaten haben sich für einige Analysen (Fehleranalyse, Ausfallanalyse, Qualitätskostenanalyse) die Techniken: Fehlerbaumanalyse, Ursachen-Wirkungs-Diagramm (Ishikawa) und die Pareto-Analyse (manchmal auch ABC-Analyse genannt) bewährt.

Mit dem Ursache-Wirkungs-Diagramm (Bild 3.2.4), häufig auch Ishikawa-Diagramm genannt, lassen sich auf leichte Art Fehlerursachen bestimmen und übersichtlich darstellen. Diese Fehlerursachenermittlung läßt sich auch mit Hilfe einer Pareto-Analyse (Bild 3.2.5) durchführen. Zusätzlich werden sehr anschaulich die höher priorisierten Schwachstellen erkennbar, die vorrangig zu beseitigen sind.

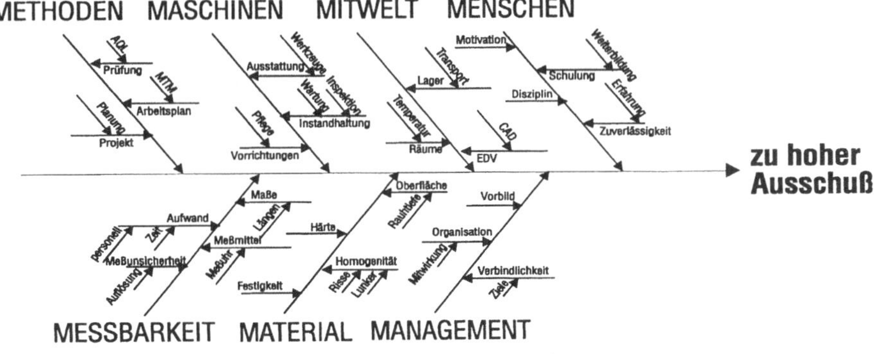

Bild 3.2.4 Ishikawa-Diagramm für eine Fehleranalyse

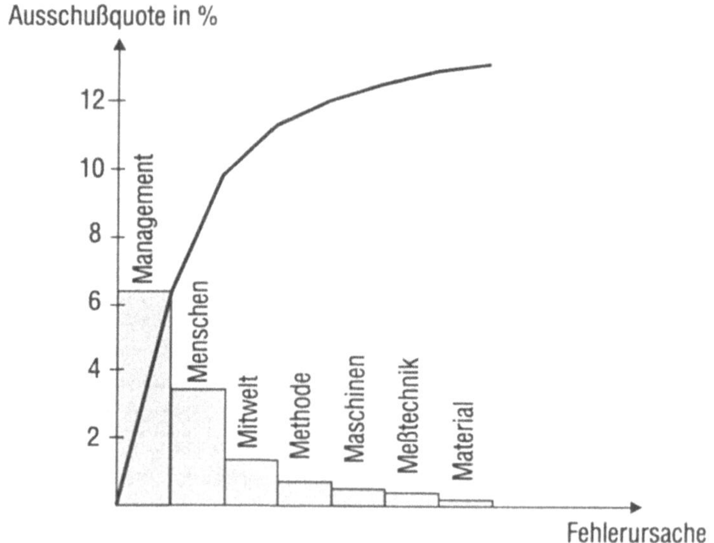

Bild 3.2.5 Parato-Diagramm für eine Fehleranalyse

Um die Häufigkeit des Auftretens der Fehlerursachen feststellen zu können, werden diese Techniken im Bedarfsfall von periodisch geführten Fehlerursachenkarten unterstützt. Es wird dringend angeraten, diese notwendigen Analysen (Fehleranalyse, Fehlerursachenanalyse, Ausfallanalyse, Qualitätskostenanalyse) bei der Firma Anton Müller durchzuführen und sich dabei der angeführten Techniken zu bedienen.

Insbesondere für Trendbetrachtungen, die nur mit hoch verdichteten Qualitätsdaten sinnvoll durchgeführt werden können, hat sich die zusätzliche Einführung eines **Q**ualitäts**k**enn**z**ahl (QKZ)-Systems bewährt. Dabei sind die in der Praxis eingeführten QKZ kaum noch zu überblicken. Eine Systematik über den Fehlerbegriff wird von der DGQ-Arbeitsgruppe 23 angeboten [14]. Ausgehend von gewichteten oder ungewichteten Fehlerhäufigkeiten oder Fehlerkosten werden **relative** oder **absolute** Maßzahlen zur Beurteilung qualitätsrelevanter Tätigkeiten gebildet. Diese teilweise mit leichten Rechenverfahren, teilweise nur über komplexe statistische Rechenwege mit elektronischen Hilfsmitteln ermittelbaren QKZ werden mit vorgegebenen Extremwerten verglichen und so einschätzbar. Inwieweit ein solches QKZ-System von der Firma Anton Müller zum jetzigen Zeitpunkt benötigt wird, kann nicht eingeschätzt werden. Auf Dauer wird angeraten, zumindest für die Fehler- und Fehlerfolgekosten ein solches QKZ-System aufzubauen.

Aktivitäten der Qualitätsverbesserungsgruppe

Qualitätsberichte stellen Qualitätsaufzeichnungen dar, die sich hervorragend zur Fehlerverhütung und Schwachstellenanalyse eignen. Dazu ist die Aufbereitung der angefallenen Qualitätsdaten in der Weise vorzunehmen, daß den verantwortlichen Ebenen Entscheidungsgrundlagen geboten werden:

- Wie könnte bei der Firma Anton Müller ein sinnvolles Analysesystem für Fehler, Fehlerursachen, Qualitätskosten, Reklamationen und Ausfälle aussehen? Führen Sie diese Analysen durch. Setzen Sie dazu die Techniken Fehlerbaumanalyse, Ursache-Wirkungs-Diagramm und Pareto-Analyse ein. Formulieren Sie Qualitätsberichte für die verschiedenen Verantwortungsebenen.
- Erfassen Sie möglichst alle Produktfehler bei der Firma Anton Müller. Ordnen Sie diese Fehler den Begriffen: kritischer Fehler, Hauptfehler und Nebenfehler zu. Welche Aussage kann über diese Zuordnung gemacht werden? Liefert eine Pareto-Analyse noch weitere Erkenntnisse?
- Versuchen Sie ein QKZ-System für die Endprüfungen der Firma Anton Müller auf der Basis von Fehlerkosten und auf der Basis gewichteter Fehler aufzubauen.
- Wie kann ein Freigabe-, Verteiler- und Änderungsdienstsystem für die Qualitätsaufzeichnungen aufgebaut werden? Wer sorgt wie für eine geeignete Archivierung der Qualitätsaufzeichnungen?
- Welche Verfahren und Zuständigkeiten sind für die Auswertung und Verteilung qualitätsrelevanter Aufzeichnungen festzulegen?
- In welcher Form stellen Wartungs- und Reparaturaufzeichnungen bzw. Instandhaltungsunterlagen wichtige Qualitätsaufzeichnungen dar?
- Wie sollen die Qualitätsaufzeichnungen und Qualitätsberichte dokumentationspflichtiger Teile gehandhabt werden?

3.3 Mitarbeitermanagement

Ständig steigende Qualitätsforderungen der Kunden bedingen eine ständige Qualitätsverbesserung der Produktion und der Produkte bei Entwicklern, Herstellern und Lieferanten. Diese Verbesserungen sind ohne eine engagierte Mannschaft in einer Unternehmung nicht zu realisieren. Wie eine Vergleichsstudie (**Bild 3.3.1**) zwischen Deutschland und Japan aufzeigt, wird diesem „Kreativitätspotential“ in Deutschland jedoch zu wenig Beachtung geschenkt [81].

	Deutschland	Japan	Faktor J/D
Verbesserungsvorschläge pro 100 Mitarbeiter	14	3235	231
Durchschnittsprämie pro Vorschlag	861	4	0,004
Gesamtprämie pro Mitarbeiter /DM	121	129	1,07
Umsetzungsquote	39%	87%	2,23
Umgesetzte Vorschläge pro 100 Mitarbeiter	5,5	2815	514
Netto-Ersparnis pro umgesetzten Vorschlag /DM	3792	209	0,055
Netto-Ersparnis pro 100 Mitarbeiter /DM	20856	588200	28
Netto-Ersparnis pro Mitarbeiter /DM	208	5882	28

Bild 3.3.1 Produktivität des betrieblichen Vorschlagswesens

Während in Japan von jedem Mitarbeiter erwartet wird, daß er ständig mitdenkt, Probleme aufzeigt, Fehlern nachgeht und Verbesserungsvorschläge einbringt (Kaizen), wird in Deutschland eine eher passive Mitläuferschaft erwartet. Problemlösungsprozesse finden häufig in Ebenen statt, die sehr weit vom eigentlichen Prozeßgeschehen erntfernt sind. Der in Japan realisierte „Innovationsprozeß der kleinen Schritte“ setzt hingegen bei den Mitarbeitern an, die mit ihrer Arbeit bestens vertraut sind, alle Details kennen und Prozeßverbesserungen aus eigenem Leidensdruck herbeiführen wollen. Das setzt die entsprechenden Freiräume und Identifikationsmöglichkeiten (innere bzw. intrinsische Motivation) bei den Mitarbeitern voraus. Unter diesem Gesichtspunkt der kontinuierlichen Qualitätsverbesserung rückt der Nur-Mitarbeiter als „Mit-Denker“ in den Mittelpunkt der Qualitätsaktivitäten. Nur wenn jeder Mitarbeiter einer Unternehmung bereit und fähig ist, seine eigenen Leistungen ständig zu verbessern, kann die Gesamtleistung der Unternehmung verbessert werden. Dazu ist eine Qualitätsmanagement-Umgebung einzurichten, die es den Mitarbeitern ermöglicht, „drei goldenen Regeln“ zu folgen [53]:

Erledige die richtigen Aufgaben!
Erledige die Aufgaben richtig!
Erledige die Aufgaben beim ersten und allen folgenden Malen richtig!

Wie muß diese Qualitätsmanagement-Umgebung gestaltet sein?

Sollen alle Mitarbeiter an einer systematischen und bewußten Prozeßverbesserung, Fehlerverhütung und -ursachenerkennung mitwirken können, müssen diese die Prinzipien der Prozeßverbesserung und Fehlerverhütung verstehen und danach handeln. Fehler entstehen durch sehr unterschiedliche Ursachen. Brauchbar ist dabei die Unterscheidung nach *einrichtungsbedingten* (situationsbedingten) und *personenbedingten* (verhaltensbedingten) Fehlern. Einrichtungsbedingte Fehler sind in der Regel von den Mitarbeitern nicht direkt zu beeinflussen. Zu diesen Fehlern gehören unter anderem:

- fehlerhaftes Material
- abgenutzte oder ungeeignete Maschinen
- nicht oder nur schwer beherrschbare Prozesse und Arbeitsverfahren
- fehlerhafte oder unvollständige Arbeitsunterlagen
- mangelhafte Prüf- und Transportmittel usw.

Durch Maßnahmen zur vorbeugenden Instandhaltung, Maschinenfähigkeitsuntersuchungen, Gestaltung von Arbeitsplätzen, die der physischen Überforderungen der Mitarbeiter entgegenwirken, hat die Unternehmensleitung hier die Voraussetzungen für fehlerfreies Arbeiten zu schaffen.

Ebenso gewichtig für die kontinuierliche Qualitätsverbesserung im Unternehmen sind die personenbezogenen Fehlerquellen. Betrachtet man das Leistungsverhalten der Mitarbeiter in Abhängigkeit von ihrem Wollen und Können, so lassen sich Fehler auf fehlende Qualifikation (Fähigkeiten und Fertigkeiten) und Motivation zurückführen.

Leistungsverhalten = Motivation x Können

Durch mangelnde Qualifikation hervorgerufene Fehler, lassen sich in der Regel durch geeignete Aus- und Weiterbildungsmaßnahmen vermeiden. Fehler, die aus der Einstellung der Mitarbeiter zur Arbeit entstehen, lassen sich nicht so einfach durch Schulungen und Motivationsprogramme vermeiden, da sehr unterschiedliche Faktoren die Leistungsmotivation beeinflussen können (Über- und Unterforderung, fehlende Identifikation mit der Arbeit, schlechte Arbeitsbedingungen, einengende Arbeitsorganisation, Sinn der Arbeit, Kommunikationsprobleme, Aufstiegschancen, Entlohnungssystem, Lob und Anerkennung usw.). Das für eine Null-Fehler-Produktion unbedingt notwendige Qualitätsbewußtsein, der unbedingte Wille zur ständigen Verbesserung bei allen Mitarbeitern, erfordert daher tiefgreifende Maßnahmen, die ohne eine entsprechende Unterstützung der Unternehmensleitung kaum zu realisieren sind. Eine häufig formulierte Aussage unterstreicht diesen Zusammenhang:

Qualität beginnt im Kopf der Mitarbeiter und des Managements.

SCHUSTER führt das fehlende Qualitätsbewußtseins bei den Mitarbeitern auf innere Konfliktsituationen der Motive zurück. In der Regel haben die Mitarbeiter Motive wie: keine Fehler machen, Anerkennung finden, nicht negativ auffallen usw. Gleichzeitig wirken jedoch auch Motive wie: Angst vor Tadel, Angst vor Blamage, Furcht vor Ablehnung usw. Aus diesen Motivkonflikten entstehen Verhaltensweisen wie:

- Vertuschen von Fehlern,
- Zuweisung von Schuld und Rechtfertigung beim Auftreten von Fehlern,
- Anwendung von Nicht-Wahrnehmungsmustern (Rationalisieren).

Maßnahmen zur Verbesserung des Qualitätsbewußtseins (Motivation) müssen von daher an diesen Motivkonflikten ansetzen. Zur Darstellung der Auswirkungen dieser Maßnahmen wird von der Motivationstheorie ein Motiv-Kräfteparallelogramm (**Bild 3.3.2**) angeboten.

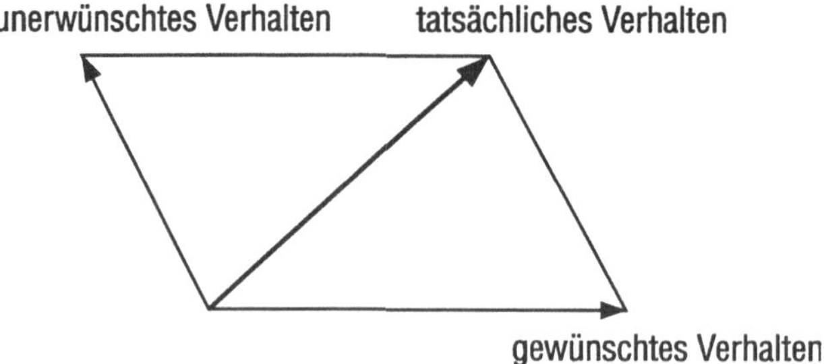

Bild 3.3.2 Motiv-Kräfteparallelogramm

In diesem Diagramm stellen die sich widersprechenden Motive (Beweggründe für das Verhalten) die Seiten des Parallelogramms dar. Die Veränderung des resultierenden Verhaltens wird durch die Lage der Resultierenden (Winkel) zum gewünschten Motiv ausgedrückt. Je kleiner dieser Winkel ist, umso höher ist die Bereitschaft der Mitarbeiter für positive Verhaltensweisen anzusehen. Die drei grundsätzlichen Möglichkeiten zur Motivationserhöhung lassen sich über dieses Motiv-Kräfteparallelogramm veranschaulichen [77]:

- Abschwächen der ungewünschten Beweggründe für das Verhalten (**Bild 3.3.3**)

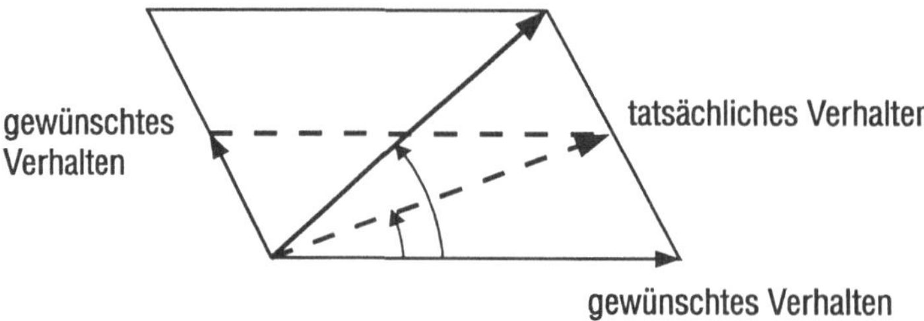

Bild 3.3.3 Abschwächen blockierender Motive

Wie in dem Diagramm erkennbar ist, wird durch die „Verkürzung“ des blockierenden Motivs das resultierende Verhalten zugunsten des gewünschten Verhaltens verschoben.

Ausgelöst wird diese Verkürzung durch Maßnahmen, die es dem Mitarbeiter ermöglicht, sich mit seiner Arbeit zu identifizieren (innere Motivation). Dazu gehört die Aufklärung und Information der Mitarbeiter über wichtige Zusammenhänge ebenso wie die Vorbildfunktion des Managements. Gerade diese darf in einer heterogenen Arbeitswelt nicht zu gering eingeschätzt werden.

Mitarbeiter orientieren sich nicht an dem, was die Führungsebene sagt, sondern daran, was sie tut.

Im Sinne einer „Corporate Identity" gehören dazu klar definierte,an Gesellschaft und Umweltschutz orientierte Unternehmensziele, die es den Mitarbeitern ermöglichen, sich mit dem Unternehmen und ihrer Arbeit zu identifizieren. Freiräume für die Mitarbeiter zur Selbstentscheidung und Mitarbeit, symmetrische Kommunikationsstrukturen (horizontal und vertikal), kooperative Führungsstile (Coaching), qualitätsfördernde Arbeitsstrukturen und -organisationen, jeder ist Kunde und Lieferant zugleich, aktive Unterstützung bei Verbesserungsbemühungen, Arbeitsaufgaben mit Herausforderungscharakter, Teamstrukturen, Qualitätszirkel, Selbstprüfungskonzepte usw. sind Teilelemente einer solchen Struktur. Daß in einer so gestalteten Unternehmenskultur die zu erreichenden Ziele mit den Mitarbeitern gemeinsam vereinbart werden, versteht sich hier von selbst. Nur über diese Maßnahmen der „Mitarbeiterorientierung" kann bei den Mitarbeitern das erforderliche Vertrauen geschaffen werden, das für Maßnahmen einer Null-Fehler-Produktion erforderlich ist.

– Aufbau von Angstmotiven über Sanktionsandrohungen (**Bild 3.3.4**)

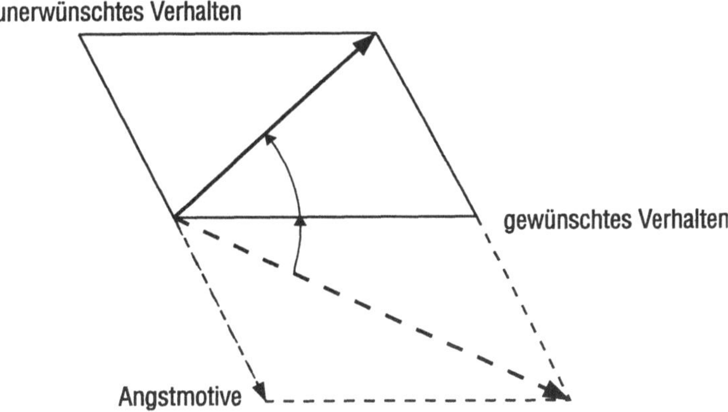

Bild 3.3.4 Aufbau einer negativen Motivation

Wie aus der Darstellung ersichtlich ist, wird auch beim Aufbau einer negativen Motivation die Verhaltensresultierende zugunsten der gewünschten Verhaltensweise verschoben. Im Gegensatz zum ersten Verfahren ist dieses Verhalten jedoch nur kurzfristig angelegt. Die durch Sanktionsandrohungen, Erpressungen, Verweigerungen materieller/persönlicher Unterstützungen usw. verursachten Streßsituationen sind fehlerträchtig und können die positiven Verhaltensänderungen sehr schnell wieder umkehren. Häufig zeigt sich ein Ausweichverhalten in Form von Kündigung, Krankheit usw. Für langfristig angelegte Qualitätsverbesserungstrategien ist diese Möglichkeit der „Manipulation“ daher wenig geeignet.

– Verstärken der gewünschten Beweggründe für das Verhalten (**Bild 3.3.5**)

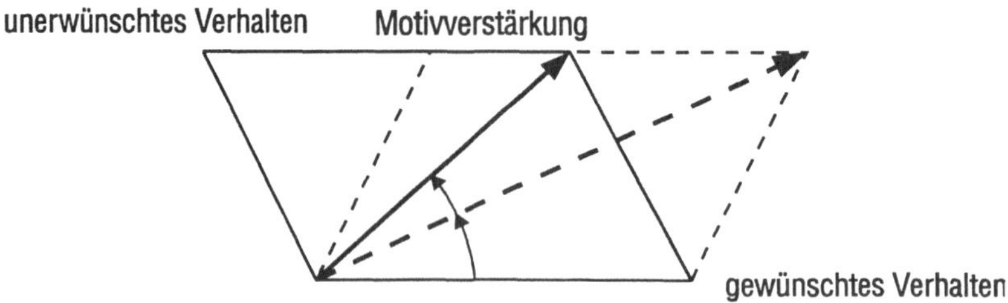

Bild 3.3.5 Aufbau einer positiven Motivation

Die Aktivierung weiterer Motive bei den Mitarbeitern (Wunsch nach Anerkennung, Beliebtheit, richtiger Arbeit ...) kann zu einer Verschiebung des Motiv-Kräfteparallelogramms führen. Dadurch wird die Verhaltensresultierende ebenfalls positiv verändert. Dabei ist es zunächst gleichgültig, ob diese Motive durch äußere (äußere bzw. extrinsische Motivation) Anreize wie Leistungszulagen, Güteprämien, Statussymbole usw. oder durch innere Antriebe verstärkt wurden. Bei entsprechender Gestaltung kann auch mit diesen Maßnahmen die Einstellung der Mitarbeiter zur Arbeit positiv verändert werden. Ständig ist jedoch darauf zu achten, daß mit einer äußeren Motivation unterstellt wird, man müsse Mitarbeiter eines Unternehmens extern motivieren, im Interesse des Unternehmens tätig zu werden, da sie aus eigenem Antrieb dazu nicht bereit wären. Ein intrinsisch motivierter Mitarbeiter könnte auf diese Techniken negativ und gekränkt reagieren. Langfristig kann daher der Aufbau eines Qualitätsbewußtseins nur über die innere Motivation erfolgen. Sofern äußere Anreize dazu eingesetzt werden, diesen Prozeß in Gang zu setzen, wird auch hierüber die Zufriedenheit der Mitarbeiter mit ihrer Arbeit und damit gleichzeitig deren Leistungsfähigkeit gefördert (innere Motivation).

3.3.1 Aus- und Weiterbildung

Wie eingangs dargelegt, sollte Mitarbeitermanagement darauf ausgerichtet sein, die Bedingungen zu schaffen, unter denen Qualität erzeugt werden kann. Dazu gehören organisatorische und einrichtungsbezogene Voraussetzungen ebenso, wie die Beseitigung der vielfältigen Motivationshemmnisse im Unternehmen. Mitarbeiter zu Fehlerverhütung und ständiger Verbesserung ihrer eigenen Arbeit anzuleiten, kann langfristig nur dann erfolgreich sein, wenn diese Mitarbeiter aus sich heraus den Willen dazu haben. Dieses Wollen ist nicht zuletzt davon abhängig, inwieweit die Mitarbeiter sich mit „ihrem“ Unternehmen **identifizieren** können, eine **Sicherheits- und Vertrauensbasis** besteht und ob ein ausreichender **Informationsaustausch** die Arbeitsprozesse begleitet. Hier ist eine

Mitarbeiterführung gefordert, die bei der Firma Anton Müller noch weiter ausgebaut werden muß. Die dort erkennbare Führung sieht die Mitarbeiter bislang vorrangig als Produktionsfaktor, der zur rechten Zeit am rechten Produktionsort zur Wirkung gebracht werden muß. Detailliert wird der Weg vorgeschrieben, wie die Arbeit zu verrichten ist. Die damit verbundenen Ziele der Arbeit bleiben den Mitarbeitern oft im Dunkeln. Mit diesen überholten Einstellungen ist die Firma Anton Müller in der Gefahr, den neuen Marktforderungen (Kundenorientierung, höhere Flexibilität, schnelleres Reagieren ...) nicht mehr begegnen zu können. Die heute geforderten Veränderungen von Organisationsstrukturen wie

- Verkürzung der Entscheidungsprozesse über Dezentralisierung mit Verlegung der Entscheidungsbefugnisse auf untere Hierarchiestufen,
- Einbezug der Qualitätssicherung und der damit verbundenen Maßnahmen in die Produktionslinien, da die Mitarbeiter vor Ort die Arbeit besser, schneller, konfliktfreier und verantwortlicher ausführen können,

sind mit diesem Mitarbeiter- und Führungsteam nicht zu erreichen. Diese Veränderungsprozesse erfordern neue Akzentsetzungen bei der Qualifikation der Mitarbeiter und der Führungskräfte.

Empfehlungen

Die bei der Firma Anton Müller offensichtlich fehlende Übereinstimmung von Qualifikationsforderungen der Arbeitsplätze (Anforderungsprofil) und den Fähigkeiten und Fertigkeiten der Mitarbeiter (Befähigungsprofil) muß herbeigeführt werden (**Bild 3.3.6**). Dazu muß auf **allen Ebenen** und für **alle Bereiche** zunächst detailliert ermittelt werden, was von den Mitarbeitern einschließlich der Führungsmannschaft erwartet wird [68].

Diese Sollgrößen sind in Arbeitsplatz- und Stellenbeschreibungen für die ausführenden Mitarbeiter in der Produktion, für das technische Personal und die Führungskräfte (Vorgesetzte) bis hinauf zur obersten Leitung niederzulegen.

Bei der Ermittlung der Sollgrößen dürfen die Zielgrößen eines Mitarbeitermanagements: Sicherheit, Vertrauen, positive Rückkopplung, ausreichende Information und Menschenführung nicht aus dem Blickfeld geraten. Wer weiß und kann, was von ihm erwartet wird, ist in der Lage, den richtigen Weg zu finden und besitzt die nötige Sicherheit für die gestellten Herausforderungen. Das für eine intrinsische Motivation und Identifikation mit der Arbeit und dem Unternehmen erforderliche Vertrauen erwächst aus dieser Sicherheit und der Berechenbarkeit und der positiven Rückkopplung der Führungskräfte in diesem Prozeß. Dazu müssen die Führungskräfte ihrerseits die erforderlichen Qualifikationen erwerben.

	Angelernter	Prüfer	Qualitäts-	prüfer	Prüfgruppen-	leiter	Industrie-	meister	Qualitäts-	techniker	Qualitäts-	ingenieur	Zuverlässigkeits-	techniker	Zuverlässigkeits-	ingenieur
Aufgabenbereich	K	F	K	F	K	F	K	F	K	F	K	F	K	F	K	F
Musterprüfung bei Einzelteilen und Baugruppen	1	1	1	2	2	2	2	3	3	3	2	2	1	1	2	2
Freigabeprüfung bei Herstellungsverfahren	Ø	1	1	1	2	2	2	3	2	2	2	2	2	2	2	2
Freigabeprüfung bei Endprodukten	Ø	1	1	1	2	2	3	3	2	2	2	2	2	2	2	2
Qualitätsbeurteilung von Lieferanten	Ø	Ø	i	Ø	1	1	2	3	2	2	3	3	1	1	2	2
Abnahmeprüfung beim Lieferanten	Ø	Ø	1	1	1	2	2	2	2	2	3	3	2	2	3	3
Erledigung von Reklamationen bei Lieferanten	Ø	Ø	1	Ø	1	1	2	3	2	2	2	2	1	1	2	2
Werkzeugprüfung	1	1	2	3	3	3	2	2	3	2	2	2	1	1	2	2
Prüfmittelüberwachung	1	1	1	2	2	2	2	3	3	2	3	2	3	2	3	2
Qualitätsprüfung in der Vorserienfertigung	1	2	1	2	2	2	3	2	3	2	2	2	3	2	2	2
Qualitätsprüfung in der Zwischenfertigung	1	2	1	2	2	2	3	2	3	2	2	2	3	2	2	2
Qualitätsprüfung in der Endfertigung	1	1	1	2	2	2	2	3	2	2	3	2	2	2	3	2
Qualitätsprüfung am versandfertigen Produkt	Ø	1	1	2	2	2	2	3	2	2	3	2	2	2	3	3
Qualitätsprüfung bei der Inbetriebnahme	Ø	i	1	1	1	2	2	3	2	2	3	3	2	2	3	2
Qualitätsdatenerfassung und -aufbereitung	i	Ø	1	1	2	1	2	2	2	2	2	2	2	1	2	1
Qualitätsberichterstattung	i	Ø	i	Ø	1	1	2	1	2	2	3	3	2	2	3	2
Qualitätskostenerfassung	i	Ø	i	Ø	i	1	1	1	2	2	2	1	2	2	3	2
Zuverlässigkeitsprüfung und Umweltprüfung	i	Ø	i	Ø	1	1	1	2	2	2	2	1	3	3	3	3
Handhabung von Fehlerkatalogen	1	1	1	2	1	2	2	2	2	2	2	1	2	2	2	2
Unterweisung von Personal der Qualitätssicherung	Ø	Ø	1	1	1	2	2	2	2	2	3	3	2	2	3	3

K=Kenntnisse (Ø=keine bis 3=sehr gute)
F=Fertigkeiten (Ø=keine bis 3=sehr gute)
i=informiert sein

Bild 3.3.6 Anforderungprofile. Auszug [15]

Wie kann diese breit gespannte Qualifikationspalette abgedeckt werden?
Nach METHNER lassen sich drei Qualifikationen (**Bild 3.3.7**) unterscheiden [68]:

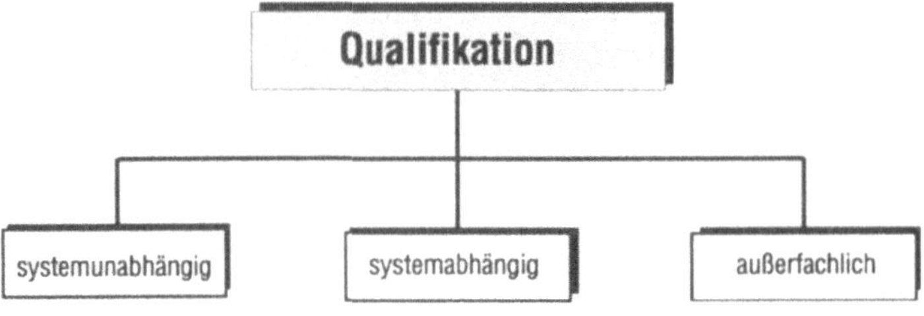

Bild 3.3.7 Qualifikationenbereiche

Zum Erwerb dieser Qualifikationen werden externe und interne Schulungen angeboten. Wer welche Schulungen benötigt ist davon abhängig, welches Anforderungsprofil für den Arbeitsplatz bestimmt wurde und welche Befähigungsprofile Mitarbeiter- und Führungsteams vorweisen müssen. Hier muß sichergestellt werden, daß eine ständige Aktualisierung erfolgt, damit auch neueingestelltes oder umgesetztes Personal die erforderlichen Qualifikationen erwerben kann. Dazu haben sich Aufzeichnungen über die durchgeführten und noch durchzuführenden Schulungsmaßnahmen bewährt. Gleichzeitig kann auf diese Weise die in der DIN ISO 9000ff geforderte Dokumentation der Verfahren zur Durchführung dieser Schulungen erfolgen.

Steht der Mit-„Denker" im Mittelpunkt der Qualifikationsmaßnahmen, muß besonders den systemabhängigen und außerfachlichen Qualifikationen Beachtung geschenkt werden. Die Fähigkeit zur Prozeßverbesserung und der Wille dazu setzt den ausreichend informierten Mitarbeiter voraus. Dieses „Informiert-sein-wollen" geschieht aber nicht von selbst.

Wer informiert werden will, muß selbst etwas dafür tun.

Das Verfahren des „Informierens" und „Informiert werdens" muß dafür auf eine qualitätsgerechte Basis gestellt werden. Betriebliche und produktbezogenen Projekte (Einführung neuer Produktgruppen, Entwicklung neuer Prozesse, Verfahrensumstellungen, Produktumstellungen, Konzeptionierung vorbeugender Qualitätsmaßnahmen usw.) unter Einbezug der Mitarbeiter und Führungskräfte und außerfachlicher Qualifikationen wie Kommunikationsfähigkeit, Teamfähigkeit, Fähigkeit, abstrakt und planerisch zu denken, Lernbereitschaft, systemtechnische Sensibilität usw. schaffen den nötigen Spielraum, um „Informieren" und „Informiertwerden" lernen und üben zu können.

Aktivitäten der Qualitätsverbesserungsgruppe

Kundenorientierung sollte auch ein Modell des Mitarbeitermanagements auszeichnen. Im Gegensatz zu externen Kunden sind hier jedoch die **internen** Kunden gemeint. Jeder Mitarbeiter einer Unternehmung, gleichgültig ob als Ausführender in der Produktion, Mitarbeiter des technischen Personals oder als Führungspersonal auf mittlerer oder oberster Ebene, sollte wissen, wessen Kunde und wessen Lieferant er ist und wie die damit verbundenen Q-Forderungen und Q-Erwartungen aussehen. Eine konsequent durchgehaltene interne Kundenorientierung vermag die Grundlagen für jene Bedingungen zu legen, unter denen sich Menschen sicher, vertraut und motiviert fühlen können. Die Q-Verbesserungsgruppe bei der Firma Anton Müller kann ihrerseits dazu auf verschiedenen Ebenen beitragen:

- Machen Sie ausfindig, welche qualitätsrelevanten Tätigkeiten in welcher Güte von wem durchgeführt werden und welche Qualifikationen dazu erforderlich sind. Diese Analyse schließt selbstverständlich auch alle Führungskräfte und die Unternehmensleitung ein.

- Stellen Sie den Anforderungsprofilen Befähigungsprofile gegenüber und entwickeln Sie daraus den allgemeinen und betriebsbezogenen Aus- und Weiterbildungbedarf.
- Organisieren Sie eine betriebsbezogene Weiterbildungmaßnahme und sprechen Sie mit der Geschäftsleitung die Durchführungsmodalitäten ab. Versuchen Sie die Geschäftsführung von diesem Vorhaben zu überzeugen, indem Sie die damit verbundenen Vorteile für die Firma Anton Müller verdeutlichen.
- Entwickeln Sie für die Firma Anton Müller geeignete Strukturen und Weiterbildungskonzepte zu Förderung des Q-Bewußtseins der Mitarbeiter.
- Stellen Sie über Verfahrensanweisungen sicher, daß alle Aus- und Weiterbildungbemühungen dokumentiert, aktualisiert und verantwortet werden. Diese VA sollte die Qualifizierung neuer bzw. umgesetzter Mitarbeiter einbeziehen. Erstellen Sie geeignete Formblätter.
- In welchem Rahmen sollte hier das Qualitätswesen mit einbezogen werden?

3.3.2 Selbstprüfung

Im Rahmen der Qualitätssicherung werden Q-Lenkungsprozesse mit Daten aus Qualitätsprüfungen gespeist. Diese Prüfungen werden von Prüfpersonal durchgeführt, wobei es vordergründig gleichgültig erscheint, ob dieses Prüfpersonal Mitarbeiter des Qualitätswesens sind (Fall 1) oder das Fertigungspersonal selbst (Fall 2). Steht jedoch der informierte und motivierte Mitarbeiter im Vordegrund, ist diese Unterscheidung von erheblicher Bedeutung. Im ersten Fall wird die früher übliche Auffassung der Arbeitsteilung deutlich, wonach „Prüfen“ nur den besonders zuverlässigen Fachleuten überantwortet werden kann. Diese negative Einstellung der Führungskräfte gegenüber den Mitarbeitern in der Fertigung verfestigt sich leicht in dem von MASING beschriebenen Teufelskreis des Mißtrauens (vgl. **Bild 3.3**). Die besondere Gefahr einer solchen Qualitäts**kontrolle** ist in der Überwälzung von Verantwortung zu sehen.

„Die Fertigung ist für die Fertigung da! Für Q-Prüfungen bleibt da keine Zeit! Außerdem wirkt nach mir ja noch die Q-Kontrolle, die die Verantwortung für die Qualität übernimmt und auftretende Fehler schon finden und korrigieren wird oder auch nicht!“

Qualitätsfördernde Aktivitäten bezüglich Fehlervermeidung oder Verbesserung der Qualität der eigenen Arbeit, sind unter diesen Voraussetzungen nicht zu erwarten. Wie bereits oben dargelegt (vgl. die Motivationsmodelle von SCHUSTER [77]), hat diese Trennung von Produktion/Herstellung und Prüfwesen/Verantwortung besonders negative Auswirkungen auf die Motivation der Mitarbeiter, sich mit der Arbeit und den Unternehmenszielen zu identifizieren. Die logische wie auch einfache Konsequenz aus dieser Tatsache ist die Herbeiführung der Identität von Herstellung und Verantwortung (Fall 2).

Jedermann im Unternehmen ist für die Ausführung und Überprüfung der übertragenen Arbeit selbst verantwortlich.

Dieses Prinzip der Selbstprüfung wird bei der Firma Anton Müller nur teilweise realisiert. Selbstprüfung als „Teil der zur Qualitätslenkung erforderlichen Qualitätsprüfung, der vom Bearbeiter selbst ausgeführt wird“ [29], findet sich vorrangig dort, wo die Herstellung der Produkte in Einzel- oder in Kleinserienfertigung von qualifizierten Facharbeitern durchgeführt wird. Bei mittleren und großen Stückzahlen übernimmt die Qualitätskontrolle die Aufgaben der Q-Prüfung und Q-Lenkung.

Empfehlungen

Das Prinzip der Selbstprüfung sollte bei der Firma Anton Müller auf alle Phasen der Produktentstehung ausgeweitet werden. Die mit der Einführung der Selbstprüfung verbundenen hohen Erwartungen konnten in Unternehmen, die dieses Prinzip bereits einige Zeit erproben, zu einem hohen Grad erfüllt werden (z.B. Fa. Pelikan; Fa. Klein; Schanzlin & Becker; Fa. Hilti; Fa. Uniroyal in [78], [71]).

Hervorgehoben werden:

- schnellere Fehlerfeststellung und eine schnellere und qualifiziertere Reaktion auf diese Fehlergeschehnisse
- Verbesserung der Ertragslage des Unternehmens durch Steigerung von Produkt- und Prozeßqualitäten verbunden mit geringeren Kosten durch Aufwand für Prüfplanungstätigkeiten, Reduzierung des reinen Prüfpersonals, Wegfall nachfolgender Prüfstufen, Vermeidung von Mehrfachprüfungen des gleichen Merkmals, weniger Nacharbeit, weniger Ausschuß, weniger Sortierprüfungen, Reduzierung des Fehlleistungsaufwands durch erhöhte Fertigungssicherheit, weniger Reklamationskosten, Reduzierung von Durchlaufzeiten und damit Reduzierung der Kapitalbindung
- konsequentere Planung der Prüfungen (Lücken im Qualitätsmanagementsystem werden erkannt, Ausbildungsdefizite werden aufgedeckt, Betriebsmittelmängel zur Prozeßbeherrschung werden sichtbar ...)
- Qualitätsverbesserungen an Einzelteilen und Fertigprodukten

Zurückgeführt werden diese Vorteile auf die verbesserte Motivationslage der Mitarbeiter.

Vertrauen ist besser als Prüfung.

In allen Modellen wird besonders hervorgehoben, wie die Identifikation der Mitarbeiter mit der Arbeit und den Unternehmenszielen, deren Interesse für Qualitätsbelange und deren Verständnis für die Auswirkungen schlechter Qualität sprunghaft angestiegen ist. Offensichtlich läßt sich mit der Selbstprüfung eine Qualitätsumgebung schaffen, in der sich Mitarbeiter motiviert fühlen und zu Leistungsverbesserungen bereit sind. Diese Qualitätsumgebung ist gekennzeichnet durch kooperative Führungsstile, symmetrische Kommunikationen, Vertrauen zwischen Vorgesetzten und Mitarbeitern auf allen Ebenen, erreichbare Zielsetzungen mit klaren verständlichen

Anweisungen, positive Rückkopplung und Anerkennung guter Arbeit, Gestaltbarkeit des eigenen Arbeitsplatzes unter Einbezug des betrieblichen Vorschlagswesens BVW, verantwortliches und selbständiges Handeln im Arbeitsprozeß, berufliche und damit verbundene private materielle und immaterielle Erfolgserlebnisse und – last but not least – durch die sachlichen Voraussetzungen für Selbstprüfung (ausreichende Qualifikation der Mitarbeiter, geeignete Einrichtungen und Betriebsmittel, erprobte Methoden ...). Eine so gestaltete Qualitätsumgebung ist geeignet, daß Qualitätsbewußtsein der Mitarbeiter zu steigern und ihr Interesse und ihre Verantwortung für Qualität zu erweitern. Selbstprüfung ist **ein** Element in einem solchen Qualitätsförderungsprogramm. Damit wird deutlich, daß das Prinzip der Selbstprüfung nicht voraussetzungslos ist! Die folgende Grafik (**Bild 3.3.8**) versucht das zu veranschaulichen.

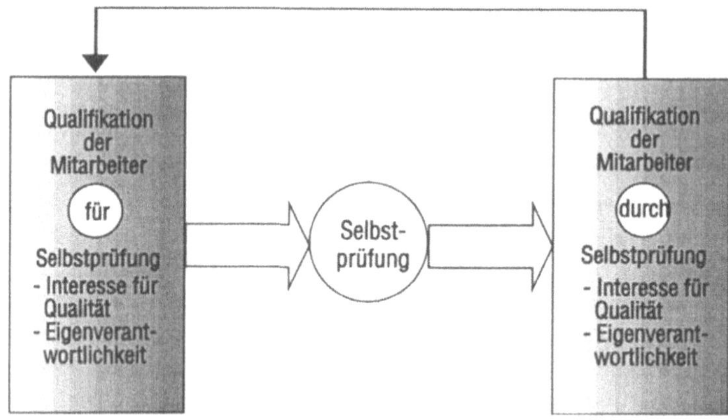

Bild 3.3.8 Kreislaufmodell der Selbstprüfung

Wie die Grafik zeigt, werden bei den Mitarbeitern teilweise Qualifikationen vorausgesetzt, die sich in der Regel erst durch die Einführung der Selbstprüfung ausbilden. Die Firma Anton Müller muß daher durch die Bereitstellung der organisatorischen und technischen Mittel, durch externe und interne Schulungen der Mitarbeiter und die Einbindung der Führungskräfte in diesen Prozeß dafür Sorge tragen, daß dieser Regelkreis aufgebaut werden kann.

Unter anderem muß zusätzlich geklärt sein,

- wie die Prüfausführung erfolgen soll. Dazu sind entsprechende Anweisungen zu erstellen.
- welche Aufzeichnungen gefordert werden und wie diese zu handhaben sind.
- welche Folgerungen aus den Prüfergebnissen zu ziehen sind und wer diese Folgerungen wie entwickelt und umsetzt. In diesen Rahmen gehört auch die Besprechung von aufgetretenen Fehlern.

- wie fehlerhafte Einheiten zu behandeln sind.
- inwieweit das Qualitätswesen bei der Selbstprüfung eingebunden ist,
- welche Q-Merkmale der Selbstprüfung überantwortet werden sollen (kritisch, Haupt-,Nebenfehler),
- wie überprüft werden soll, ob die Maßnahme Selbstprüfung greift, oder ob Änderungen der Q-Umgebung notwendig sind,
- ob und welche materiellen und/oder immateriellen Zuwendungen den Prozeß unterstützen sollen.

Aktivitäten der Qualitätsverbesserungsgruppe

Für eine erfolgreiche Einführung des Konzepts „Selbstprüfung“ sind von der Geschäftsführung die erforderlichen Voraussetzungen zu schaffen. Unter anderem ist die Schrittfolge der Einführung festzulegen. Die Qualitätsverbesserungsgruppe kann diese Einführung auf verschiedenen Ebenen und für verschiedene Bereiche vorbereiten und begleiten:

- Wie soll das Projekt Selbstprüfung realisiert werden?
- Für welche Bereiche soll die Selbstprüfung eingeführt werden und welche Auswirkung hat diese Einführung auf die Arbeitsorganisation? Wie verändert sich dadurch die Arbeitsplatzbeschreibung?
- Wie kann eine aktive Mitarbeit am Projekt sichergestellt werden?
- Untersuchen Sie die Notwendigkeit eines Projektbeauftragten! Welche Kompetenzen und Qualifikationen muß der mit der Einführung der Selbstprüfung Beauftragte mitbringen?
- Erstellen Sie eine Richtlinie, wie Mitarbeiter zu Selbstprüfern werden können und wie im Falle einer negativen Auslese zu verfahren ist. Sollen alle Mitarbeiter der Firma Anton Müller in dieses Konzept eingebunden werden?
- Wie kann der für Selbstprüfung erforderliche Führungsstil bei den Führungskräften realisiert werden?
- Sollen auch Hauptmerkmale und kritische bzw. dokumentationspflichtige Merkmale durch Selbstprüfung überwacht werden?
- Stellen Sie einen Zusammenhang zwischen dem betrieblichen Vorschlagswesen (BVW) und der Selbstprüfung für die Firma Anton Müller her.
- Wie ist die Selbstprüfung im Zusammenhang mit der Produkthaftung für die Firma Anton Müller zu beurteilen?

- Inwieweit fördert oder behindert das Prinzip der Selbstprüfung kooperative Arbeitsprozesse
  (Teamarbeit, Gruppenarbeitsprozesse, autonome Arbeitsgruppen ...)?
- Entwickeln Sie eine Schrittfolge mit Zeitplan für die Einführung der Selbstprüfung (SP) bei der Firma Anton Müller. Vereinbaren Sie die erforderlichen Absprachen und stellen Sie die Verantwortlichkeiten sicher.

3.3.3 Qualitätsfördergruppen

Der Qualitätsfertigung liegt die Idee zugrunde, daß die Produktqualität direkt von der Qualität der Zusammenarbeit im Unternehmen abhängt. Jeder Mitarbeiter im Unternehmen soll an seinem Arbeitsplatz so qualitätsorientiert denken und handeln, als ob von ihm die Qualität des ganzen Produktes abhängen würde. So betrachtet ist Qualität eine Herausforderung zur ständigen Fehlervermeidung und nie endenden Qualitätsverbesserung. Qualität erzeugen heißt:heute besser zu sein als gestern, und morgen besser zu sein als heute.

Wer aufgehört hat besser zu werden, hat aufgehört gut zu sein.

Dazu sind geeignete Maßnahmen einzuleiten, die die erforderliche Qualitätsumgebung (ausreichende Information, Sicherheit, berechenbare Führungskräfte, symmetrische Kommunikationen, positive Rückkopplungen....) für die Mitarbeiter schaffen. Das Prinzip der Selbstprüfung – insbesonders in autonomen Arbeitsgruppen – trägt einen Teil zum Aufbau dieses Umfeldes bei. Seit einiger Zeit werden zunehmend Qualitätsfördergruppen/-teams wie Projektgruppen, Qualitätskreise, Qualitätszirkel, Lernstatt, Qualitätsverbesserungsteams usw. als unterstützende Maßnahmen diskutiert. Diese Gruppen unterscheiden sich in ihren Zielsetzungen. Qualitätskreise und -zirkel sind meist freiwillige Gruppen aus Mitarbeitern der ausführenden Ebenen, die sich um Lösungen von Problemstellungen aus ihrem Arbeitsbereich (technische Probleme, Fragen der Arbeitsorganisation, soziale Probleme ...) bemühen. Zielabhängig können diese Q-Zirkel dauerhaft oder sporadisch eingerichtet sein. Diese Form der Aufarbeitung von Qualitätsproblemen wurde bislang bei der Firma Anton Müller noch nicht praktiziert.

Qualitätsgruppen und Projektgruppen werden i. d. Regel für eine fachlich ausgerichtete Problemstellung von der Führungsebene gebildet. Die unter fachlichen Gesichtspunkten ausgewählten Teilnehmer arbeiten bis zur Problemlösung. Wie den Gesprächen mit den verschiedenen Bereichen bei der Firma Anton Müller entnommen werden konnte, wurden einige Projekte bei der Firma Anton Müller unter Bildung von Projektgruppen realisiert, allerdings auf Abteilungsleiterebene unter Hinzuziehung von Experten. Mitarbeiter der ausführenden Ebenen wurden nicht beteiligt.

Lerngruppen werden für Teilnehmer eingerichtet, deren fachliche, soziale und kommunikative Kompetenz gezielt erweitert werden sollen. Davon sind auch jene Projekte im Untenehmen berührt, die den Informationsstand der Mitarbeiter über Betriebsgeschehnisse und Auswirkungen von Qualität erweitern wollen, etwa in Form einer Teilnahme der

Mitarbeiter an Projekten zu einer Produktions- oder Produktumstellung mit geänderten Organisationsstrukturen, neuer Fertigungstechnologie usw. Auch diese Form von Qualitätsförderung konnte bei der Firma Anton Müller in keinem Bereich identifiziert werden.

Empfehlungen

Der Firma Anton Müller sollte mittelfristig daran gelegen sein, eine Qualitätsumgebung aufzubauen, die Mitarbeiter zu fehlerfreier Qualitätsarbeit und ständiger Qualitätsverbesserung motiviert. Sinnvoll ist daher die Einleitung von Maßnahmen, die an den Stellen ansetzen, wo Fehler entstehen. Die Suche nach den Fehlerursachen wird dort am effektivsten sein, wo die Abläufe und Zusammenhänge bekannt sind. Qualitätszirkel sind in diesem Feld angesiedelt. Mithin wird der Firma Anton Müller empfohlen, Qualitätszirkel auf den verschiedensten Ebenen einzurichten. Das bedeutet keinen Ausschluß weiterer Qualitätsförderungsgruppen. Im Gegenteil: die parallele Installation zweckgebundener Gruppen zur Förderung der Kommunikation mit Lernstattcharakter kann zur Stützung des Typus Qualitätszirkel beitragen. Richtig eingeführte Qualitätszirkel können zur Verbesserung auf verschiedenen Ebenen beitragen:

- Verbesserung der Arbeitsqualität,
- Identifikation mit der Arbeit und den Zielen der Unternehmung,
- Verbesserung der Kommunikation zwischen Arbeitskollegen und Vorgesetzten auf horizontaler und vertikaler Ebene,
- weniger Reibungsverluste,
- intrinsische Motivation der Mitarbeiter durch Erfolgserlebnisse des einzelnen in und mit der Gruppe.

Die damit verbundenen Prozesse sind jedoch weder vorbehaltlos noch kostenlos zu realisieren. Qualitätszirkelarbeit bedarf bestimmter Voraussetzungen, ohne daß Frustrationen bei den Mitarbeitern und den Führungskräften vorprogrammiert sind. An erster Stelle ist hier die Einbindung der Zirkelarbeit in die Unternehmenskultur zu nennen, kurz die Qualitätsumgebung, in der Qualitätszirkel eingebettet sind. Wie schon bei der Selbstprüfung wird auch hier der Grad der Effektivität von der Ausgestaltung des Qualitätsumfelds abhängen. Qualitätszirkel, in denen selbstbewußte Mitarbeiter Führungskräfte reklamieren und kritisieren dürfen, provozieren Widerstände in den mittleren Führungsebenen. Das erzeugt Konflikte, die in einem traditionellen Rollenverständnis nicht gelöst werden können. Hier ist die Managementleitung in der Pflicht, durch Einbezug des mittleren und unteren Managements in Zirkelprojekte und durch die eigene Vorbildfunktion, die entsprechenden Bedingungen zu schaffen. Unter diesen Voraussetzungen kann mit der Zirkelarbeit eine Entwicklung eingeleitet werden, die aus ehemaligen Meistern „Förderer" macht, die Mitarbeitern Ziele setzen, den eigenen Weg finden lassen und sich für den Erfolg der Geführten verantwortlich fühlen.

Meister schaffen das Umfeld, in dem Mitarbeiter qualitätsbewußt arbeiten können.

Da alle Tätigkeiten in einem Unternehmen unter ganz bestimmten Vorgaben stehen, müssen Qualitätszirkel über diese Vorgaben der obersten Leitung informiert sein. Dazu wird in der Regel für Qualitätszirkelarbeit eine Steuergruppe (Bild 3.3.9) eingesetzt, die aus der Unternehmensleitung und dem Koordinator als Vermittler zwischen der Unternehmensleitung und den verschiedenen Qualitätszirkeln und Abteilungen besteht [10].

Bild 3.3.9
Organische Elemente von Qualitätszirkeln

In dieser Gruppe werden Strategien entwickelt, Mittel zugesprochen und übergeordnete Ziele für die Qualitätszirkelarbeit präzisiert, ohne die jede Qualitätszirkelarbeit zum Scheitern verurteilt ist. Inwieweit hier von Methoden des Management by Objektives (Formulierung konkreter Arbeitsziele unter Einbezug der Betroffenen) Gebrauch gemacht wird, muß bei der Firma Anton Müller vor Ort entschieden werden. Für die Mitglieder der Qualitätszirkel ist zu fordern, daß sie die für eine effektive Gruppenarbeit erforderlichen Qualifikationen besitzen. Hier tritt wieder das Phänomen auf, daß teilweise Qualifikationen vorausgesetzt werden, die sich erst über Gruppenprozesse wie z.B. Qualitätszirkel ausbilden (Berücksichtigung von Teamarbeitsregeln, Beherrschung und sichere Anwendung von Problemlösungstechniken ...). Im Rahmen der Aus- und Weiterbildung müssen daher entsprechende Schulungen angeboten werden, die den Aufbau der erforderlichen Kompetenzen ermöglichen.

Diese Kompetenzen werden in besonderem Maße von den Moderatoren/Leitern der Qualitätszirkel erwartet, die die Gruppe nach außen vertreten, Qualitätszirkelarbeit vor- und nachbereiten und die Sitzungen moderieren. Aufgabe des Qualitätszirkelleiters ist es auch, Mitglieder entsprechend der Vorgehensweise zu unterweisen. Dazu gehört nicht unbedingt auch die Unterweisung in fachspezifischen Angelegenheiten. In der Regel werden dazu externe und interne Fachberater/Experten in die Qualitätszirkelarbeit eingebunden.

Sobald in den Qualitätszirkeln Lösungen von Problemstellungen erarbeitet wurden, sind diese zu realisieren (oder begründet abzulehnen) und auf geeignete Art und Weise zu präsentieren. Diese positive Rückkopplung gilt es wohl zu beachten. Mitarbeiter, die feststellen, daß ihre Ratschläge ernstgenommen und befolgt wurden, werden sich ganz unabhängig davon, ob ihr Ratschlag wirklich gut war, um besonders gute Leistungen bemühen, um zu beweisen, daß ihre Ratschläge richtig waren. So gelingt es – über angemessene Anerkennung der geleisteten Arbeit – einen selbstlaufenden und menschenachtenden Prozeß der kontinuierlichen Verbesserung einzuleiten und eine Qualitätsumgebung zu schaffen, unter der sich Mitarbeiter in einem Unternehmen motiviert fühlen, sich für ihre Arbeit und ihr Unternehmen zu engagieren.

Aktivitäten der Qualitätsverbesserungsgruppe

Der Aufbau von Qualitätsarbeitsgruppen bei der Firma Anton Müller, gleichgültig ob sie durch Leitungsstellen eingerichtet werden oder sich wie Qualitätszirkel selbst bilden, bedarf der Unterstützung auf allen Ebenen. In diesem Rahmen findet sich ein weites Betätigungsfeld für die mittlerweile in diesen Dingen erfahrene Qualitätsverbesserungsgruppe bei der Firma Anton Müller, das sich von der Vorbereitung bis hin zur ständigen Institutionalisierung erstreckt:

- Welchen Rahmen und Namen sollen die einzurichtenden Qualitätsgruppen haben?
- Stellen Sie die Bedingungen für Qualitätsgruppen bei der Firma Anton Müller fest und leiten Sie die notwendigen Korrekturmaßnahmen ein.
- Organisieren Sie die fachliche und überfachliche Qualifizierung der Qualitätszirkelmitarbeiter.
- Stellen Sie der Unternehmensleitung die Vorzüge einer sporadischen und einer dauerhaften Einrichtung von Qualitätszirkel dar.
- Legen Sie den Zeitrahmen für Qualitätszirkel fest und stellen Sie sicher, daß die Zirkelarbeit nicht dem täglichen Termindruck zum Opfer fällt. Beachten sie dabei die Widerstände der mittleren Führungsebene. Versuchen Sie diese in Ihr Konzept einzubinden und für sich fruchtbar zu machen.
- Konkretisieren Sie mit den Leitungsebenen die Ziele der Zirkelarbeit.
- Entwerfen Sie ein Raster, wie bei der Vorlauf-, Vorbereitungs-, Einführungs-, Auswertungs- und Anpassungsphase von Zirkelarbeit vorgegangen werden soll. Dieses Raster sollte die beteiligten Personengruppen in ihren Aktivitäten auf einer Zeitachse umfassen.

- Erproben Sie mit den Beteiligten der Zirkelarbeit Teamregeln und Problemlösungstechniken. Machen Sie an einem konkreten Beispiel deutlich, welche Vorteile damit verbunden sind.
- Organisieren Sie mitarbeiterorientierte, d.h. intrinsisch motivierende Präsentationen der Ergebnisse der Qualitätsgruppen.
- Vereinbaren Sie mit dem betrieblichen Verbesserungswesen (BVW) eine Regelung bezüglich der Anerkennung und Honorierung von Qualitätszirkellösungen als Verbesserungsvorschläge.
- Diskutieren Sie den Einbezug von Mitarbeitern aller Ebenen in Projekten der Firma Anton Müller. Erstellen Sie ein Konzept zur Mitarbeiterintegration für das Projekt: Produktwechsel bei der Firma Anton Müller. Inwieweit werden davon Qualitätsfördergruppen berührt?
- Planen Sie ein Berichtswesen für alle Qualitätsgruppen, um deren Effizienz nachweisen und eventuelle Lenkungsprozesse vornehmen zu können.

3.4 Qualitätsmanagement in der Produktentwicklung

Sehr spät hat man in den USA und fast zu spät in Europa die Bedeutung der Qualität in der Produktentwicklung erkannt. Erst in den letzten Jahren ist hier durch den Druck der japanischen Industrie dieser Phase der Produktentstehung mehr Aufmerksamkeit geschenkt worden. Inzwischen verlagern auch immer mehr deutsche Unternehmen das Schwergewicht ihrer qualitätssichernden Maßnahmen in diesen vorbeugenden Bereich der Qualitätssicherung.

Im Marketing werden mit geeigneten Methoden die Kundenwünsche und -forderungen erforscht. Diese sind häufig sehr vielfältig und ungewichtet. Nach KANO lassen sich die Kundenwünsche in drei Bereiche (**Bild 3.4.1**) einteilen:

- Grundforderungen
- Qualitäts- und Leistungsforderungen
- durch sogenannte „Begeisterungsmerkmale“ gekennzeichnete Forderungen

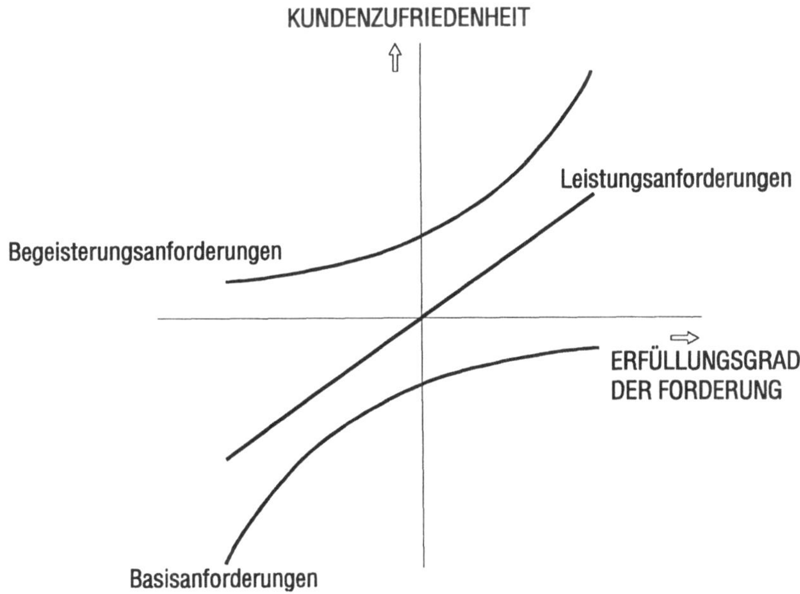

Bild 3.4.1 Kano-Modell

In der eigentlichen Produktentwicklung werden dann unter Berücksichtigung der Kundenforderungen und -wünsche die Qualitätsmerkmale für das Produkt in allen Phasen seiner Entwicklung festgelegt. Nach MASING muß dabei der Nutzen mitberücksichtigt werden, den der Kunde dem Produkt zuschreibt. Hier fließt auch die Zuordnung des Produktes in eine bestimmte Klasse mit ein. Aus **Bild 3.4.2** geht hervor, daß schon eine geringfügige Untererfüllung des Qualitätsmerkmals vom Kunden „hart bestraft“, eine Übererfüllung hingegen „kaum belohnt“ wird.

Durch die Festlegung der Qualitätsmerkmale wird ein Sollwert der Produktqualität definiert, den man als *Entwurfsqualität* bezeichnet.

Die richtige Wahl der Entwurfsqualität ist der entscheidende Schritt für die Produktqualität überhaupt!

In der Firma Anton Müller arbeiten alle mit der Produktentwicklung beschäftigten Abteilungen seit Jahren auf Hochdruck, aber erkennbar seriell. Wichtige Informationen und Erkenntnisse, die in anderen Abteilungen gewonnen werden konnten, gehen verloren oder gelangen nur unvollständig in andere Abteilungen. Einzelne Bereiche sind teilweise sogar blockiert, da sie auf Ergebnisse vorgeschalteter Stellen warten müssen.

Dadurch mußten häufig erhebliche Verzögerungen und lange Produktentwicklungszeiten in Kauf genommen werden. In Zeiten immer kürzer werdender Produktlebenszeiten müssen aber gerade die Entwicklungszeiten für ein Produkt erheblich verringert werden. Dazu muß das zweifellos vorhandene Know-how der Firma Anton Müller anders genutzt werden.

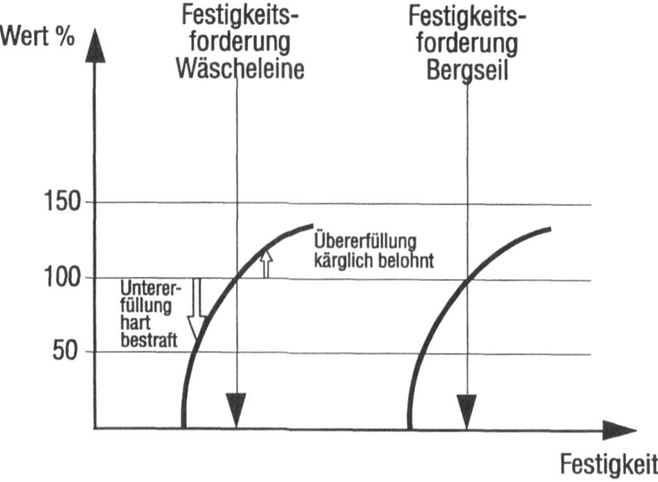

Bild 3.4.2 Wertefunktion nach Masing [66]

Empfehlungen

Die Marketingabteilung der Firma Anton Müller muß durch verstärkte Kommunikation mit den Kunden und durch geeignete Marktanalysen ein genaueres Bild von den Forderungen und Wünschen der Kunden bekommen, als es in der Vergangenheit der Fall war.

Nur bei **genauer** Kenntnis der Kundenwünsche lassen sich diese in entsprechende Qualitätsmerkmale fassen, die sich anschließend in einem Produkt wiederfinden, das vom Kunden akzeptiert wird.

Die bisher praktizierte Methode des „Nebeneinanderarbeiten“ oder „Hintereinanderarbeiten“ hat in einem modernen Entwicklungsmanagement keinen Platz. Die einzelnen Abteilungen müssen miteinander verzahnt werden. Dazu muß ein Team aus kompetenten Mitarbeitern aller direkt oder indirekt von der Produktentwicklung betroffenen Abteilungen gebildet werden. Nur so ist eine Parallelisierung des Knowhow und eine Rationalisierung des Arbeitsaufwands zu bewerkstelligen. Das Team trifft seine Entscheidungen nach einem entsprechend gestalteten Gruppenprozeß einstimmig in der Form, daß sich jedes Teammitglied mit der Teamentscheidung identifizieren kann. Zur Führung des Teams soll von der Firmenleitung ein mit entsprechenden Kompetenzen und Vollmachten ausgestatteter Projektmanager in voller Verantwortung ausgewählt werden. Die Teammitglieder sollten mit den wichtigsten Werkzeugen des Quality Engineering vertraut gemacht werden. Dazu sind die entsprechenden Schulungen vorzusehen.

Schulungsbedarf besteht insbesondere bei den Simultaneous Engineering Werkzeugen (**SE**):

KJ-Methode	(Affinitäts-Diagrammsystem nach JIRO KAWAKITA)
QFD	(Quality Function Deployment)
FMEA	(Fehler Möglichkeits- und Einfluß-Analyse)
FTA	(Fehlerbaumanalyse)
PCM	(Parts Court-Methode)
DoE	(Design of Experiments nach TAGUCHI und SHAININ)
TD	(Toleranz Design)
WEA	(WEIBULL-Analyse)

Nur das erfolgreiche Zusammenspiel aller Faktoren kann zu einer Verbesserung der Entwicklungssituation bei der Firma Anton Müller führen. Ein Produkt erhält seine überprüfbaren Qualitätsmerkmale, die sogenannte Ausführungsqualität, zwar erst im Fertigungsprozeß selbst, aber kein noch so fähiger Fertigungsprozeß kann Mängel in der Entwurfsqualität beheben oder korrigieren.

Erst der Ausbau der Kommunikation aller Beteiligten in Verbindung mit dem sinnvollen Einsatz der SE-Werkzeuge schafft die Basis für eine Verkürzung der Innovationszeiten.

Der gleichzeitige Einsatz aller Methoden und Techniken erscheint für die Firma Anton Müller im Augenblick nicht realistisch. Daher sollte mit den bekannteren und weiter verbreiteten Methoden QFD und FMEA ein erster Anfang gemacht werden.

Viele Produkte sind über einen längeren Zeitraum beim Kunden unter unterschiedlichen Bedingungen im Einsatz. Die Übereinstimmung von Ausführungsqualität und Entwurfsqualität beinhaltet deshalb auch, daß das Produkt zuverlässig über einen langen Zeitraum seinen Verwendungssweck erfüllt. Hierzu sind im Rahmen der Produktentwicklung entsprechende Zuverlässigkeitsprüfungen durchzuführen. Das SE-Werkzeug WEA kann bei diesen Untersuchungen wertvolle Dienste leisten.

Aktivitäten der Qualitätsverbesserungsgruppe

Die überaus komplexe Thematik und die zahlreichen Methoden, Techniken und Modelle in diesem Bereich erschweren naturgemäß die Auswahlprozesse. Welches Modell soll wie die Arbeit in der Entwicklung leiten? Versuchen Sie hier eine unkonventionellen Weg zu gehen! Vielleicht lassen Sie einmal in einem Workshop im Beisein der Geschäftsleitung von den einzelnen Teammitgliedern die jeweiligen Modelle mit ihren Vor- und Nachteilen vorstellen und treffen anschließend eine gemeinsame Teamentscheidung. Die folgenden Ausführungen sollen hier einige zusätzliche Informationen geben, können die Vielfalt der Möglichkeiten aber nicht annähernd anreißen. Im Rahmen kontinuierlicher Verbesserung aller Prozesse (KVP) wird Ihnen mittelfristig gar nichts anderes übrig bleiben, als sich auch der weitergehenden Themen methodisch zu nähern.

3.4.1 Kundenmanagement

Eine der Schwachstellen der Firma Anton Müller liegt zweifellos im Kundenmanagement, da die an sich technisch auf einem hohen Niveau stehenden Produkte vom Kunden nicht wie erwartet akzeptiert werden.

Nach DIN ISO 9004 soll das Marketing bei der Festlegung der Qualitätsanforderung an das Produkt die Führung übernehmen und dabei folgende Punkte erfüllen:

- die Erfordernisse für ein Produkt (oder eine Dienstleistung) ermitteln,
- den Marktbedarf und -sektor genau festlegen,
- die Forderung der Kunden genau ermitteln,
- innerhalb des Unternehmens alle Kundenforderungen klar und genau bekanntgeben.

In Form eines Lasten-/Pflichtenheftes sollen die Forderungen und Erwartungen des Kunden in einem vorläufigen Satz von Spezifikationen als Basis für die nachfolgende Design-Tätigkeit übertragen werden.

Unter den Elementen, die im Lasten-/Pflichtenheft enthalten sein können, befinden sich die folgenden Forderungen:

- Leistungsmerkmale (z.B. Umwelt- und Einsatzbedingungen sowie Zuverlässigkeit)
- sensorische Merkmale (z.B. Stil, Farbe, Geschmack, Geruch, Lautstärke etc.)
- Einbaukonfiguration oder Einpassung
- anzuwendende Normen und gesetzliche Regelungen
- Verpackung
- Darlegung der Qualitätssicherung/Verifizierung

Außerdem sollte die Marketingfunktion ein System der Informationsüberwachung und der Informationsrückführung an den Kunden auf kontinuierlicher Basis einführen, in dem alle qualitätsbezogenen Informationen über ein Produkt entsprechend festgelegten Vorgaben analysiert, kritisch verglichen, interpretiert und bekanntgemacht werden. Dies ist besonders dann wichtig, wenn auftragsorientiert produziert wird.

Im Marketing eines Unternehmens sind die beiden Bereiche *Marktgestaltung* und *Marktforschung* enthalten. Während sich die Marktgestaltung im wesentlichen mit der Produktwerbung beschäftigt (hier hat die Firma Anton Müller bisher den Schwerpunkt ihrer Aktivitäten gelegt), so ist die Marktforschung die Schnittstelle zur Kundenmeinung.

Kennt man durch geeignete marktforscherische Tätigkeiten die Wünsche der Kunden, so müssen im nächsten Schritt marktgerechte Produkteigenschaften definiert werden.

Kundenanforderungen und -erwartungen müssen in marktgerechte Produkteigenschaften umgewandelt werden!

Eine geeignete und vielfach verwendete Methode, um diese Umsetzung zu erreichen, ist die Methode **Quality Funktion Deployment (QFD)**. Sie wurde in Japan von YOJI AKAO im Jahre 1966 vorgestellt und intensiv und mit großem Erfolg von japanischen Automobilherstellern angewendet. In einer freien Übersetzung versteht man unter QFD die „Planung und Entwicklung der Qualitätsfunktionen eines Produktes entsprechend den von den Kunden geforderten Qualitätseigenschaften".

Grundphilosophie von QFD ist: alle Kundenerwartungen und -wünsche für das Produkt zu erfüllen, aber auch nicht mehr. Diese Grundphilosophie wird in der Firma Anton Müller nicht beherzigt. Obwohl man durchaus die Kundenanforderungen und -wünsche durch entsprechende marktforscherische Tätigkeiten ermittelt hat, und die Ingenieure der Firma ein technisch ausgereiftes Produkt entwickelt haben, wurden die Wünsche der Kunden nicht zufriedenstellend realisiert. Man mußte sogar bei einigen Massenprodukten feststellen, daß technische Innovationen, die mit den modernen Fertigungseinrichtungen machbar waren, vom Kunden wegen eines erhöhten Preises kaum akzeptiert wurden. Vergleichbare Produkte von Konkurrenzfirmen, die anscheinend technisch „unterlegen" waren, hatte man keine Beachtung geschenkt.

Kunden, die im speziellen Auftrag Produkte bei der Firma Anton Müller fertigen ließen, beklagten immer wieder den schlechten Informationsservice.

QFD kann grundsätzlich in allen Phasen der Produktentwicklung stattfinden (**Bild 3.4.3**).

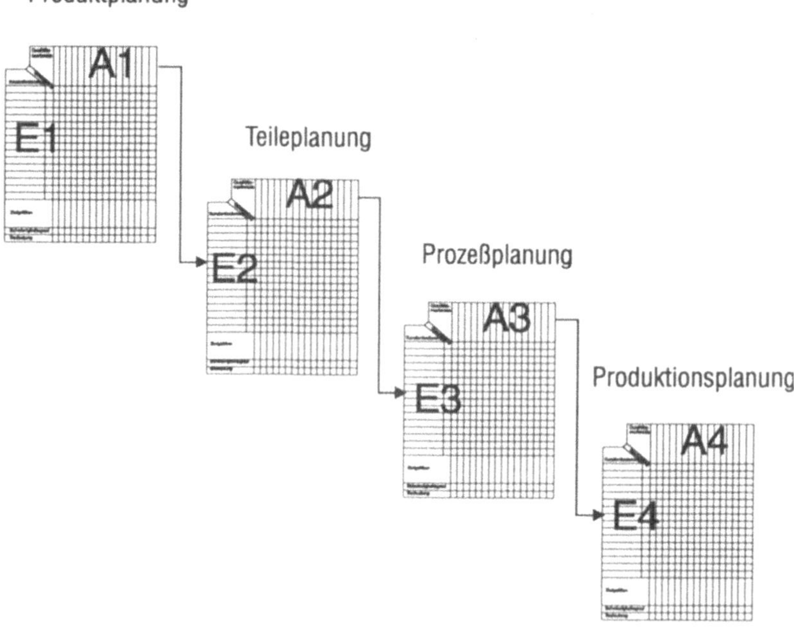

Bild 3.4.3 Die 4 Phasen von QFD

Die erste Phase von QFD, die *Produktplanungsphase*, ist zweifellos die wichtigste Phase. Fehler, die dort gemacht werden, wo die Kundenforderungen und -wünsche (Eingangsgrößen) in entsprechende Qualitätsmerkmale für das Produkt (Ausgangsgrößen) umgesetzt werden, sind später nur noch mit hohem Kostenaufwand zu beseitigen.

- KJ-Methode
- bottleneck engineering

An die Produktplanungsphase schließen sich die Phasen der *Teileplanung*, *Prozeßplanung* und *Produktionsplanung* an. Durchgängig wird das Prinzip gewahrt, daß die wichtigsten Ausgangsgrößen einer Phase die Eingangsgrößen für die anschließende Phase sind.

Für alle Phasen werden im Prinzip gleiche Formblätter benutzt, welche in übersichtlicher Form das gesamte Wissen des Unternehmens von dem Produkt enthalten. Da ein solches Formblatt mit etwas Fantasie an ein Gebäude erinnert, wird es als „House of Quality“ (**Bild 3.4.4**) bezeichnet.

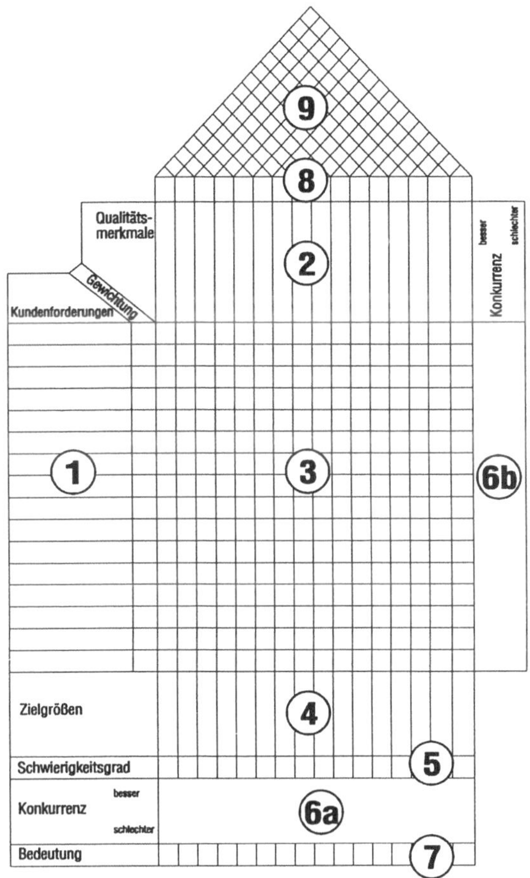

Bild 3.4.4 „House of Quality" für die Phase der Produktplanung

Feld 1: Hier werden die Kundenanforderungen und -wünsche eingetragen und entsprechend ihrer Bedeutung gewichtet (z.B. mit Zahlen zwischen 1 und 10). Es ist sinnvoll, die Eingangsgrößen in Gruppen zu ordnen.

Feld 2: Hier werden die Qualitätsmerkmale für das Produkt für jede Kundenforderung eingetragen. Jede Eingangsgröße muß durch ein oder mehrere Qualitätsmerkmale befriedigt werden.

Feld 3: Dieses Feld ist das Hauptfeld des „House of Quality". Hier wird die Stärke der Beziehung zwischen einer Kundenforderung und einem Qualitätsmerkmal für das Produkt im Schnittpunkt der entsprechenden Zeilen und Spalten durch eine Bewertungszahl angegeben (z.B. 1 = schwach, 2 = mittel, 4 = stark).

Feld 4: In diesem Feld werden die Sollwerte eingetragen, welche als Vorgabe für eine ideale Funktion des Produkts dienen. Diese Sollwerte sind entweder meßbare

Werte (z.B. Leistung = 20W) oder qualitative Aussagen (z.B. keine dunkle Farbe).

Feld 5: In diesem Feld werden die technischen Schwierigkeiten bewertet, die bei der Realisierung des Qualitätsmerkmals zu erwarten sind (z.B. Schwierigkeitsgrad von 1 bis 6).

Feld 6: In den Feldern 6a und 6b erfolgt ein Vergleich des eigenen Produktes mit vergleichbaren Konkurrrenzprodukten (z.B. benchmarking). Dies geschieht sowohl aus rein technischer Sicht (Feld 6a) als auch aus der Sicht des Kunden (Feld 6b). Eine Bewertung kann wieder mit einer Skala von 1 bis 6 erfolgen (1 = technisch schlecht bzw. Marktimage schlecht, 6 = Technisch hervorragend bzw. Marktimage hervorragend).

Feld 7: In diesem Feld wird die Bedeutung eines jeden Qualitätsmerkmals in Form eines Zahlenwertes angegeben. Dazu wird für jedes Qualitätsmerkmal das Produkt aus dem Gewichtungswert für die Kundenforderungen und der Bewertungszahl für die Stärke der Beziehung zwischen Kundenforderung und dem Qualitätsmerkmal gebildet. Bestehen für ein Qualitätsmerkmal mehrere Kundenforderungen, so ergibt sich die Bedeutung aus der Summe der einzelnen Produkte.

Feld 8: Einige Sollwerte von Qualitätseigenschaften sind fest vorgegeben und dürfen nicht verändert werden. Bei anderen Sollwerten wünscht man sich eine Veränderung in Richtung eines Optimums. Für sie gelten die Aussagen „Je größer der Sollwert, um so besser das Qualitätsmerkmal“ oder „Je kleiner der Sollwert, um so besser das Qualitätsmerkmal“. Die bevorzugte Änderungsrichtung der Sollwerte wird in diesem Feld mit Hilfe aussagekräftiger Symbole verdeutlicht (z.B. ↑ = je größer, um so besser, ↓ = je kleiner, um so besser, □ = fest).

Feld 9: Zwischen den einzelnen Produktmerkmalen bestehen in der Regel Zusammenhänge (Korrelationen). Verändert man in solchen Fällen das eine Merkmal, so verändert sich automatisch ein anderes oder mehrere andere Merkmale. Solche Korrelationen können positiv sein (die Merkmale ändern sich im gleichen Sinn) oder negativ (die Merkmale ändern sich im entgegengesetzten Sinn). Sie werden im „House of Quality“ oben im „Dach“ durch ein Plus- bzw. ein Minuszeichen gekennzeichnet. Treten negative Korrelationen auf, so ist dies ein deutlicher Hinweis darauf, daß der technische Lösungsansatz für die Herstellung des Produkts fragwürdig ist.

Empfehlungen

Die Firma Anton Müller hat in der Vergangenheit durchaus Marktforschung betrieben. Dadurch sind ihr die externen Kundenwünsche und potentielle Konkurrenzfirmen global bekannt. Aus der Sicht des hohen Niveaus der eigenen Fertigungsmöglichkeiten wurden Konkurrenzprodukten zu wenig Beachtung geschenkt, man fühlte sich zu sicher, man sonnte sich in der trügerisch sicheren Marktposition. Es ist ihr aber immer weniger gelungen, allgemeine Kundenwünsche zu strukturieren und

Konkurrenzprodukte vergleichend zu analysieren, so daß daraus die gewünschten Qualitätsmerkmale für die eigenen Produkte hergeleitet werden konnten. Um hier Abhilfe zu schaffen, sind geeignete Marketingmethoden (Konkurrenzbeobachtung, genaue Analysierung der Kundenwünsche, Werbung etc.) und strukturierte Methoden zur Umsetzung von Eingangs- in Zielgrößen (z.B. Einsatz von QFD zur Umsetzung von Kundenanforderungen und -wünschen in Qualitätsmerkmale für das Produkt) einzuführen. Die Vielzahl der Aussagen von unterschiedlichen Kunden machen es manchmal schwer oder gar unmöglich, die richtigen Qualitätsmerkmale für das Produkt zu bestimmen. Deshalb wird häufig mit Zusammenfassungen der Kundenwünsche zu einigen Schlüsselforderungen (Clusterbildung z.B. über die KJ-Methode von JIRO KAWAKITA) gearbeitet. Diese lassen sich dann anschließend für weitere Bestimmungen verwenden.

Aktivitäten der Qualitätsverbesserungsgruppen

Zur Stärkung der Qualitätsfähigkeit im Bereich der frühen Phasen der Produktentwicklung wird aus den Reihen der Q-Verbesserungsgruppen unter Hinzuziehung von Mitarbeitern aller betroffener Abteilungen ein QFD-Team erstellt, welches alle Maßnahmen beim Kundenmanagement einleitet und koordiniert:

- Welche Abteilungen der Firma sollten Mitarbeiter für das QFD-Team stellen?
- Welche Fähigkeiten müssen Mitarbeiter des QFD-Teams besitzen?
- In welchem Maße müssen neue Marketingstrategien entwickelt werden?
- Können neue Marktstrategien allein von Mitarbeitern der Firma entwickelt werden oder müssen (sollten) externe Berater hinzugezogen werden?
- Wie können die Kundenanforderungen und -wünsche besser in entsprechende Qualitätsmerkmale für das Produkt umgewandelt werden?
- Ist das QFD-Modell durchgängig in allen Phasen der Produktentwicklung sinnvoll einzusetzen (Vorteile, Nachteile)?
- Wie läßt sich das Management gegenüber dem „internen Kunden“ verbessern?
- Wie läßt sich das Management gegenüber Kunden verbessern, für die auftragsorientiert produziert wird?
- Erstellen Sie für die kritischen Produkte der Firma Anton Müller das „House of quality“ der Produktplanungsphase.
- Wie beurteilen Sie den Einsatz von QFD zur Erfassung der öffentlichen Meinung, gesellschaftlicher Forderungen, der internen Kundenforderungen und der Gesellschafterwünsche?
- Lassen sich die angefallenen QFD-Daten für rechnergestützte Konstruktionsabläufe (CAD) nutzbar machen?

- Sehen sie eine Möglichkeit, die gesamten Entwicklungsaktivitäten der Firma Anton Müller zusammen zu dokumentieren, etwa in einem Innovationshandbuch? Beurteilen sie diese Möglichkeit, Projektabläufe der Entwicklung und Konstuktion zu strukturieren.
- Führen Sie für einige Produkte (welche?) des anonymen Marktes Kundenbefragungen durch und clustern sie diese Kundenwünsche nach der KJ-Methode.

3.4.2 Entwurfsqualität

Ein Blick auf **Bild 3.4.5** zeigt deutlich den Unterschied in der Qualitätsphilosophie bei japanischen und amerikanischen Firmen der Automobilbranche in den 80iger Jahren.

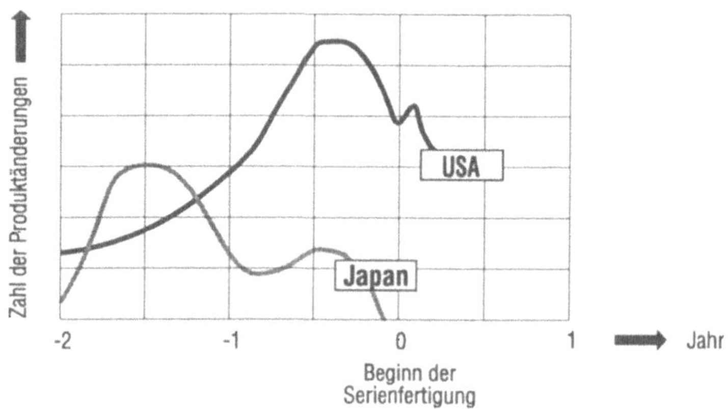

Bild 3.4.5 Produktänderungen vor und nach Beginn der Serienfertigung

Zwei Dinge fallen sofort auf: Die Gesamtzahl der konstruktiven Änderungen am Produkt ist bei US-Firmen wesentlich höher als bei japanischen Firmen. Das Kurvenmaximum liegt bei den US-Firmen kurz vor Serienbeginn, und auch nach Beginn der Serienfertigung sind Produktänderungen noch erschreckend hoch. Insbesondere dieser Umstand führt zu deutlich höheren Produktionskosten gegenüber der japanischen Konkurrenz, bei der fast alle Produktänderungen in eine sehr frühe Phase der Produktentwicklung fallen und somit weniger Kosten verursachen. Deutsche Firmen betrieben bisher eine den amerikanischen Firmen ähnliche Qualitätsphilosophie.

Bild 3.4.5 gibt die derzeitige Situation der Firma Anton Müller nur unzureichend wieder. Die dortige Analyse ergab einen Verlauf, wie er in **Bild 3.4.6** dargestellt ist.

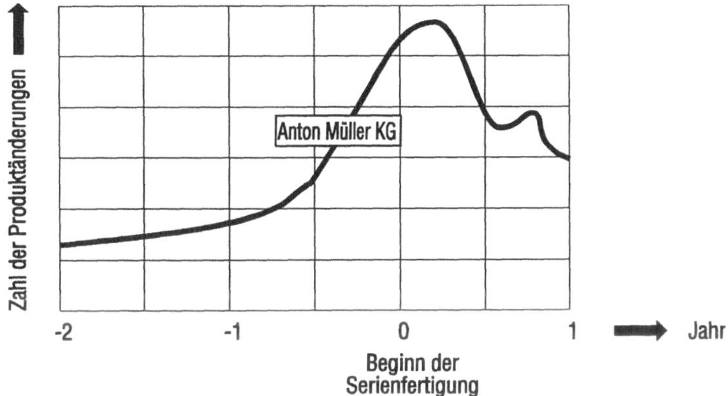

Bild 3.4.6 Produktänderungen bei der Firma Anton Müller vor und nach Beginn der Serienfertigung

Nahezu alle konstruktiven Änderungen am Produkt wurden während des Fertigungsprozesses nach Serienanlauf mit teils erheblichem Kostenaufwand vorgenommen. Vermeintlich geringfügige Produktfehler, deren Beseitigung zu diesem Zeitpunkt ebenfalls teuer gewesen wäre, wurden in Fehleinschätzung der Kundenreaktionen und in Vertrauen auf den guten Namen der Firma in Kauf genommen. Hier liegt eine der Wurzeln der krisenhaften Entwicklung der Firma Anton Müller. Man verzichtete auf die Anwendung jeglicher Methoden zur Überprüfung der Entwurfsqualität der zu fertigenden Produkte.

Empfehlungen

Eine wichtige Technik zur Entwurfsüberprüfung ist die Methode **Design Review**. Die DIN ISO 9004 empfiehlt die Durchführung eines Design Reviews zum Abschluß einer jeden Designphase und gibt klare Hinweise dafür, auf welche Punkte die Designergebnisse jeweils überprüft werden sollen. Die Einrichtung eines Qualitätsmanagementsystems nach DIN ISO 9001 erfordert diese Überprüfungen und deren sorfältige Dokumentation zwingend. Design Reviews sollen nach PFEIFER in allen Produktentwicklungsphasen durchgeführt werden [71]:

- **Prelimiary Design Reviews** nach der Definitionsphase mit Verabschiedung des Pflichtenhefts
- **System Design Reviews** nach der eigentlichen Entwicklungsphase mit der Entscheidung für einen Entwurf
- **Critical Design Reviews** in der Qualifikationsphase mit der Freigabe des Prototyps
- **Manufactoring- und Finalfactoring Design Reviews** während und nach der Vorserienphase mit der Freigabe der Serie

Bei der Firma Anton Müller sollte ein Design Review Team gebildet werden mit einem Teamleiter aus den eigenen Reihen. Das Team sollte einen Design Review Plan erarbeiten und geeignete Checklisten erstellen. Die interne Art der Durchführung eines Design Reviews (Sitzungstechnik oder Kommentartechnik) ist von den Möglichkeiten der Umgebung abhängig.

Sitzungstechnik: Das Reviewobjekt wird in einem kleinen Expertenkreis kritisch überprüft und das Ergebnis des Reviews schriftlich festgehalten.

Kommentartechnik: Alle Teilnehmer des Reviews erhalten vom Reviewleiter die notwendigen Daten vom Reviewobjekt, nehmen schriftlich dazu Stellung und leiten diese wieder dem Reviewleiter zu. Die gesammelten Ergebnisse werden in aufgearbeiteter Form allen Reviewteilnehmern zugänglich gemacht und in einer abschließenden Reviewsitzung bewertet.

Aktivitäten der Qualitätsverbesserungsgruppe

Das Management der Firma Anton Müller hat auf einem Seminar Methoden der präventiven Qualitätssicherung kennengelernt und sich von deren Wichtigkeit überzeugen lassen:

- Welche Fähigkeiten müssen die Mitglieder eines Design Review-Teams haben?
- Ist es sinnvoll, in allen Entwicklungsphasen des Produkts Design Reviews durchzuführen?
- Müssen in allen Entwicklungsphasen dieselben Personen beteiligt sein?
- Wie könnte ein Flow-Chart den organisatorischen Ablauf eines Design Reviews veranschaulichen?
- Wo liegen die Vor- und Nachteile von „Sitzungstechnik“ und „Kommentartechnik“? Was bietet sich für die Firma Anton Müller an?
- Wie könnte die Checkliste für eine System Design Review aussehen?
- Woher erhalten die Design Review Mitglieder ihre Informationen über das Design Review Objekt?
- Wählen Sie aus den verschiedenen Produktgruppen einige Erzeugnisse aus, für die ein Design Review durchgeführt werden soll. Nehmen Sie die entsprechenden Prozeßauswahlschritte vor und führen sie diese Schritte durch. Achten Sie auf die Dokumentation Ihrer Ergebnisse!

3.4.3 Fehler-Möglichkeits- und Einfluß-Analyse

Die Aktivitäten der Firma Anton Müller hinsichtlich konstruktiver Änderungen und Fehlerbeseitigung im Entwicklungsstadium der Produkte sind, wie bereits dargelegt, unzureichend. Die der Firma empfohlenen Methoden „QFD“ und „Design Review“ sind zwar notwendig und hilfreich, allein aber nicht ausreichend. Diese beiden Methoden – insbesondere Design Review – erkennen Schwachstellen (Fehler, Risiken) von Produkten in der Regel immer erst nachträglich. Besser wäre es, potentielle Schwachstellen bereits vorher zu erkennen und erst gar nicht in einer Entwicklungsphase auftreten zu lassen.

Das Optimum einer vorbeugenden Qualitätssicherung ist das Erkennen und die Beseitigung möglicher Fehler, bevor sie in irgendeinem Entwicklungsstadium aufgetreten sind.

Die DIN ISO 9004 empfiehlt zur Fehlervermeidung in der Phase der Produktentwicklung die Methode **FMEA** (FMEA = **F**ailure **M**ode and **E**ffects **A**nalysis) und die **Fehlerbaumanalyse**. Die FMEA (eingedeutscht = **F**ehler-**M**öglichkeits- und **E**influß-**A**nalyse) ist ein mächtiges und umfassendes Analyseinstrument, um mögliche Fehler in den verschiedenen Phasen der Produktentstehung und des Prozeßablaufs systematisch zu erfassen. Ihre eigentliche Wirksamkeit liegt darin, Fehler so frühzeitig wie möglich zu erkennen und durch geeignete Abstellmaßnahmen ihr Auftreten zu verhindern. Aus diesem Grund wird die Durchführung von FMEA's in den DIN ISO 9001 und entsprechenden Richtlinien der Automobilindustrie als eine Methode zur regelmäßigen Entwurfsbewertung empfohlen bzw. vorgeschrieben.

Bei der Analyse der Firma Anton Müller hat sich gezeigt, daß die Methode der FMEA nicht bekannt ist und daher nicht eingesetzt wurde. Erwähnt werden soll in diesem Zusammenhang aber auch die Tatsache, daß sich ein Mitarbeiter aus dem Bereich Qualitätskontrolle autodidaktisch in diesem Bereich fortgebildet hat. Er berichtet, er habe einmal für einige Produkte eine FMEA über seine Textverarbeitung auf dem PC erstellt. Diese erstaunlich gut gelungenen Darstellungen machen deutlich, daß bei der Firma Anton Müller Motivation von Mitarbeitern ungenutzt bleibt.

Empfehlung:

Bei der Neuentwicklung von Produkten, beim Einsatz neuer Technologien, bei Problemteilen und bei der Planung von Prozessen sollten FMEA's durchgeführt werden. Dabei ist zwischen zwei Arten zu unterscheiden, der Konstruktions-FMEA und der Prozeß-FMEA.

Die Konstruktions-FMEA findet ihre Anwendung in den Produktentwicklungsphasen, die Prozeß-FMEA in der Produktionsplanungsphase. Beide FMEA-Typen werden häufig auf einem einheitlichen Formblatt (**Bild 3.4.7**) durchgeführt, wobei das Musterblatt nach [85] als Vorlage empfohlen wird (s. Materialien).

Die einzelnen Bereiche in diesem Formblatt sind folgendermaßen aufzubereiten:

Bereich **1** **Kopfteil**
Eintragung der Stammdaten wie Firmenlogo, Firmenname, Name des behandelten Teils oder Systems, Art der FMEA, Erstellungsdatum etc.

Bereich **2** **System/Merkmale**
Beschreibung der funktionalen Struktur eines Teils, Systems oder einer Baugruppe bzw. des Fertigungs- und Montageprozesses

Bereich **3** **Potentielle Fehler**
Auflistung aller nur denkbaren Fehler, die am Teil oder System bzw. während des Fertigungs- und Montageprozesses auftreten können

Bereich **4** **Potentielle Folgen des Fehlers**
Beschreibung aller möglichen Fehlerfolgen in der Art, wie sie der Kunde wahrnehmen würde. Für jeden potentiellen Fehler können mehrere Fehlerfolgen auftreten. (In der anschließenden Spalte D wird durch ein Kurzzeichen wie J für „Ja“ signalisiert, ob die Fehlerfolge in Verbindung mit einem sicherheitsrelevantem Teil oder Arbeitsschritt steht.)

Bereich **5** **Potentielle Fehlerursachen**
Auflistung aller möglichen Ursachen für jeden potentiellen Fehler. Jeder Fehler kann mehrere Ursachen haben.

Bereich **6** **Vorgesehene Prüfmaßnahmen**
Auflistung von geeigneten Prüfmaßnahmen für jede potentielle Fehlerursache

Bereiche **7,8,9** **Problemgewichtung**
Bewertung der potentiellen Fehlerursachen mit Hilfe einer Ordinalskala von 1 bis 10 und zwar bezüglich

- der Wahrscheinlichkeit des Auftretens (Bereich 7)
- der Bedeutung in der Auswirkung auf den Kunden (Bereich 8)
- der Wahrscheinlichkeit der Entdeckung vor Auslieferung an den Kunden (Bereich 9)

Bereich **10** **Risikoprioritätszahl (RPZ)**
Die Risikoprioritätszahl ergibt sich aus dem Produkt der drei Bewertungszahlen A, B und E für das **A**uftreten, die **B**edeutung und das **E**ntdecken (RPZ = A*B*E). Mit Hilfe der Risikoprioritätszahlen lassen sich Fehlerursachen hinsichtlich ihrer Bedeutung quantitativ miteinander vergleichen. Fehlerursachen mit hohen RPZ-Werten und hohen Bewertungszahlen für die Bedeutung müssen vorrangig abgestellt werden.

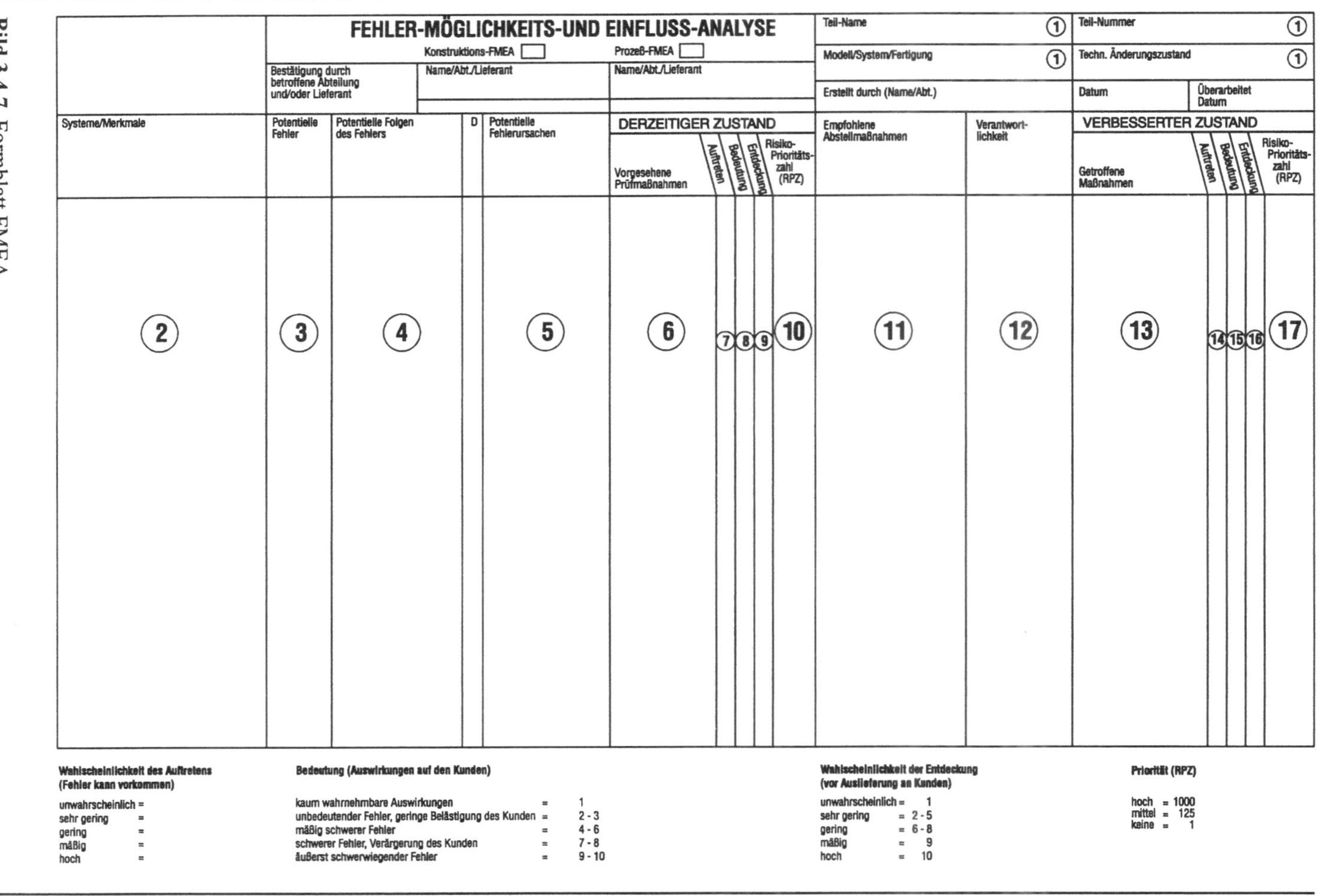

Bild 3.4.7 Formblatt FMEA

Bereich **11** **Empfohlene Abstellmaßnahmen**
Abstellmaßnahmen können dazu führen,daß
- die Fehlerursache gänzlich ausgeschaltet oder die Wahrscheinlichkeit des Auftretens verringert,
- die Bedeutung des Fehlers reduziert,
- die Wahrscheinlichkeit für das Entdecken des Fehlers vergrößert wird.

Grundsätzlich sind fehlervermeidende Maßnahmen gegenüber nur fehlerverbessernden Maßnahmen vorzuziehen.

Bereich **12** **Verantwortlichkeit**
Eintragung derjenigen Stelle, die für die durchzuführende Abstellmaßnahme verantwortlich ist

Bereich **13** **Getroffene Maßnahmen**
Eintragung der getroffenen Maßnahme für jede empfohlene Abstellmaßname. Sollte eine empfohlene Abstellmaßnahme nicht durchführbar sein, so ist das FMEA-Team davon in Kenntnis zu setzen.

Bereich **14-16** **Problemgewichtung im verbesserten Zustand**
Nachdem die Abstellmaßnahmen durchgeführt worden sind, ist jede potentielle Fehlerursache erneut hinsichlich ihres Auftretens, ihrer Bedeutung und ihrer Entdeckung wie in den Bereichen 7, 8 und 9 zu bewerten.

Bereich **17** **Neue Risikoprioritätszahl**
Mit den im verbesserten Zustand vorliegenden Bewertungszahlen ist die endgültige RPZ zu ermitteln.

Obwohl die Durchführung von FMEA's dringend empfohlen wird, darf nicht übersehen werden, daß hier auch übertrieben werden kann. Ufert eine FMEA bei entsprechendem Zeitaufwand und unter Bindung vieler Fachkräfte in ein mehrbändiges Werk aus, so darf bezweifelt werden, ob sie letztendlich einen auf die Qualitätskosten senkenden Einfluß hat. Um den Aufwand bei der Erstellung von FMEA's zu erleichtern, kann man mittlerweile auf entsprechende Software zurückgreifen, welche den Anwender beim Ausfüllen der FMEA-Formulare unterstützt, einen Zugriff auf andere FMEA'S ermöglicht und einen komfortablen Ausdruck bietet.

Aktivitäten der Qualitätsverbesserungsgruppe

Alle Bereiche der Firma Anton Müller sind von der Firmenleitung schriftlich davon in Kenntnis gesetzt worden, notwendige Konstruktions- und Prozeß-FMEA's durchzuführen. Dabei wird von der Geschäftsführung ausdrücklich darauf bestanden, daß kein sogenannten „Alibi-FMEA's“ erzeugt werde. Die Q-Verbesserungsgruppe bekommt den Auftrag, ein erstes FMEA-Team mit Mitgliedern aus verschiedenen Bereichen der Firma zusammenzustellen. Der Aufbau des Musterblattes in seinen wesentlichen Bereichen und damit die formale Anleitung für die Erstellung von Konstruktions- und Prozeß-FMEA´s soll den Mitgliedern der gebildenden FMEA-Teams in einer Schulung erläutert werden. Es wird vorgeschlagen, am Anfang einen in der Erstellung von FMEA's erfahrenen Mitarbeiter der Beraterfirma als Moderator einzusetzen. Der FMEA-"erfahrene" Mitarbeiter der Firma Anton Müller sollte unbedingt seine schon vorhandenen Sachkenntnisse einbringen können:

- Erstellen Sie für ausgewählte Produkte der Firma Anton Müller zunächst die von den Kunden gewünschten Konstruktions- und Prozeß-FMEA´s. Entwickeln Sie dazu ein sinnvolles Ablaufschema. Inwieweit ist es ratsam, vorab eine Funktionsuntersuchung bzw. Herstellbarkeitsuntersuchung mit symbolischer Prozeßdarstellung durchzuführen? Wie könnten diese Untersuchungen bei der Firma Anton Müller ablaufen?
- Welche Firmenbereiche sollten in einem FMEA-Team vertreten sein?
- Welche Kompetenzen müssen die Mitglieder eines FMEA-Teams haben?
- Wie kann ein Schulungskonzept zur FMEA-Einführung aussehen?
- Worin liegt der Nutzen einer FMEA? Gibt es eventuell auch Nachteile?
- Ist ein Einsatz von FMEA-Software derzeit möglich und sinnvoll?
- In welchen Phasen der Entwicklung sollen FMEA's durchgeführt werden?
- Sollen Kunden und Lieferanten in die Erstellung von FMEA's mit eingebunden werden?
- Wer sollte für eine Aktualisierung der FMEA-Dokumente verantwortlich sein und wie kann sichergestellt werden, daß diese Ergebnisse auch entsprechend aufbereitet an die Stellen gelangen, die diese Fehlerquellen vermeiden sollen?
- Entwickeln Sie ein Raster der unterschiedlichen Bewertungsziffern, das Sie für die Firma Anton Müller einheitlich benutzen wollen. Erweitern Sie dieses Raster auf die RPZ, sofern hier keine Vorgaben vom Kunden vorliegen.

3.4.4 Zuverlässigkeitsmanagement

Die Marktforschungsergebnisse aus den unterschiedlichsten Industriebereichen zeigen ganz deutlich, daß der Kunde ein preiswertes, qualitativ hochwertiges und **zuverlässiges** Produkt haben möchte. In der DIN 55350 ist der Begriff „Zuverlässigkeit" folgendermaßen definiert: *„Zuverlässigkeit ist der Teil der Qualität im Hinblick auf das Verhalten der Einheit während oder nach vorgegebenen Zeitspannen bei vorgegebenen Anwendungsbedingungen."* [28].

Die Zuverlässigkeit steht in der Rangskala der Kundenforderungen ganz oben. Der Kunde erwartet eine einwandfreie Funktion des Produkts über einen möglichst großen Zeitraum, so daß ihm ein Minimum an Folgekosten durch Reparaturen und Ausfallzeiten entstehen. Selbst Ausfälle während der Garantiezeit, die den Kunden nicht direkt finanziell belasten, werden heute nur widerwillig hingenommen und führen oft zu einem spontanen Produktwechsel. Die Produktzuverlässigkeit ist eng verbunden mit der Produktsicherheit. In diesem erweiterten Rahmen vertritt der Gesetzgeber die „Kundengemeinschaft", indem er im Bereich der Gebrauchstauglichkeit, des Verbraucherschutzes und des drängenden Umweltschutzes globale Zuverlässigkeitsanforderungen stellt.

Die Anforderungen, die der Kunde an die Zuverlässigkeit eines Produkts stellt, müssen im Rahmen der Marktforschung ermittelt oder im Gespräch zwischen Kunde und Hersteller geklärt werden. Die Realisierung aller daraus resultierenden Kundenforderungen muß bereits in allen Phasen der Produktentwicklung berücksichtigt werden.

Es ist relativ einfach, während der Fertigung meßbare Qualitätsmerkmale zu überprüfen und gegebenenfalls zu korrigieren. Die Erfüllung von Zuverlässigkeitsanforderungen sind dadurch allerdings nicht gewährleistet, dazu sind umfangreiche, zusätzliche Tests erforderlich. Diese Zuverlässigkeitsprüfungen sind in der Regel sehr zeit- und kostenintensiv, da hier Produkteinheiten über einen langen Zeitraum bis zur Zerstörung, also bis zum Ausfall der Produkteinheiten, geprüft werden.

Insbesondere aus Kostengründen werden in Zuverlässigkeitstests nur relativ wenige Produkteinheiten geprüft. Es müssen allerdings immer so viele sein, daß aus diesen mit Hilfe statististischer Methoden zuverlässige Aussagen über das Verhalten der Grundgesamtheit gemacht werden können.

Nachdem möglichst alle die Lebensdauer des Produktes beeinflussende Faktoren bekannt sind, werden Zuverlässigkeitstests methodisch sehr unterschiedlich durchgeführt:

- Methode der Simulation einzelner einzelner Einflußfaktoren
- Methode der Simulation mehrerer, gleichzeitig auftretender Einflußfaktoren (Umweltsimulation)
- Methode der Feldversuche

Nur die Methode der Feldversuche testet das Produkt befriedigend hinsichtlich der realen Einsatzbedingungen beim Kunden. Da diese Methode jedoch besonders kosten- und zeitintensiv ist, wird sie in der Regel nur mit wenigen Produkteinheiten durchgeführt. Alle Zuverlässigkeitstests müssen vor Serienbeginn abgeschlossen und die Ergebnisse ausgewertet sein.

Erst nach dem erfolgreichen Abschluß aller Zuverlässigkeitsprüfungen darf ein Produkt in die Serienfertigung gehen.

Die Praxis zeigt, daß auch in Feldversuchen nicht alle in der Nutzungsphase auftretenden Faktoren wegen des individuellen Kundenverhaltens berücksichtigt werden können. Hier ist der Hersteller in zweierlei Hinsicht auf den Kunden angewiesen. Der Kunde führt für ihn praktisch eine 100%-Prüfung durch und beansprucht das Produkt derart, wie es in Feldversuchen praktisch nie geschehen kann.

Der gute Name der Firma Anton Müller in der Vergangenheit resultierte hauptsächlich aus der Zuverlässigkeit ihrer Produkte. Es war üblich, daß vor Serienbeginn umfangreiche Zuverlässigkeitsprüfungen durchgeführt wurden. Die dadurch anfallenden Kosten waren zwar hoch, sie ließen sich aber bei in Kleinserien hergestellten Produkten rechtfertigen, da damit zuverlässige Ergebnisse für alle Produkte der Serie gewonnen werden konnten. Man hatte mit hohem Prüfaufwand erreicht, daß die Mehrzahl aller Produkte in der Nutzungsphase beim Kunden zuverlässig ihren Dienst verrichteten. Auf Rückinformationen aus dem Kreis der Kunden wurde kaum Wert gelegt.

In den letzten Jahren wurden bei der Firma Anton Müller immer größere Serien gefertigt. Die Ergebnisse aus den unverändert durchgeführten Zuverlässigkeitsprüfungen wurden einfach auf eine große Grundgesamtheit übertragen. Notwendige statistische Methoden, mit deren Hilfe auf das Verhalten der Grundgesamtheit geschlossen werden konnte, wurden nicht angewendet. Kundenrückinformationen fanden kaum Beachtung, da ein System kontinuierlicher Rückinformationen und deren Auswertung, wie es die DIN ISO 9001 fordert, nicht existierte.

Empfehlungen:

Die mit den vorhandenen technischen Einrichtungen durchgeführten Zuverlässigkeitsprüfungen sollten beibehalten werden.Zusätzlich sollten statistische Methoden zum Einsatz gelangen, mit deren Hilfe aus angemessenen Stichproben befriedigende Aussagen über größere Grundgesamtheiten gemacht werden können. Von der bisher praktizierten Methode der Prüfung vieler Einheiten ist auf die Methode der Stichprobenprüfung überzugehen. Die dadurch eingesparten Kosten sollen zur Erweiterung des technischen Personals (Einstellung eines Fachkraft auf dem Gebiet der Statistik) verwendet werden.

Da die Produkte der Firma Anton Müller im Zuge der technischen Entwicklung komplexer geworden sind (mehrere Komponenten wirken in einer zusammengesetzten Einheit zusammen), sind auch grundsätzliche Änderungen in der Zuverlässigkeitsplanung vorzunehmen. Bei Produkteneinheiten, die aus mehreren Komponenten bestehen, sind besonders zuverlässigkeitssichernde Konstruktionsverfahren erforderlich. Folgende konstruktive Maßnahmen erhöhen die Zuverlässigkeit komplexer Bauteile:

- Redundanz
- Schutz gegen Überbeanspruchung
- Unterlastung
- Wartbarkeit und Instandsetzbarkeit

In **Bild 3.4.8** ist eine aus n Komponenten bestehende *nichtredundante* Baugruppe dargestellt.

Fällt auch nur eine dieser Komponenten aus, so ist die gesamte Baugruppe nicht mehr funktionsfähig.

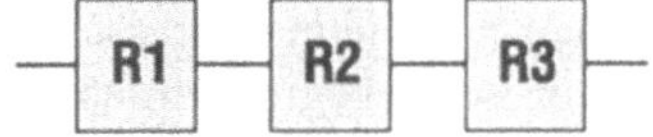

Bild 3.4.8 Nichtredundantes System [66]

Bild 3.4.9 zeigt dagegen zwei *redundante* Baugruppen, wo es beim Ausfall einer oder sogar mehrerer Komponenten nicht zum Ausfall der gesamten Baugruppe kommt. Bei der einen Baugruppe spricht man von einer *funktionsbeteiligten Redundanz*, da in dieser Anordnung der Komponenten mehr Komponenten in Funktion sind als es im normalen Betrieb notwendig ist. Bei der anderen nach dem Prinzip der *nichtfunktionsbeteiligten Redundanz* konstruierten Baugruppe wird erst beim Ausfall einer Komponente eine entsprechende Reservekomponente hinzugeschaltet.

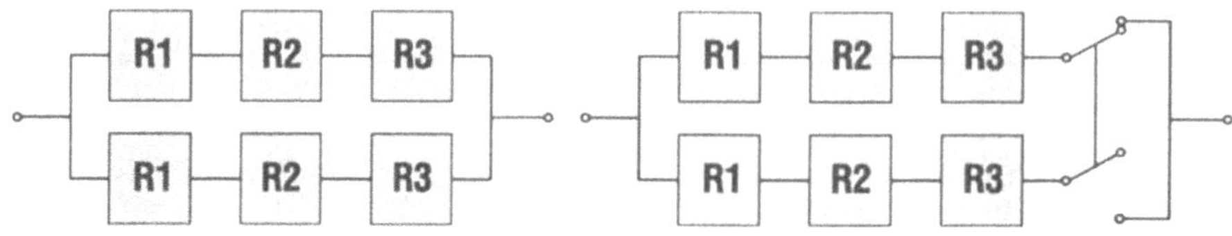

Bild 3.4.9 Redundante Systeme [66]

Ein Schutz gegen Überbeanspruchung ist besonders bei solchen Baugruppen unerläßlich, die z.B. durch Einwirkung von elektrischem Strom starken Erwärmungen ausgesetzt sind. Bei anderen Baugruppen wird die Lebensdauer deutlich verlängert, wenn Sicherheitspausen (Unterlastung) zwischen tatsächlicher Belastung und der möglichen Grenzlast als konstruktives Bestandteil enthalten sind. Besonders wichtig und vom Kunden hochgeschätzt sind Geräte, die sich problemlos warten lassen und deren Instandsetzung nach einem Ausfall kostengünstig durchgeführt werden kann.

Statistische Verfahren zur Beurteilung der Zuverlässigkeit von Produkten müssen in der Firma Anton Müller verstärkt angewendet werden. Die „Zuverlässigkeit" ist keine definierte physikalische Größe und ist deshalb einer direkten Messung oder Berechnung nicht zugänglich. Sie muß deshalb über quantitativ bestimmbare Zuvelässigkeitskenngrößen wie die *Ausfallrate*, *Überlebenswahrscheinlichkeit* oder *Ausfallwahrscheinlichkeit* beschrieben werden. Diese Größen sind statistische Größen, welche Aussagen über die Grundgesamtheit machen. Da die Grundgesamtheit praktisch nicht zugänglich ist, werden die Werte der Zuverlässsigkeitskenngrößen über eine genügend große Stichprobe geschätzt. Anschließend wird mit Hilfe statistischer Methoden auf das Verhalten der Grundgesamtheit geschlossen.

Man darf nicht verschweigen, daß diese Methoden zum Teil kompliziert sind und nicht unbedingt zum Wissensstand eines Technikers gehören. Im folgenden wird deshalb nur das notwendigste erklärt und auf jegliche Vertiefung verzichtet.

Es gibt verschiedene mathematische Modelle zur Beschreibung der Zuverlässigkeitskenngrößen. Sie lassen sich in zwei Gruppen einteilen. Die eine Gruppe geht davon aus, das die *Ausfallrate* λ über die gesamte Einsatzdauer der Produkteinheit konstant ist, die andere Gruppe betrachtet λ als eine variable Größe, die mit der Zeit monoton zu- oder abnimmt. Mathematische Modelle mit λ = konstant sind einfacher zu handhaben.

Das mathematische Standardmodell zur Beschreibung von Zuverlässigkeitskenngrößen mit konstanter Ausfallrate ist die *Exponentialverteilung*. Ihr Ausgangspunkt ist eine Grundgesamtheit von n intakten Einheiten, die lediglich durch Zufallseinflüsse zerstört werden können und damit aus der Grundgesamtheit ausfallen. Man bezeichnet diesen Prozeß auch als „Prozeß des natürlichen Ausscheidens".

$$n_t = n_0 \cdot e^{-\lambda \cdot t} \quad (1)$$

Hierin bedeuten:
n_t = Zahl der intakten Einheiten zum Zeitpunkt t, n_0 = Zahl der intakten Einheiten zum Zeitpunkt t = 0
λ = Ausfallrate

Aus (1) ergeben sich die zu jedem beliebigen Zeitpunkt t noch intakte Zahl von Einheiten aus der zum Zeitpunkt t = 0 (Einsatzbeginn) vorliegenden Grundgesamtheit.

Oft wird die Grundgesamtheit auch als „ein Ganzes" betrachtet und gleich 1 gesetzt [n(0) = 1]. In diesem Fall ergibt sich n(t) als noch intakter Teil der Grundgesamtheit als Zahl zwischen 0 und 1. An Stelle von n(t) wird dann überwiegend die Schreibweise R(t) gewählt.

Die Überlebenswahrscheinlichkeit R(t) gibt denjenigen Anteil von Einheiten der Grundgesamtheit an, der zu einen beliebigen Zeitpunkt t nach Einsatzbeginn noch intakt ist.

$$R(t) = e^{-\lambda \cdot t} \quad (2)$$

Die Gegenwahrscheinlichkeit zur Überlebenswahrscheinlichkeit ist die **Ausfallwahrscheinlichkeit G(t)**.

$$G(t) = 1 - R(t) = 1 - e^{-\lambda \cdot t} \quad (3)$$

Als weitere Zuverlässigkeitskenngröße wird die **Ausfalldichte g(t)** verwendet.

$$g(t) = \lambda \cdot e^{-\lambda \cdot t} \quad (4)$$

Die Ausfalldichte g(t) ist eine derjenigen Zuverlässigkeitskenngrößen, die nicht nur dem Techniker Verständnisschwierigkeiten bereitet. Deshalb dazu noch eine einfache Erläuterung:

Die Ausfalldichte g(t) gibt denjenigen Anteil der Grundgesamtheit an, der in einem kleinen Zeitintervall während der Einsatzphase ausfällt.

Die Ausfalldichte g(t) ist nicht zu verwechseln mit der Ausfallrate λ, deren Wert sich ja nicht auf die Grundgesamtheit, sondern auf die jeweilige zum Zeitpunkt t vorliegende Restgesamtheit bezieht.

Ist die Ausfallrate λ nicht konstant, so dient zur Beschreibung der Zuverlässigkeitskenngrößen die sog. **Weibull-Verteilung**. Für die Überlebenswahrscheinlichkeit R(t) wird sie durch die folgende Gleichung dargestellt:

$$R(t) = e^{-\left(\frac{t}{T}\right)^b} \tag{5}$$

Diese Gleichung enthält zwei Parameter, den **Lageparameter T** und den **Formparameter b**. Sie wird deshalb auch als zweiparametrige Weibull-Verteilung bezeichnet. (Es gibt daneben noch eine dreiparametrige Weibull-Verteilung, in der noch ein weiterer Parameter, die sog. Mindestlebensdauer t_0, berücksichtigt wird.)

Für die Ausfallwahrscheinlichkeit G(t) ergibt sich dann

$$G(t) = 1 - R(t) = 1 - e^{-\left(\frac{t}{T}\right)^b} \tag{6}$$

und für die Ausfalldichte g(t)

$$g(t) = \frac{b}{T} \cdot \left(\frac{t}{T}\right)^{b-1} \cdot e^{-\left(\frac{t}{T}\right)^b} \tag{7}$$

Aus Gleichung (7) ergibt sich in Verbindung mit Gleichung (4) die nun zeitabhängige Ausfallrate $\lambda(t)$ zu

$$\lambda(t) = \frac{b}{T} \cdot \left(\frac{t}{T}\right)^{b-1} \tag{8}$$

Der Lageparameter T ist diejenige Zeit, nach der 63,2% der betrachteten Einheiten ausgefallen sind. (Dies ergibt sich aus Gleichung (6). Setzt man dort t = T, so erhält man für G(T) = **0,632**.) Diese Zeit wird als charakteristische Lebensdauer bezeichnet. Der Formparameter b heißt Ausfallsteilheit. Er gilt als Maß für die Steigung der als Geraden dargestellten Verteilungsfunktion im Lebensdauernetz.

Stellt man die Ausfallrate $\lambda(t)$ in Abhängigkeit von der Zeit t grafisch dar, so treten abhängig vom Wert des Formparameters b drei typische Kurvenformen auf, welche in Bild **3.4.10** dargestellt sind.

Kurventyp 1: **$0 < b < 1$**
Eine Weibull-Verteilung der Ausfallraten mit b-Werten innerhalb dieses Intervalls zeigt eine hohe Ausfallrate direkt am Anfang des Einsatzes der Produkteinheit. Hiermit lassen sich also durch nicht erkannte Fertigungsmängel bedingte Frühausfälle beschreiben.

Kurventyp 2: **b = 1**

Für diesen Fall geht die Weibull-Verteilung in die Exponentialverteilung mit konstanter Ausfallrate über. Sie dient zur Beschreibung der sog. „konstanten Phase“, in der Produktausfälle lediglich zufällig erfolgen.

Kurventyp 3: **b > 1**

Nach längerer Betriebsdauer steigt die Ausfallrate stark an. Die zugehörige Verteilung wird zur Beschreibung von Verschleiß- und Ermüdungsausfällen am Ende der Einsatzdauer benutzt.

Die Überlagerung dieser drei Kurven ergibt eine charakteristische Kurve, die wegen ihrer Form in der einschlägigen Literatur als „Badewannenkurve“ bezeichnet wird. Sie beschreibt die Ausfallrate eines Produktes in Abhängigkeit von dessen Einsatzdauer.

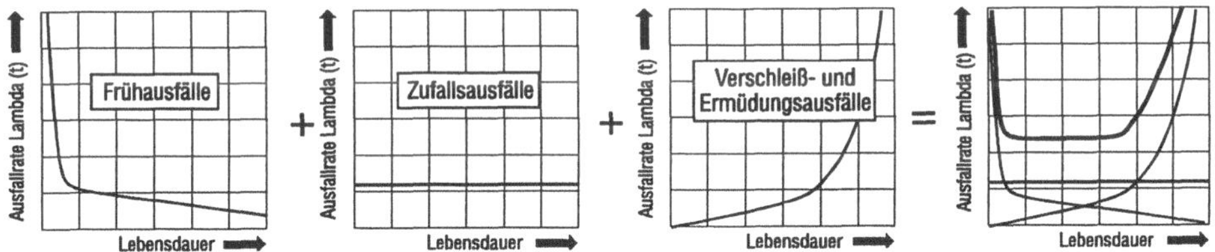

Bild 3.4.10 „Badewannenkurve“

Die rechnerische Bestimmung der charakteristischen Lebensdauer T und der Ausfallsteilheit b ist sehr schwierig. Sie werden in der Praxis auf grafischem Wege mit Hilfe des sog. **Lebensdauernetzes** (s. Materialien) ermittelt, wenn keine Rechnersysteme zur Verfügung stehen.

Die grafische Darstellung der Funktion $R(t) = e^{-\left(\frac{t}{T}\right)^b}$ bzw. G(t) ergibt eine Gerade, wenn die Abszisse einfach logarithmisch und die Ordinate doppelt logarithmisch reziprok unterteilt werden. Die Steigung der Geraden entspricht der Ausfallsteilheit **b**. Die charakteristische Lebensdauer **T** läßt sich dann unter Verwendung des bekannten Wertes von b aus dem Absolutglied der Geraden ermitteln oder alternativ aus der grafischen Darstellung ablesen, da R(T) = **0,368** bzw. G(t) = **0,632** ist. Diese grafische Darstellung, in der Weibull-verteilte Lebensdauerwerte linearisiert werden, bezeichnet man als Lebensdauernetz (s. Materialien). Sie hat ihre Parallele im sogenannten Wahrscheinlichkeitsnetz, in dem die Werte einer Normalverteilung linearisiert werden.

Aktivitäten der Qualitätsverbesserungsgruppe

Mit Einverständnis der Firmenleitung trifft die Q-Verbesserungsgruppe Maßnahmen zur Gründung einer eigenständigen Unterabteilung „Zuverlässigkeitsplanung und -prüfung“. Sie soll sich aus Mitarbeitern des technischen Bereichs zusammensetzen und einem Ingenieur unterstellt sein, der die statistischen Methoden zur Auswertung von Daten aus Zuverlässigkeitstests beherrscht und redundante Systeme beurteilen kann. Dieser Ingenieur soll mithelfen, für die Mitarbeiter der Abteilung Schulungen zu organisieren. Geplant wird eine enge Kooperation dieser Abteilung mit der Abteilung „Kundenbetreuung und Service“, um Kundenrückinformationen schnell und effizient erfassen zu können:

- Läßt sich der Begriff „Zuverlässigkeit“ durch eindeutig definierte Kennwerte erfassen?
- Welche Fähigkeiten müssen die Mitarbeiter einer Abteilung „Zuverlässigkeitsplanung und -prüfung“ haben?
- Welche Kooperationen bestehen zwischen der Abteilung „Zuverlässigkeitsplanung und -prüfung“ und den anderen Abteilungen der Firma?
- Welche mathematischen Modelle bieten sich zur Berechnung von Zuverlässigkeitskennwerten an?
- Wie wirkt sich eine effiziente Zuverlässigkeitsplanung auf die Qualitätskosten aus?
- Treten redundante Systeme auf und in welchem Umfang werden sie behandelt?
- Tragen Sie die für eine Zuverlässigkeitsprüfung erforderlichen Komponenten zusammen und führen Sie entsprechende Versuche durch. Die Auswertung dieser Versuchsergebnisse ist grafisch und rechnerisch durchzuführen. Sofern Ergebnisse aus älteren Zuverlässigkeitsuntersuchungen noch vorhanden und nutzbar sind, sind diese ebenfalls entsprechend aufzubereiten und auszuwerten.

3.5 Qualitätsmanagement in der Produktion

Die Umsetzung der Kundenanforderungen in die entsprechenden Qualitätsmerkmale erfolgt während der verschiedenen Phasen der Produktentwicklung. Das erste für den Kunden sichtbare Ergebnis ist der vorliegende **Prototyp**. Dieser muß

- allen Kundenanforderungen genügen (QFD, Design Reviews),
- technisch ausgereift sein (Konstruktions-FMEA),
- herstellbar sein (Prozeß-FMEA),
- den Zuverlässigkeitsanforderungen genügen (Zuverlässigkeitstests).

Ein Kunde, der das Produkt in Auftrag gegeben hat, wird den Prototyp begutachten, nicht eingehaltene Forderungen anmahnen und Verbesserungswünsche äußern, welche an dieser Stelle noch ohne große Kosten und Mühen erfüllt werden können. Entspricht der Prototyp in allen Einzelheiten den Vorstellungen des Kunden, so kann die eigentliche Produktentwicklung als beendet angesehen werden.

Der Produzent muß nun die Herstellbarkeit seines Produktes in **Serienfertigung** unter Beweis stellen. Dies geschieht dadurch, daß das Produkt unter echten Produktionsbedingungen in Übereinstimmung mit allen technischen Vorschriften in einer Kette von Erprobungsversuchen in geringen Stückzahlen gefertigt wird. Dazu müssen die notwendigen Betriebsmittel (Prüfmittel, Fertigungsmittel, Vorserienteile) beschafft werden. Deren Qualität ist vorrangig über entsprechende Wareneingangsprüfungen sicherzustellen, denn nur mit den entsprechenden Betriebsmitteln lassen sich die hohen Qualitätsforderungen realisieren. In der Nullserie oder Vorserie muß nachgewiesen werden, daß die Qualitätsmerkmale in den festgelegten Spezifikationen hergestellt werden können und eine gleichbleibende Qualität in Fertigung und Montage gewährleistet ist. Mit Hilfe statistischer Methoden kann dieser Nachweis z.B durch die Angabe verschiedener **Fähigkeitsindexe** erfolgen.

Untersuchungen der Maschinen- und Prozeßfähigkeit werden im Rahmen kleiner Musterserien bzw. größerer Pilotserien nach Installation der Serienbetriebsmittel durchgeführt [85], [66]. Die Fähigkeiten werden mathematisch mit Hilfe von Kenngrößen beschrieben. Ein Fähigkeitsindex ist ein Zahlenwert, aus dem abgelesen werden kann, wie groß die Fähigkeit einer Maschine oder eines Prozesses ist, ein Produkt während der Fertigung mit einem bestimmten Qualitätsmerkmal zu versehen.

Neuerdings verwendet man insbesondere im Bereich der Automobilindustrie und ihrer Zulieferer auf Empfehlung der Firma FORD [42] bei Kurzzeituntersuchungen die sog. **vorläufige Prozeßfähigkeit**, die allerdings nur für variable, also quantitativ meßbare Merkmale anwendbar ist.

Nach Beendigung der Vorserie muß die vorläufige Prozeßfähigkeit durch den entsprechenden Fähigkeitsindex beschrieben und in einem **Erstmusterbericht** dokumentiert werden. Erst dann liegt ein zumindest im Vorserienbereich fähiger Prozeß vor und die Serienfertigung kann freigegeben werden.

Während der Fertigung stellen umfangreiche Prüfungen und Lenkungsmaßnahmen sicher, daß die in der Vorserie erzielten Qualitätsgrößen gehalten oder gar verbessert werden. Diese Prüfungen schließen auch Transport- und Lagerüberwachungen ein.

Mit der Endprüfung, die sicherstellen soll, daß der Kunde auch die bestellte Ware in der entsprechenden Liefermenge ohne Transportschäden erhält, wird die Phase der Produktion abgeschlossen. **Bild 3.5.1** gibt einen Überblick über die gesamten Aktivitäten, die in der Produktion eines Serienproduktes anfallen können (in Anlehnung an DGQ und REFA).

3.5.1 Qualität in der Beschaffung

Nach Freigabe des Prototyps beginnen die eigentlichen Aktivitäten der Beschaffung (**Bild 3.5.1**).

Zunächst muß entschieden werden, ob eine Eigenfertigung durchgeführt werden soll, oder ob eine Fremdfertigung ökonomischer ist. Diese Entscheidung muß sowohl für die Betriebsmittel als auch für die zu produzierenden Einheiten erfolgen.

Die geplanten Prüf- und Fertigungsmittel und alle Zukaufteile werden bei geeigneten Zulieferern bestellt und gegebenenfalls im Wareneingang geprüft. Diese Prüfung ist davon abhängig, ob beim Lieferanten entsprechende Qualitätssicherungsmaßnahmen durchgeführt werden oder nicht (**Bild 3.5.2**). In der Regel kann bei allen Lieferanten davon ausgegangen werden, daß entsprechende Warenausgangsprüfungen, manchmal auch Endprüfungen genannt, durchgeführt worden sind. Da jedoch entsprechende Transportschäden und unvollständige Lieferungen nicht ausgeschlossen sind, sind Wareneingangsprüfungen vielfach nicht zu umgehen. Die bei einigen Automobilfirmen entkennbare Tendenz, keine WE-Prüfungen mehr durchzuführen, ist rechtlich nicht ganz unbedenklich und vergibt überdies die Chance einer quantitativen Lieferantenbewertung. Andererseits sind abnehmende Fertigungstiefen, Just-in-Time Fertigung und ppm-Anforderungen gewichtige Gründe für eine Abkehr von WE-Prüfungen. Die dazu notwendigen Voraussetzungen sind aber wohl zu beachten.

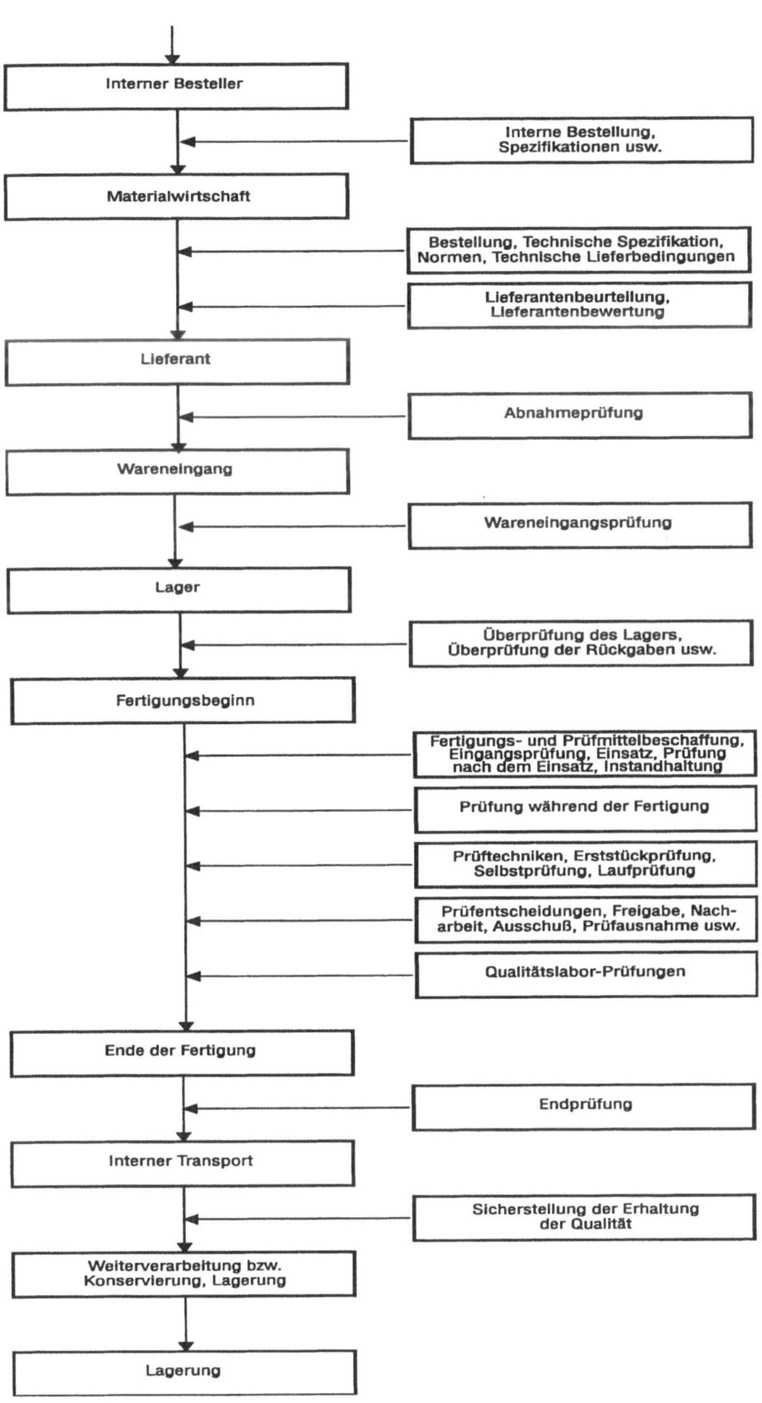

Bild 3.5.1 Qualitätsprüfung während der Produktion

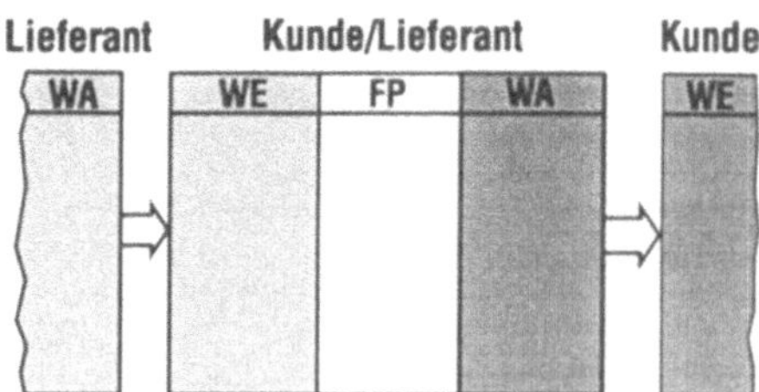

Bild 3.5.2
Kunden-Lieferanten-Prüfungen

An dieser Stelle wird die unzureichende Philosophie der Firma Anton Müller deutlich. Die Mitarbeiter der Beschaffungsabteilung arbeiten ohne Beteiligung von Mitarbeitern der Qualitätssicherung. Von den eingehenden Angeboten wird in der Regel das billigste genommen, ohne daß der Zulieferer nennenswerte Qualitätsnachweise erbringen muß. Bei kleineren Chargen werden 100%-Prüfungen durchgeführt in der Annahme, daß dadurch alle fehlerhaften Teile erfaßt und aussortiert werden können. Man übersieht dabei völlig, daß sich bei von Menschen durchgeführten 100%-Prüfungen Durchschlüpfe von 5-20% ergeben können. Ein erheblicher Anteil fehlerhafter Einheiten im Los wird also nicht gefunden und geht in die Fertigung ein. Dies ist einer der Gründe für die hohen Ausschußraten in der Fertigung bei der Firma Anton Müller. Bei größeren Chargen werden Stichprobenprüfungen durchgeführt, wobei man sich grundsätzlich auf Einfachstichproben beschränkt, d.h. dem eingehenden Los wird eine Stichprobe bestimmten Umfangs entnommen. Das Ergebnis dieser Stichprobe führt dann zur Annahme oder Ablehnung des Loses. Die einzelnen Einheiten der Stichprobe werden anhand **qualitativer** (attributiver) oder **quantitativer** (variabler) Merkmale beurteilt (**Bild 3.5.3**).

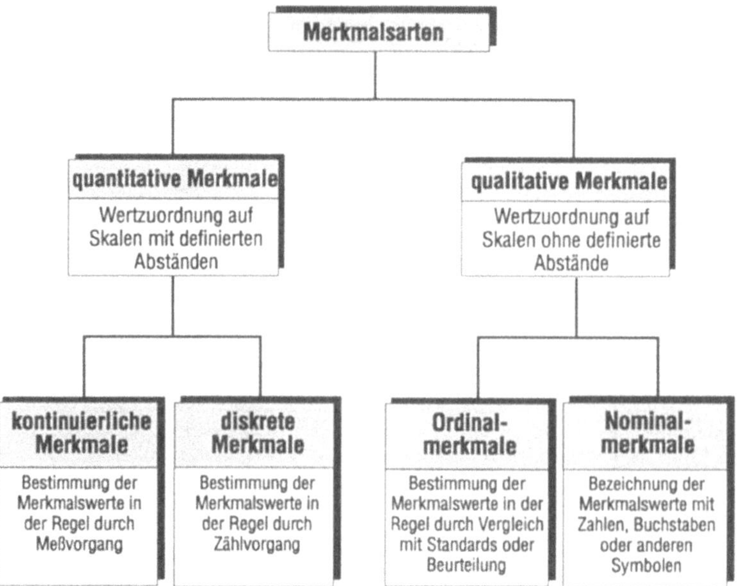

Bild 3.5.3 Merkmale

Man unterscheidet deshalb zwischen **Attributprüfungen** und **Variablenprüfungen**. Zur Vereinfachung wurden jedoch auch die quantitativen Merkmale über eine Attributprüfung erfaßt. Die Durchführung von **Einfachstichproben** wird in beiden Fällen durch eine zweiparametrige Stichprobenanweisung geregelt:

Attributprüfung nach DIN 40080 bzw. ISO 2859 Teil 1

Bei dieser **zählenden** Prüfung wird durch Sicht- oder Lehrenprüfung entschieden, ob eine Einheit der Stichprobe fehlerfrei (i.O.) oder fehlerhaft (n.i.O.) ist. Die Stichprobenanweisung lautet (**n - c**). Darin ist **n** der **Umfang der Stichprobe**, die dem Gesamtlos entnommen werden muß und **c** eine statistisch ermittelte **Annahmezahl** für diesen Stichprobenumfang.

Ein Los wird abgelehnt, wenn die tatsächliche Anzahl gefundener fehlerhafter Einheiten **x** in der Stichprobe größer als die Annahmezahl **c** ist. Andernfalls wird das ganze Los angenommen.

Variablenprüfung nach ISO 3951

Bei dieser messenden Prüfung wird bei allen Einheiten der Stichprobe ein quantitatives Merkmal (z.B. eine Länge) gemessen und aus den Meßwerten der arithmetische Mittelwert $\overline{x}$ und die Standardabweichung s ermittelt. Man nimmt dabei an, daß die Werte des gemessenen Merkmals einer Normalverteilung (s. Materialien) gehorchen. Die zweiparametrige Stichprobenanweisung lautet hier (**n - k**). Darin ist **n** wieder der **Umfang der Stichprobe** und **k** ein auf der Basis der Normalverteilung ermittelter **Annahmefaktor**.

Für die Entscheidung über Annahme oder Ablehnung des Loses wird z.B. eine statistische Größe **Q** aus dem Mittelwert $\overline{x}$, dem oberen oder unteren Grenzwert **OGW/UGW** und der Standardabweichung **s** bestimmt.

Ist dieser Wert kleiner als ein entsprechender Tabellenwert **k**, wird das gesamte Los zurückgewiesen. Andernfalls wird das Los angenommen.

Bild 3.5.4 zeigt noch einmal die verschiedenen Möglichkeiten, Prüfungen im Wareneingang durchzuführen.

Bei den Mitarbeitern des Wareneingangs kommt es manchmal zu Irritationen. Sie nehmen ein Los über eine Stichprobe an und geraten in die Kritik der Fertigungsabteilung, die den Anteil fehlerhafter Endprodukte auf einen zu großen Anteil fehlerhafter Zulieferteile zurückführt. Andererseits kommen Beschwerden von Zulieferfirmen über zurückgewiesene Lose, die durchaus den Lieferungsbedingungen entsprachen, aber trotzdem anhand eines negativen Stichprobenergebnisses als „fehlerhaft" eingestuft wurden.

Die Irritation aller Beteiligten liegt darin begründet, daß die Ergebnisse einer Stichprobe **uneingeschränkt** auf die größer gewordenen Lose – im Sprachgebrauch der Statistik als **Grundgesamtheit** bezeichnet – übertragen wurden. Das ist jedoch nicht problemlos möglich.

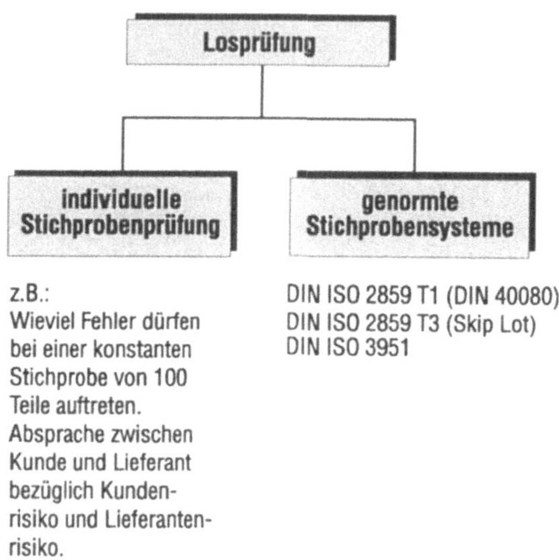

Bild 3.5.4 Konzepte Wareneingangsprüfungen

Das Ergebnis einer Stichprobe kann nur im Rahmen einer Wahrscheinlichkeitsaussage auf eine Grundgesamtheit übertragen werden.

Die Aussage „Ist die Stichprobe in Ordnung, so ist auch das Los in Ordnung“, gilt also nicht generell. Man muß vielmehr sagen: „Ist die Stichprobe in Ordnung, so werden gute (den Lieferungsbedingungen entsprechende) Lose nur mit einer bestimmten, allerdings sehr hohen Wahrscheinlichkeit angenommen bzw. geringen Wahrscheinlichkeit abgelehnt. Diejenige Wahrscheinlichkeit, mit der ein „gutes“ Los abgelehnt wird, nennt man das **Lieferantenrisiko** α.

Andererseits werden aber auch aufgrund einer Stichprobe solche Lose, allerdings mit geringer Wahrscheinlichkeit angenommen, deren Fehleranteil deutlich den in den Lieferbedingungen angegebenen Fehleranteil überschreitet. Diejenige Wahrscheinlichkeit, mit der solche „schlechten“ Lose angenommen werden, nennt man das **Kundenrisiko** β.

Die grundlegende Philosophie der Annahmeprüfung mit Hilfe von Stichproben besteht darin, Lose mit geringem Fehleranteil mit hoher Wahrscheinlichkeit anzunehmen und solche mit hohem Fehleranteil mit geringer Wahrscheinlichkeit anzunehmen. Zentraler Bestandteil einer solchen losbezogenen Stichprobenprüfung ist die Annehmbare Qualitätsgrenzlage *AQL* (Acceptable Quality Level). Sie ist nach DIN 55350 folgendermaßen definiert: *„Die annehmbare Qualitätsgrenzlage (Kurzbezeichnung AQL) ist diejenige Qualitätslage, der eine vorgegebene große Annahmewahrscheinlichkeit zugeordnet ist“* [30].

Die AQL bezeichnet also denjenigen Anteil fehlerhafter Einheiten im Los, für den das Los mit goßer Wahrscheinlichkeit (in der Regel mindestens 90%) angenommen wird. Sie wird als absoluter oder prozentualer Zahlenwert angegeben. Deshalb spricht man auch oft von einem AQL-Wert.

Neben der AQL wird noch die allerdings nicht in den Normen für die losbezogene Stichprobenprüfung enthaltene **R**ückzuweisende **Q**ualitätsgrenz**l**age *RQL* (Rejectable Quality Level) verwendet. Sie ist nach DIN 55350 analog definiert:"*Die rückzuweisende Qualitätsgrenzlage (dt. Kurzbezeichnug LQ oder LQL) ist diejenige Qualitätslage, der eine vorgegebene kleine Annahmewahrscheinlichkeit zugeordnet ist*" [30].

Mit Hilfe der AQL wird in den beiden bereits angesprochenen Normen für die losbezogene Prüfung ein Prüfkriterium – die sog. Stichprobenanweisung (n-c) bzw (n-k) – festgelegt. Dieses geht von der Vorstellung aus, daß der Abnehmer nur solche Prüflose annehmen möchte, deren Qualitätslage **unterhalb** des AQL liegt. Nur solche Lose, deren mittlere Qualitätslage deutlich unter der AQL liegt, werden mit hoher Wahrscheinlichkeit angenommen bzw. mit geringer Wahrscheinlichkeit abgelehnt. Nur hier ist die Rückweisewahrscheinlichkeit, also das Lieferantenrisiko wirtschaftlich tragbar.

Der Festlegung des Prüfkriteriums liegen mathematische Modelle aus dem Bereich der Wahrscheinlichkeitsrechnung zugrunde, mit deren Hilfe die Annahmewahrscheinlichkeit für ein Los anhand einer Stichprobe berechnet werden kann. Mathematische Modelle für die Attributprüfung nach DIN 40080, die nun in die DIN ISO 2859 Teil 1 übergegangen ist, sind die **Binomialverteilung** oder die **Poisson-Verteilung**, für die Variablenprüfung nach ISO 3951 die **Normalverteilung**.

Die **Annahmewahrscheinlichkeit Pa** eines Loses in Abhängigkeit vom Anteil **p** fehlerhafter Einheiten im Los anhand einer Stichprobe mit dem Prüfkriterium **(n-c)** ist in **Bild 3.5.5** dargestellt. Die Kurve wird als Operationscharakteristik (OC) bezeichnet.

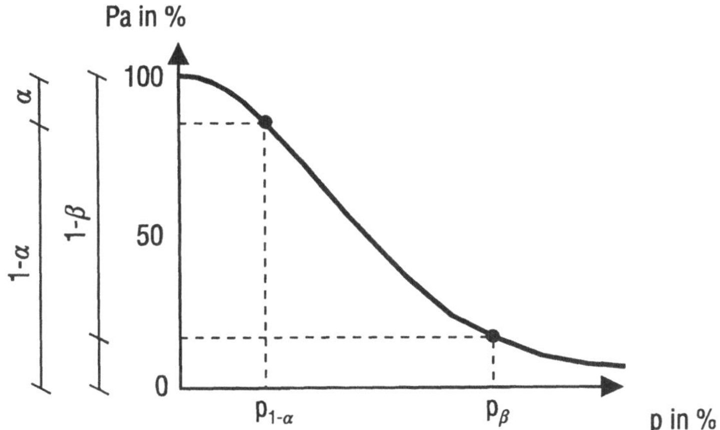

Bild 3.5.5 Operationscharakteristik einer Stichprobenanweisung (n-c)

Aus der Abbildung geht deutlich hervor, daß Lose mit einer Qualitätslage, die unterhalb der AQL liegt, mit einer hohen Wahrscheinlichkeit angenommen werden. Verschlechtert sich die Qualitätslage dagegen über die AQL, so nimmt die Annahmewahrscheinlichkeit solcher Lose rapide ab, und Lose mit einer Qualitätslage im Bereich der RQL werden nur noch mit ganz geringer Wahrscheinlichkeit angenommen.

Unabhängig vom Prüfverfahren im Wareneingang ist die **Prüfplanung**. Sie ist unabdingbare Voraussetzung für jede effiziente Durchführung einer Prüfung und ein wichtiger Faktor für die Sicherstellung der Qualität beim Wareneingang. Dazu ist ein Prüfplan zu erstellen, welcher alle wichtigen Daten enthält. Dies sind:

- die Teiledaten (Teilnummer, Index, Teilbezeichnung, Nummer der zugehörigen Zeichnung etc.),
- die Arbeitsvorgangsdaten (Nummer und Bezeichnung des Arbeitsvorgangs, Ersteller, Gültigkeitsbereich, Lieferantendaten, zu ergeifende Maßnahmen etc.),
- die Merkmalsdaten (Nummer und Beschreibung des Merkmals, Spezifikationen, Wichtung, Erfassungsart, Prüfumfang, Prüfmittel, Prüfort etc.).

Die Dokumentation dieser Prüfdaten geschieht z. Z. noch überwiegend manuell in eigens dafür angefertigten Formblättern (s. Materialien), auf denen vielfach auch noch die Prüfergebnisse mit dem Prüfentscheid vom Prüfer festgehalten werden. Da die Verwaltung und Auswertung bei der manuellen Prüfplanung sehr aufwendig sind, setzt man heute immer mehr sog. CAQ-Systeme (Computer Aided Quality Managementsysteme) ein. Eine solche Software enthält in ihrer Basisversion Module zur Erstellung und Verwaltung von Prüfplänen, zur Erfassung und Auswertung der Prüfdaten und zur Ausgabe von Prüfberichten.

Empfehlungen:

Grundsätzlich muß festgestellt werden, daß die Firma Anton Müller über die Qualitätsfähigkeit ihrer Zulieferfirmen nicht ausreichend informiert ist und demzufolge keine genauen Kenntnisse über die Qualitätslage der angelieferten Teile bestehen. Man versucht deshalb durch verstärkten Prüfaufwand im Wareneingang die Übernahme fehlerhafter Teile in die Fertigung zu verhindern. Dies verursachte hohe Kosten und brachte doch nicht den gewünschten Erfolg. Ansätze wie Single sourcing und Just-in-Time sind so nur schwer zu realisieren.

Die Liefer- und Fertigungssicherheit über Lagerhaltung zu realisieren birgt nicht wenige Risiken in sich (**Bild 3.5.6**). Diese Erkenntnis hat sich mittlerweile bis in Mittel- und Kleinbetriebe durchgesetzt, besonders dort, wo diese als Lieferanten für große Abnehmer auftreten.

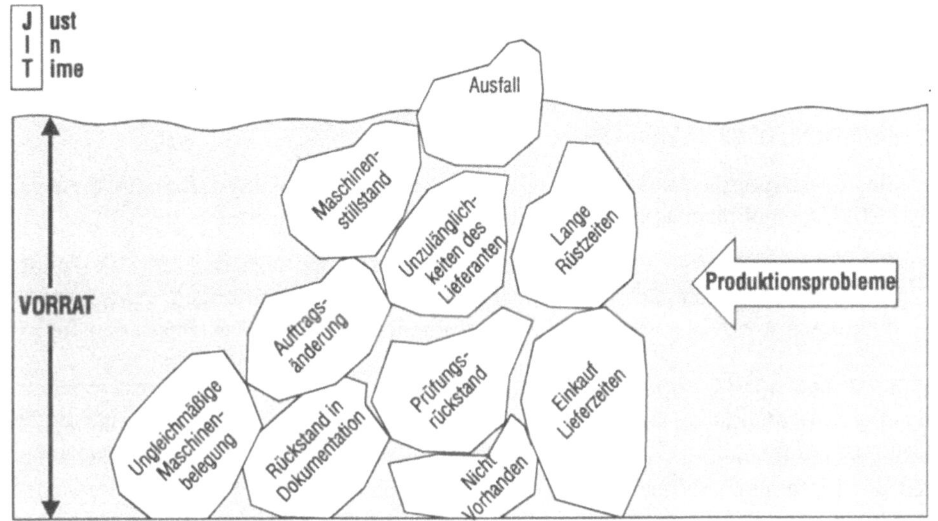

3.5.6 Produktionsprobleme durch Bevorratung

Hier muß auch die Firma Anton Müller in Zukunft einen ganz anderen Weg gehen. Im Gleichklang mit dem Aufbau des eigenen Qualitätsmanagementsystems müssen Zulieferfirmen mit ähnlich gelagerten Qualitätsmanagementsystemen gefunden und zur Kooperation gewonnen werden. Die Devise muß lauten:

Partnerschaftliche, vertrauensvolle Geschäftsbeziehungen zum qualitätsfähigem Lieferanten

Die Auswahl solcher Lieferanten sollte mit Hilfe einer Lieferantenbeurteilung erfolgen. Im Rahmen dieser Beurteilung sollte sich die Firma Anton Müller ein umfassendes Bild über die technischen und organisatorischen Gegebenheiten beim potentiellen Lieferanten machen und Klarheit über dessen Qualitätsfähigkeit bezüglich der zu liefernden Produkte gewinnen.

Ein geeigneter Weg dazu ist der Einsatz von Beurteilungsfragebögen, die vom Lieferanten auszufüllen sind. Die Gestaltung solcher Fragebögen ist ganz der Firma Anton Müller überlassen. Es empfiehlt sich aber diese aus Übersichtsgründen und zur einfacheren Auswertung in Form von Check-Listen zu erstellen, wobei eine Gewichtung der Einzelfragen vorgenommen ist, um eine Einstufung der Lieferanten in verschiedene Qualitätsstufen zu ermöglichen. Ein geeignetes Grundmuster für einen Beurteilungsfragebogen über die Qualitätsfähigkeit von Lieferanten bietet die VDA-Schrift Nr.2 [83].

Kommt ein Anbieter aufgrund einer positiven Beurteilung als Lieferant in Frage, so müssen mit diesem wirkungsvolle **Qualitätssicherungsvereinbarungen** getroffen werden. Im Rahmen dieser Vereinbarungen soll im wesentlichen folgendes geregelt werden:

- die Erbringung von Qualitätsnachweisen (Erstmusterprüfbericht, Werkszeugnisse nach DIN 50049, Prüfprotokolle etc.)
- die Erbringung von Aufzeichnungen zur Prozeßlenkung (Design-Reviews, FMEA's, Qualitätsregelkarten, Fähigkeitsuntersuchungen, etc.)
- die Darlegung von Qualitätssicherungsmaßnahmen während der Fertigung (Nachweis der Qualitätsmerkmale, Zwischen- und Endprüfungen. Abnahmebedingungen wie AQL- oder PPM-Wert, Vorgehensweise bei Reklamationen etc.)

Sind ein oder mehrere mögliche Lieferanten positiv beurteilt und zufriedenstellende Qualitätsvereinbarungen getroffen worden, so sind Qualitätsprobleme bei Serienlieferungen immer noch nicht auszuschließen. Zur Feststellung dieser Qualitätsfähigkeit des Lieferanten sollten Prüfungen im Wareneingang im Rahmen der Qualitätsvereinbarungen durchgeführt werden. Hierzu bieten die bereits angesprochenen genormten Stichprobensysteme DIN 40080/ISO 2859 und ISO 3951 eine verbindliche Grundlage, solange sich die Lieferqualität im AQL-Bereich bewegt. Dabei sollen die in den Normen gegebenen Dynamisierungsmöglichkeiten (Wechsel zwischen normaler, reduzierter und verschärfter Prüfung) voll ausgenutzt werden und bei gegebener Voraussetzung auch im Skip-Lot geprüft werden (**Bild 3.5.7**).

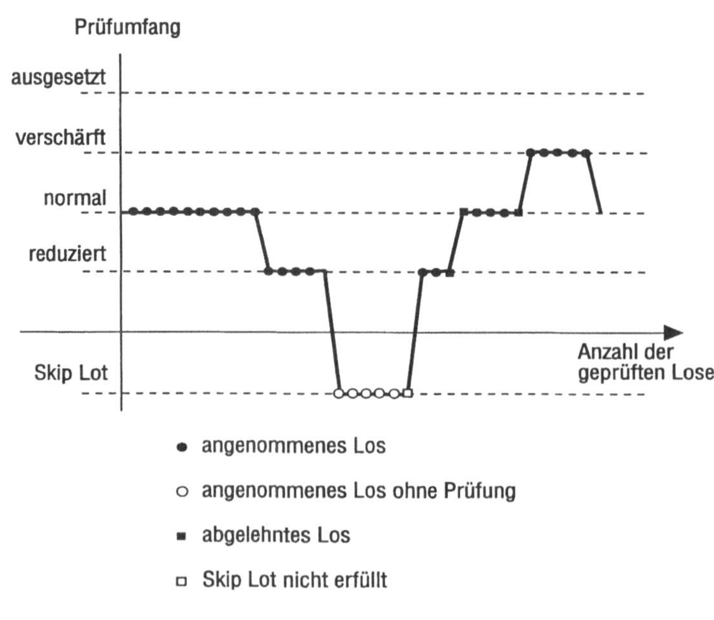

Bild 3.5.7 Prüfdynamisierung im Wareneingang

Die Prüfergebnisse eingegangener Lose über einen bestimmten (z.B. halbjährigen) Zeitraum sollen zur Bewertung und Einstufung des Lieferanten führen. Hierzu sind unterschiedliche Bewertungsverfahren denkbar. Allen gemeinsam ist eine Einstufung der Produktfehler in drei Hauptklassen:

- **Nebenfehler** „ein Fehler, der voraussichtlich die Brauchbarkeit für den vorgesehenen Verwendungszweck nicht wesentlich herabsetzt, oder ein Abweichen von den geltenden Festlegungen, das den Gebrauch oder Betrieb der Einheit nur geringfügig beeinflußt." [30]
- **Hauptfehler** „ein nicht kritischer Fehler, der voraussichtlich zu einem Ausfall führt oder die Brauchbarkeit für den vorgesehenen Verwendungszweck wesentlich herabsetzt." [30]
- **Kritischer Fehler** „ein Fehler, von dem annzunehmen oder bekannt ist, daß er voraussichtlich für Personen, die die betreffende Einheit benutzen, instandhalten oder auf sie angewiesen sind, gefährliche oder unsichere Situationen schafft; oder ein Fehler, von dem anzunehmen oder bekannt ist, daß er vorraussichtlich die Erfüllung der Funktion einer größeren Anlage, wie z.B. eines Schiffes, eines Flugzeuges, einer Rechenanlage, einer medizinischen Einrichtung oder eines Nachrichtensatelliten, verhindert." [30]

Weiterhin besitzen alle Bewertungsverfahren eine mit Hilfe einer sog. **Qualitätswertzahl QWZ** ermittelte Einteilung der Lieferanten in drei Qualitätsbereiche **A**, **B** und **C**. Dieses einfache Bewertungsverfahren ermittelt die Qualitätswertzahl nach der folgenden Formel:

$$QWZ = 101 - \frac{A_O \cdot f_O + A_N \cdot f_N + A_H \cdot f_H + A_K \cdot f_k}{A}$$

Hierin bedeuten:

A = Summe aller Aufträge des Bewertungszeitraumes
A_0 = Anzahl der Aufträge ohne Fehler
A_N = Anzahl der Aufträge mit Nebenfehlern
A_H = Anzahl der Aufträge mit Hauptfehlern
A_K = Anzahl der Aufträge mit kritischen Fehlern
f_0 = Gewichtsfaktor für A_0 (= 1)
f_N = Gewichtsfaktor für A_N (= 5)
f_H = Gewichtsfaktor für A_H (= 30)
f_K = Gewichtsfaktor für A_K (= 100)

Eine Einstufung der Lieferanten mit Hilfe der Qualitätswertzahl in die drei Qualitätsbereiche kann mit Hilfe der folgenden Tabelle (**Bild 3.5.8**) erfolgen:

Qualitätswertzahl	Qualitätsbereich
100-96	A
95,9-90	B
89,9-0	C

Bild 3.5.8 Lieferantenbewertung

Weitere ausführlichere Bewertungsverfahren werden in der bereits zitierten VDA-Schrift Nr.2 erläutert.

Ist ein Lieferant als A-Lieferant eingestuft worden, so sind dessen angelieferten Lose im Wareneingang nur noch unregelmäßig in größeren Zeitabständen zu überprüfen. Im Sinne von TQM sollen die Aktivitäten überwiegend in der Planung und Einführung gemeinsamer Qualitätsicherungsmaßnahmen beim Lieferanten liegen, weil sie dort bei der Entstehung des Produktes am wirksamsten sind und Prüfkosten auf ein Minimum reduzieren.

Aktivitäten der Qualitätsverbesserungsgruppe

Die bislang unorganisierten Wareneingangsprüfungen der Firma Anton Müller sollen auf eine einheitliche Basis gestellt werden, um den Bereich der Beschaffung in das Qualitätsmanagementsystem einzubinden. Dazu werden attributive Stichprobenprüfungen vorgeschlagen. Diese können einfach, doppelt oder mehrfach ausgelegt sein. Welches Verfahren gewählt wird, ist von den Möglichkeiten der Firma Anton Müller abhängig und den Zugeständnissen der Zulieferfirmen:

- Warum sind Attributivprüfungen für die Firma Anton Müller ausreichend? Welche zusätzlichen Informationen brächten Variablenprüfungen? Sind zusätzliche Prüfungen (Maßprüfungen, Sichtprüfungen, Vollständigkeitsprüfungen, Werkstoffprüfungen, Funktionsprüfungen, Übereinstimmung der Lieferung mit der Bestellung, Prüfzertifikate und -kennzeichnungen etc.) erforderlich?
- Führen Sie für einige Zulieferprodukte der Firma Anton Müller eine solche WE-Prüfung durch. Erstellen Sie dazu die erforderlichen Prüfpläne. Stellen Sie aus den Ergebnissen der WE-Prüfungen Prüfberichte für die verschiedenen Zielgruppen an. Nehmen Sie anhand der gewonnenen Prüfdaten eine erste vorsichtige Lieferantenbewertung vor.
- Welche Meßblätter, Prüfpläne, technischen Lieferbedingungen, Normen, Zeichnungen etc. werden für die WE-Prüfungen benötigt?
- Schreiben Sie für die WE-Prüfungen aussagefähige Verfahrensanweisungen. Wie sollen die zurückgewiesenen Lose gehandhabt werden?
- Es sollen Mitglieder der QS in den Einkauf eingebunden werden. Wie kann dies geschehen?
- Es werden Qualitätsbeauftragte ernannt, welche die Qualitätsfähigkeit von Lieferanten beurteilen und bewerten sollen. Welche Kenntnisse und Fähigkeiten müssen diese Mitarbeiter haben?
- Es werden Seminare eingerichtet, in denen Mitarbeitern der QS die Inhalte genormter Stichprobensysteme vermittelt werden. In welchem Rahmen müssen dabei mathematische Inhalte behandelt werden oder kann auf jegliche Mathematik verzichtet werden?

- Es wird ein geeignetes CAQ-System zur Planung und Durchführung von Prüfungen angeschafft. Welche Module muß ein solches System besitzen? Worin liegen die Vor- und Nachteile eines solchen Systems? Welche Voraussetzungen müssen Mitarbeiter erfüllen, die mit einem solchen System arbeiten sollen? Ist hier ein spezieller Schulungsbedarf vorhanden?
- Einige Mitglieder der Q-Verbesserungsgruppe wollen auf Prüfungen im Wareneingang gänzlich verzichten. Kann dies überhaupt möglich sein?
- Wie sieht die Rechtslage bei der Produkthaftung, Vertragserfüllung etc. aus, wenn überhaupt nicht mehr oder ohne feste Vorgaben geprüft wird?
- Lassen sich die Vorgehensweisen der WE-Prüfung auf die Warenausgangsprüfung (Endprüfungen) übertragen, oder sind Modifikationen erforderlich?
- Wie sollte im Wareneingang verfahren werden, wenn **ppm**-Größen (parts per million) vereinbart wurden?
- Stellen Sie über ein geeignetes Verfahren sicher, daß fehlerhafte Zulieferprodukte richtig gelenkt werden und rückverfolgbar bleiben.
- Nehmen Sie Stellung zu folgender Aussage aus der Wirtschaftswoche vom 12.6.1992: „*W.M. weiß sich längst nicht mehr anders zu helfen. Wann immer ein Zulieferteil seinen mittelständischen Betrieb in Richtung Ford, VW, Opel, Audi, BMW oder Mercedes verläßt, manipuliert er seine Qualitätssicherung so lange, bis alle Produkte in der kontrollierten Stichprobe die vorgegebenen Toleranzen exakt einhalten. Mal legt er ein Stück Papier auf die Waage, damit das Gewicht hinter dem Komma stimmt. Oder er stellt die digitale Schieblehre so ein, daß die Abmessungen seiner Produkte auf den hunderstel Millimeter genau stimmen. Das Risiko, von den Wareneingangskontrolleuren seiner peniblen Abnehmer entdeckt zu werden, ist gering. Wenn dies dann doch entdeckt wird, so liefert M. nur noch hundertprozentig korrekte Ladungen an. Die aussortierte Mangelware bleibt so lange im Lager, bis sich das Mißtrauen legt und die Abnehmer wieder zu den gewohnten Routineprüfungen in kleinen Stichproben übergehen. Wohldosiert mengt er dann den vermeintlichen Ausschuß seinen Lieferungen bei. Notfalls greift er auch zu einer anderen List: Wenn der Anteil mangelhafter Ware besonders groß ist, verzögert er die Anlieferung so lange absichtlich, bis den sehnsüchtig wartenden Kunden jegliche Zeit für Qualitätskontrollen fehlt*“.

3.5.2 Qualität in der Fertigung

Prüfungen im Bereich der Fertigung wurden bei der Firma Anton Müller immer schon im erheblichen Umfang durchgeführt, allerdings in einer Form, die zum Nachweis der Qualitätsfähigkeit vom Kunden heute nicht mehr anerkannt wird. Grundprinzip der Qualitätskontrolle bei der Firma Anton Müller ist die Qualitätsüberwachung (**Bild 3.5.9**) auf der Grundlage einer 100%-Prüfung.

Durch eine kontinuierliche Qualitäts-Überwachung **(KQÜ)** **(Bild 3.5.10)** versuchte man die Produktqualität der anfangs noch kleineren Chargen sicherzustellen. Später zwangen die zunehmenden Stückzahlen zu einem Einsatz von Automaten.

Im Rahmen dieser 100%-Prüfung wurden alle fehlerhaften Teile aussortiert und je nach Fehlerart zur Nachbearbeitung, Verschrottung oder bedingten Verwendung weitergeleitet. Als fehlerhaft wurden diejenigen Teile angesehen, bei denen mindestens ein Merkmalswert außerhalb vorgegebener Toleranzgrenzen lag. Da diese Prüfungen hauptsächlich von Menschen durchgeführt wurden, ließ es sich nicht vermeiden, daß immer wieder ein gewisser Prozentsatz fehlerhafter Teile zur Weiterverarbeitung oder gar zur Auslieferung gelangte. Die Prüfkosten waren bedingt durch den großen Aufwand an Zeit und Prüfpersonal sehr hoch. Bei einigen Produkten gelang es, den Prüfaufwand und damit auch die Prüfkosten durch den Einsatz von Prüfautomaten zu reduzieren. So wurde Qualität „**erprüft**“ statt erzeugt **(Bild 3.5.11)**.

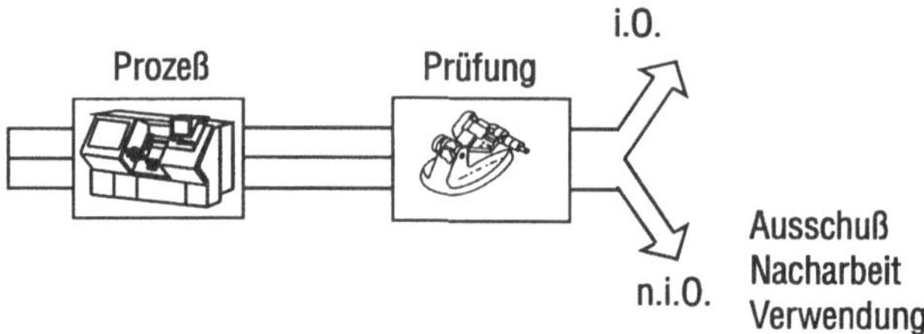

Bild 3.5.9 Qualitätsüberwachung

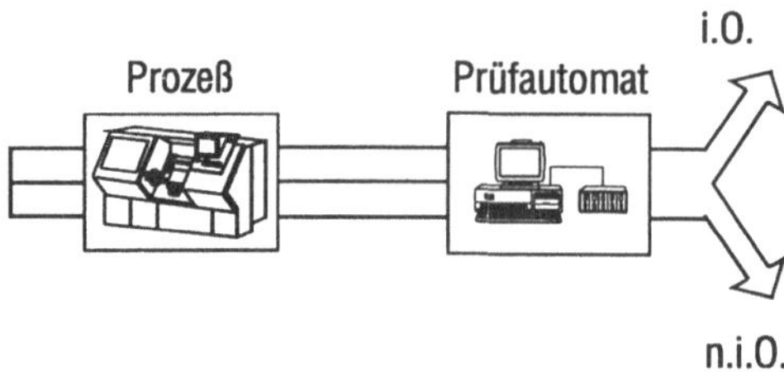

Bild 3.5.10 Kontinuierliche Qualitäts-Überwachung (KQÜ)

Diese Prüfmethode hat einen gravierenden Nachteil: Sie sieht nach der Entdeckung fehlerhafter Einheiten keinerlei Rückinformation vor und ermöglicht damit weder eine Korrektur noch eine Verbesserung eines laufenden Prozesses. Bei einem zu hohen Anteil fehlerhafter Einheiten wurde der Prozeß notgedrungen abgebrochen. Erschwerend kommt hinzu, daß eine Unterscheidung bei den zu prüfenden Merkmalen problematisch ist. Während bei kritischen und dokumentationspflichtigen Merkmalen eine 100%-Prüfung durchaus Sinn macht, um sich vor eventuellen Haftungsansprüchen abzusichern, ist dieses Verfahren bei möglichen Haupt- oder gar Nebenfehlern höchst kostspielig. Das wurde auch bei der Firma Anton Müller erkannt. Bei der in den letzten Jahren verstärkten Massenproduktion war eine 100%-Prüfung schon aus wirtschaftlichen Gründen nicht mehr durchführbar. Man mußte auch in der Fertigung zu Prüfverfahren übergehen, die mit Stichproben auskamen.

Gewählt wurde die statistische Qualitäts-Überwachung (**SQÜ**) (**Bild 3.5.12**).

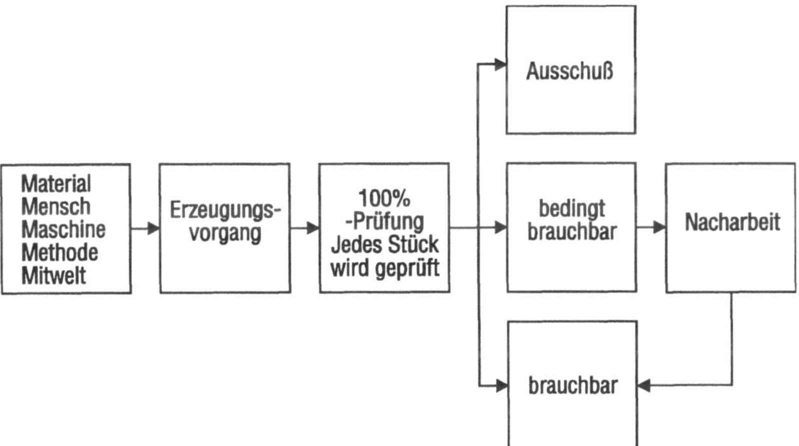

Bild 3.5.11 Qualitäts-„Erprüfung"

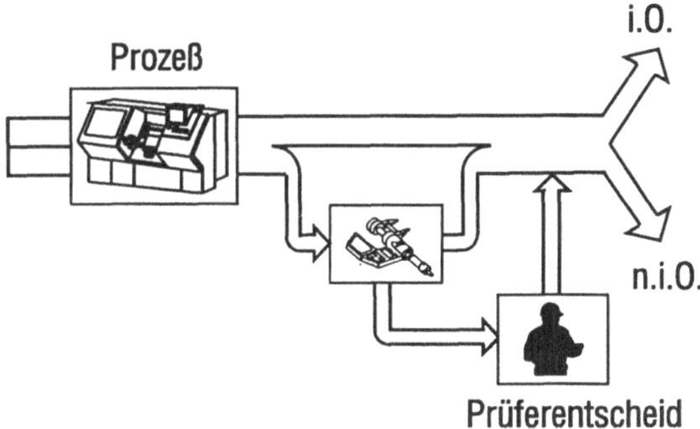

Bild 3.5.12 Statistische Qualitäts-Überwachung (SQÜ)

Bei diesem Verfahren wurden dem laufenden Prozeß in regelmäßigen Abständen Stichproben entnommen. Dabei wurde darauf geachtet, daß die Auswahl der Stichprobe stets ein wirklichkeitsgetreues Abbild der Grundgesamtheit aller Teile darstellte. Zwischen den einzelnen Stichproben wurden die produzierten Teile in einem Zwischenlager aufgefangen. Bei einem positiven Stichprobenentscheid wurde der Zwischenlagerbestand zur Verarbeitung weitergeleitet, bei einem negativen Entscheid mit Hilfe einer 100%-

Prüfung die fehlerhaften Teile des Zwischenlagerbestands aussortiert. Der Vorteil dieser Stichprobenprüfung liegt natürlich im deutlich geringeren Prüfaufwand gegenüber einer umfassenden 100%-Prüfung. Sie hat dafür jedoch den Nachteil eines wesentlich höheren Durchschlupfes fehlerhafter Einheiten. Entscheidend für die Ineffizienz einer SQÜ-Prüfung ist jedoch genau so wie bei einer KQÜ-Prüfung die fehlende Rückkopplung zum Prozeß. Qualität wird weiterhin eher erprüft als erzeugt.

Empfehlungen

Beide in der Firma Anton Müller bisher praktizierte Prüfverfahren (KQÜ und SQÜ) bringen nicht die Qualitätsdaten, die zu einer Qualitäts**lenkung** der Herstellungsprozesse erforderlich sind. Dies wurde besonders in der Serienfertigung deutlich. Beide Verfahren gewährleisten nicht, daß alle fehlerhaften Einheiten entdeckt und gezielte Prozeßverbesserungen durchführbar werden. Sie werden deshalb vom Kunden – in erster Linie ist hier die Automobilindustrie zu nennen – nicht mehr akzeptiert und sind deshalb nicht praktikabel.

Gefordert werden heute im Fertigungsbreich Prüfverfahren, welche aufgrund der Ergebnisse Prozeßverschlechterungen rechtzeitig erkennen lassen und Korrekturen zur Prozeßstabilisierung ermöglichen, bevor überhaupt fehlerhafte Produkte entstehen. Ein solches Verfahren ist beispielsweise die kontinuierliche Prozeßkontrolle (**KPR**) für 100%-Prüfungen (**Bild 3.5.13**).

Über eine aufwendige Kontrollelektronik wird der Prozeß ständig überwacht und gegebenfalls nachgeregelt. Die dazu erforderlichen Regelprozesse müssen an der Fertigungsanlage realisiert werden können. Das ist eine meist kostspielige Angelegenheit. Fortschritte sind hier in den nächsten Jahren durch die digitale Bildverarbeitung zu erwarten.

Eine gute und relativ preisgünstige Alternative bietet hier die statistische Prozeßregelung bzw. -lenkung *SPC* (**S**tatistical **P**rocess **C**ontrol). Bei diesem Verfahren werden dem Prozeß Stichproben entnommen, ausgewertet und für notwendige Prozeßregelungen (**Bild 3.5.14**) verwendet.

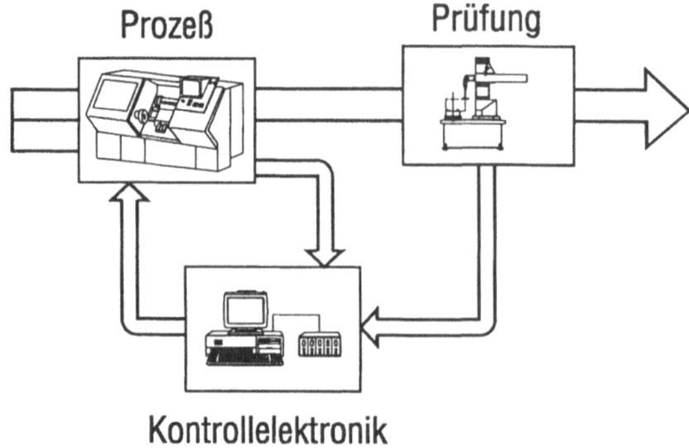

Bild 3.5.13 Kontinuierliche Prozeßkontrolle (KPR)

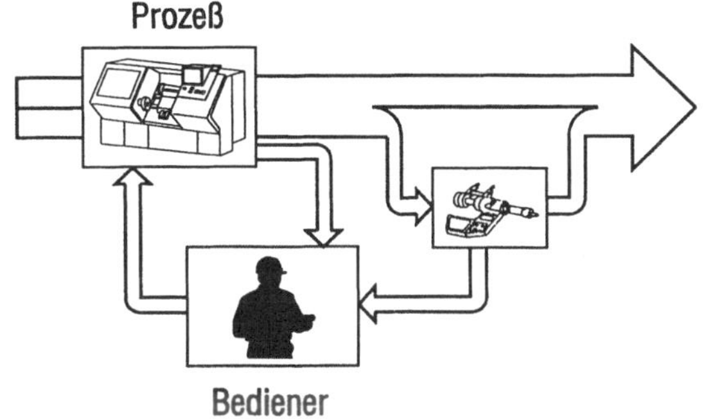

Bild 3.5.14 Statistische Prozeß Regelung (SPC)

Möglichst alle Prüfaktivitäten im Bereich der Fertigung sollten sich an SPC orientieren.

Die Untersuchungen bei der Firma Anton Müller ergaben, daß SPC vom Namen her einigen Mitarbeitern geläufig ist, die Philosophie von SPC in allen Ebenen bis hinauf zur Unternehmensleitung jedoch unbekannt ist. Man ist überwiegend der Ansicht, daß ein Prozeß in Ordnung ist, wenn alle Merkmale der gefertigten Teile innerhalb der Toleranzgrenzen liegen. Es interessiert dabei nicht, wie hoch die Abweichungen vom Sollwert sind. Man verkennt, daß sich bei größeren Abweichungen der Nutzen verringert. Dies bedeutet, daß Verluste auch schon dann entstehen, wenn die Merkmalwerte noch innerhalb der Toleranzgrenzen liegen. **Bild 3.5.15** verdeutlicht das klassische „Fehlerdenken" in einer Gegenüberstellung mit der sog. Verlustfunktion von TAGUCHI, welche dem Fehlerdenken von SPC zu Grunde liegt.

Um es noch einmal ganz deutlich zu sagen: „SPC betrachtet jede Abweichung eines Merkmals vom Sollwert (Nennwert) als Verlustpotential auch dann, wenn die Abweichungen innerhalb der Toleranzgrenzen liegen".

Die Praktizierung von SPC beinhaltet deshalb das regulierende Eingreifen in einen Fertigungsprozeß, wenn das Verlustpotential durch systematische Fehler beeinflußt zu werden scheint, es z.B. sprunghaft ansteigt oder einen trendhaften Verlauf zeigt, ohne daß bereits Toleranzgrenzen verletzende Fehler aufgetreten sind.

Aus Erfahrung bei der Beratung auch anderer Unternehmen ist bekannt, daß die Akzeptanz und das Verständnis für SPC nicht von heute auf morgen zu erreichen ist, weil der große Nutzen mangels Wissen über eine sinnvolle Einführung von SPC nicht erkannt wird und die relativ hohen Kosten insbesondere während der Einführungsphase gescheut werden. Der Leitung der Firma Anton Müller wird deshalb dringend empfohlen, die Einführung von SPC im Unternehmen zur „Chefsache" zu machen und die dafür notwendigen Mittel bereitzustellen. Aufgabe der Geschäftsleitung ist es, durch Information, Kommunikation und Schulung die SPC-Philosophie im gesamten Unternehmen zu verbreiten und deren Durchführung zu ermöglichen.

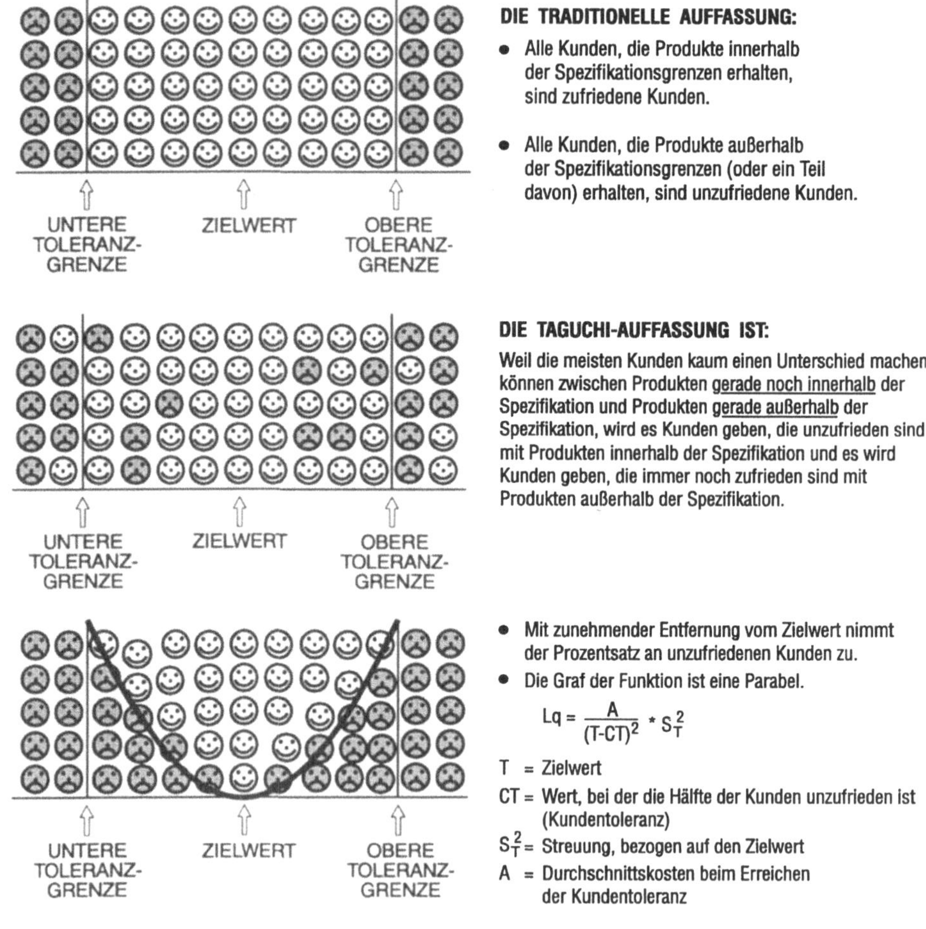

Bild 3.5.15 Fehlerfunktion und Verlustfuktion von TAGUCHI

Was ist dabei zu beachten?

Bedingt durch verschiedene Einflußgrößen (Temperaturunterschiede, Material ...) streuen alle Prozesse mehr oder weniger. Dabei ist eine „**zufällige**" Streuung, die nach statistischen Gesetzmäßigkeiten berechenbare kleine Abweichungen erzeugt, die nicht verhinderbar sind, von einer „**unnatürlichen**" Streuung, die nicht vorhersehbare Prozeßverschiebungen erzeugt und den Prozeß damit schwer beherrschbar macht, zu trennen.

Beherrschte Prozesse sind jedoch die Voraussetzung für vorherbestimmbare Qualitätslagen.

Ziel einer statistischen Prozeßregelung ist daher die Kompensation aller unnatürlichen Prozeßeinflußgrößen. Dazu dienen Qualitätsregelkarten (**QRK**).

QRK bieten in einer grafischen Darstellung die Möglichkeit, systematische, d.h. natürliche und spezielle Einflüsse auf den Prozeß von zufälligen Einflüssen zu trennen.

Dazu werden die Ist-Werte eines Merkmals oder die daraus über eine Stichprobe ermittelten Kennwerte (Mittelwerte, Streuwerte) in Abhängigkeit von der Zeit aufgetragen. Jede QRK besitzt eine Mittellinie, die sich aus dem Mittelwert der Ist-Werte bzw. dem Mittelwert der Kennwerte der Stichprobe ergibt, und zwei im gleichen Abstand zur Mittellinie verlaufende Grenzlinien, die als **obere** – und **untere Eingriffsgrenzen (OEG/UEG)** bezeichnet werden. Dazu kommen manchmal noch zwei weitere innerhalb des Grenzbereiches verlaufende Linien, die man **obere** und **untere Warngrenzen (OWG/UWG)** nennt (**Bild 3.5.16**).

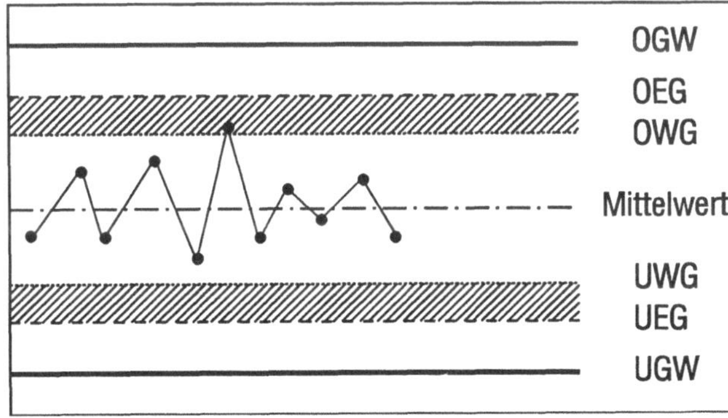

Bild 3.5.16 Aufbau einer Qualitätsregelkarte

Werte **außerhalb** dieser Eingriffsgrenzen zeigen eine unnatürliche Streuung im Prozeß an. Hier sind entsprechende Gegenmaßnahmen zu ergreifen.

Liegen Werte **innerhalb** der Eingriffsgrenzen (Zufallsstreubereich), kann von einer zufälligen Streuung ausgegangen werden, sofern nicht weitere Testbedingungen (Run, Trend, Middle Third ...) weitere systematische Einflüsse anzeigen.

In der Praxis werden zwei unterschiedliche Arten von Qualitätsregelkarten verwendet,

- die SHEWHART-Qualitätsregelkarte (Bei dieser Regelkarte will man feststellen, ob **ein Kennwert von seinem Sollwert oder seinem bisherigen Wert abweicht.** Die Eingriffsgrenzen werden aus **Prozeßwerten** berechnet),
- die Annahme-Qualitätsregelkarte (Bei dieser Regelkarte will man feststellen, ob durch eine Veränderung der Lage der Merkmalswerte **ein vorgegebener Anteil fehlerhafter Einheiten überschritten wird**. Die Eingriffsgrenzen werden **mit Hilfe vorgegebener Grenzwerte des Prüfmerkmals** berechnet).

Der Firma Anton Müller wird im Zuge der Einführung von SPC empfohlen, sich auf den Einsatz von SHEWHART-Qualitätsregelkarten zu beschränken und diese Regelkarten nur für die Erfassung solcher Merkmale einzusetzen, die für die Produktqualität und die Prozeßausbringung charakteristisch sind. Übergeordnetes Kriterium für die Anwendung von Qualitätsregelkarten soll immer die Regelfähigkeit des Merkmals im Prozeß sein.

Mit Hilfe von Qualitätsregelkarten können sowohl **quantitative** als auch **qualitative** Merkmale erfaßt werden. Da die Produke der Firma Anton Müller quantitative und qualitative Merkmale aufweisen, müssen solche Regelkarten zum Einsatz kommen, deren Ausgestaltung ihrem spezifischem Verwendungszweck entspricht. Hier kann das Unternehmen auf entsprechende Formblätter (z.B. bei der DGQ) zurückgreifen oder ihre firmenspezifischen Formblätter selbst erstellen (s. Materialien).

a) Qualitätsregelkarten für **quantitative** Merkmale

Grundsätzlich werden bei der Erfassung quantitativer Merkmale zwei charakteristische Prozeßparamerter für jedes Merkmal überwacht:

- die **Prozeßlage** (sie ist durch den Soll- oder Nennwert des Merkmals vorgegeben und wird durch Bildung der arithmetischen Mittelwerte $\bar{x}$, der Zentralwerte bzw. Mediane $\tilde{x}$ oder Urwerte x der gezogenen Stichproben überwacht),
- die **Prozeßstreuung** (sie stellt die Abweichung der Stichprobenmittelwerte vom Nennwert dar und wird durch die Bildung der Standardabweichungen s, der Spannweiten bzw. Ranges R oder der gleitenden Spannweite der gezogenen Stichproben überprüft).

Prozeßlage und Prozeßstreuung werden fast immer gemeinsam auf einer Regelkarte dargestellt (zweispurige Regelkarte). Auf der oberen Spur wird die Prozeßlage überwacht, auf der unteren Spur die Prozeßstreuung. Gebräuchliche QRK sind Kombinationen der Lage- und Streuungsparameter:

- $\bar{x}$/R-Karte
- $\bar{x}$/s-Karte
- $\tilde{x}$/R-Karte
- $\tilde{x}$/s-Karte
- x/R_1-Karte

Welche Karte gewählt wird, ist von verschiedenen Kriterien abhängig (manuelle oder maschinelle Erfassung, Losgröße, Stichprobenumfang, Empfindlichkeit). Zu beachten ist besonders das Ausmaß der Streuung zwischen und innerhalb der Stichproben **(Bild 3.5.17)**. Während Stückgutprozesse z.B. im Maschinenbau oder in der Elektrotechnik in den Proben stark streuen, ist diese Streuung in verfahrenstechnischen Prozessen mit homogenen Stichproben, wie sie z.B. in der Chemie vorherrschen, eher klein. Dafür sind hier große Streuungen zwischen verschiedenen Chargen zu erwarten, während Stückgutprozesse zwischen den Stichproben nur geringfügig streuen. Diese Zusammenhänge sind bei der Auswahl von QRK auch für anders gelagerte Prozesse (Mischprozesse, chargenartige Prozesse, Fließprozesse etc.) zu beachten!

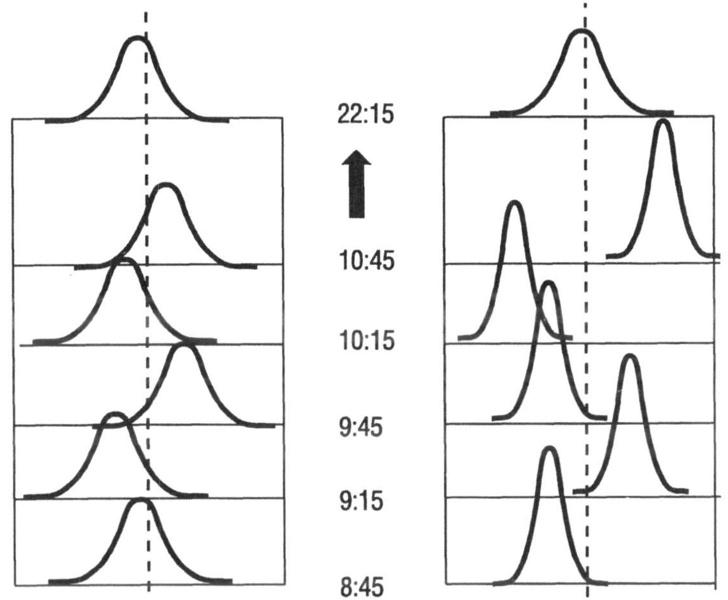

Bild 3.5.17 Streuungen verschiedener Verfahren

Für alle Spuren der QRK werden die Warn- und Eingriffsgrenzen nach bestimmten Formeln berechnet, die sich aus wahrscheinlichkeitstheoretischen Erkenntnissen ergeben. Hier liegt ein besonderes Problem bei der Einführung von SPC. Während der Aufbau und die Führung von Qualitätsregelkarten sehr einfach und einsichtig sind, wird die Entstehung und Bedeutung der Eingriffsgrenzen nur dann einsichtig, wenn die entsprechenden Kenntnisse aus dem Bereich der Statistik und Wahrscheinlichkeitsrechnung vorhanden sind. Dabei steht hier vor allem – daß muß betont werden – das Verständnis im Vordergrund. Keinesfalls werden von den Mitarbeitern hier weitergehende statistische Erkenntnisse erwartet. Das schon deshalb nicht, weil mittlerweile eine Reihe guter Hilfsmittel auf dem Markt sind (CAQ-Systeme etc.), die hier Unterstützung anbieten. Die Erfassung der grundlegenden Zusammenhänge ist jedoch unabdingbar. Hier muß die Firma Anton Müller besonders in den Reihen des technischen Personals noch viel Schulungsarbeit leisten. Diese Grundlagen sollten über einen Einführungskurs in die Statistik und Wahrscheinlichkeitsrechnung bei der Einführung von SPC gelegt werden. Die für das Verständnis unabdingbar erforderliche Normalverteilung soll im folgenden einen kleinen Einblick geben (zu weiteren Modellen siehe die Matarialien und die dort angegebene Literatur).

Die statistische Prozeßregelung geht von der Annahme aus, daß bei einem ungestörten Prozeß alle auf den Prozeß wirkende Einflußgrößen rein zufälliger Art sind. Stimmt dies, so streuen die **gemessenen** Werte eines Merkmals gleichmäßig um den Nennwert des Merkmals. Diese durch rein zufällige Einflüsse bedingte Streuung der Merkmalswerte um einen Mittelwert wird mathematisch durch eine Formel beschrieben, welche man als **Normalverteilung** oder nach ihrem Entdecker als **Gaußsche Normalverteilung** bezeichnet. (**Bild 3.5.18**).

$$g(x) = g(x;\mu,\sigma) = \frac{1}{\sqrt{2\pi}\,\sigma} \cdot e^{-\frac{(x-\mu)^2}{2\sigma^2}}$$

Bild 3.5.18 Formel der Gaußschen Normalverteilung

Die grafische Darstellung der Gaußschen Normalverteilung ähnelt der Form einer Glocke und wird deshalb oft als **Glockenkurve** bezeichnet (**Bild 3.5.19**). Lage und Form der Glockenkurve werden durch die Werte der beiden Parameter μ (Mittelwert der Grundgesamtheit) und σ (Streuung der Grundgesamtheit) bestimmt. Die Fläche unterhalb der Glockenkurve zwischen zwei Merkmalswerten x_u und x_0 gibt die Wahrscheinlichkeit an, mit der Merkmalswerte x innerhalb dieser Grenzwerte zufallsbedingt auftreten. Die Gesamtfläche unterhalb der Glockenkurve zwischen $x_{-\infty}$ und $x_{+\infty}$ ist 1 bzw. 100%. D.h., die Wahrscheinlichkeit, daß ein beliebiger x-Wert innerhalb dieser Grenzen liegt, ist $p = 1$ oder 100%. Der Bereich zwischen zwei Grenzwerten x_u und x_0 wird als Zufallsstreubereich bezeichnet.

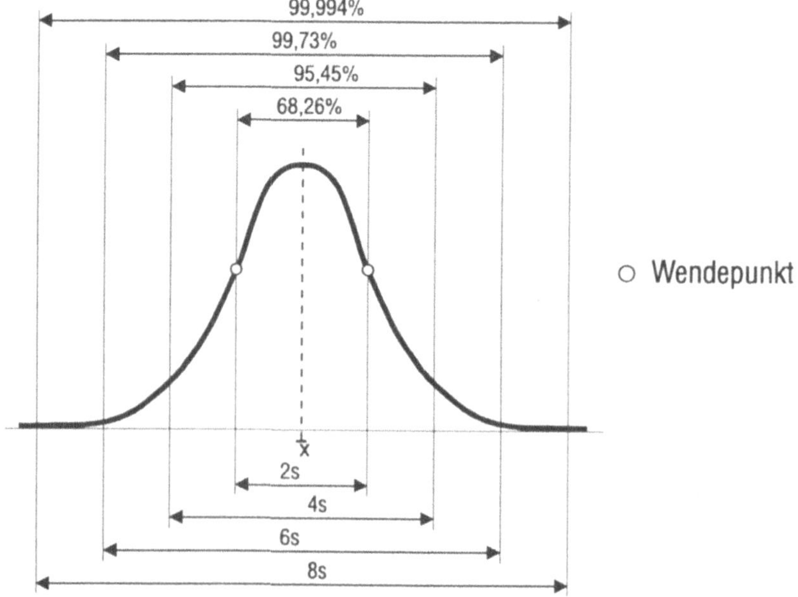

Bild 3.5.19 Grafische Darstellung der Gaußschen Normalverteilung (Glockenkurve)

Eine umfassende, allerdings nur mit Methoden der höheren Mathematik durchführbare Auswertung der Normalverteilung kommt für einen zweiseitig begrenzten und symmetrisch zum Mittelwert liegenden Zufallsstreubereich zu den in **Bild 3.5.20** zusammengestellten Ergebnissen.

Zweiseitig begrenzter Zufallsstreubereich	Anteil der Merkmalswerte, die in diesem Zufallsstreubereich liegen
$\pm 1\sigma$	68,26 %
$\pm 2\sigma$	95,45 %
$\pm 3\sigma$	99,73 %
$\pm 4\sigma$	99,994 %
$\pm 5\sigma$	99,9999 %

Bild 3.5.20 Zufallsstreubereiche für normalverteilte Merkmalswerte

Mit Hilfe des zweiseitig begrenzten Zufallsstreubereichs werden die Grenzwerte – also die Warn- und Eingriffsgrenzen – für die Spuren der einzelnen Regelkarten berechnet (für normalverteilte Größen z.B. mit den Werten aus Bild 3.5.20). Dabei gibt es vom Ansatz her zwei unterschiedliche Methoden.

Methode A: Die Grenzwerte des Kennwertes werden durch die Grenzen eines festgelegten Zufallsstreubereiches vorgegeben. Die Festlegung dieses Zufallsstreubereiches geschieht **indirekt** über die Angabe der sog. **Aussagewahrscheinlichkeit**. Darunter versteht man denjenigen Prozentsatz von Kennwerten, der im Rahmen der statistischen Genauigkeit innerhalb der Grenzwerte zu erwarten ist. (Die **DGQ** empfiehlt hier, Aussagewahrscheinlichkeiten von 95% für die Warngrenzen und 99% für die Eingriffsgrenzen vorzusehen. Im Falle normalverteilter Kennwerte entspricht dies Zufallsstreubereichen von $\pm 1{,}960\sigma$ für die Warngrenzen und $\pm 2{,}576\sigma$ für die Eingriffsgrenzen).

Methode B: Die Grenzwerte des Kennwertes werden durch die Grenzen eines festgelegten Zufallsstreubereiches vorgegeben. Die Festlegung dieses Zufallsstreubereiches geschieht **direkt** über die Angabe eines sog. **σ-Bereiches**. Darunter versteht man einen durch ein Vielfaches der Standardabweichung σ angegebenen Streubereich. (Diese Praxis findet man überwiegend bei **amerikanisch orientierten Unternehmen**. So empfiehlt der Automobilkonzern **FORD** den $\pm 2\sigma$-Bereich für die Warngrenzen und den $\pm 3\sigma$-Bereich für die Eingriffsgrenzen. Im Falle normalverteilter Kennwerte entspricht dies Aussagewahrscheinlichkeiten von 95,45% für die Warngrenzen und 99,73% für die Eingriffsgrenzen).

Ein Vergleich der beiden Methoden zeigt folgendes:

- Im Falle **normalverteilter** Kennwerte (Mittelwert $\overline{x}$ und Median $\tilde{x}$) sind beide Methoden gleichwertig, da hier jeder durch die Aussagewahrscheinlichkeit angegebene Zufallsstreubereich mit Hilfe der Normalverteilung durch ein Viefaches der Standardabweichung σ angegebenen werden kann und umgekehrt. Die Grenzwerte des Kennwertes können hier nach der allgemeinen Formel

  Grenzwerte = *Erwartungswert (Sollwert)* ± Faktor * *Standardabweichung*

  berechnet werden. Für die Eingriffsgrenzen sind dann z.B. die folgenden Formeln zu benutzen:

  OEG = $\mu + 2{,}576\ \sigma$ (nach DGQ)

  UEG = $\mu - 2{,}576\ \sigma$

  OEG = $\mu + 3\ \sigma$ (nach FORD)

  UEG = $\mu - 3\ \sigma$

- Im Falle **nicht normalverteilter** Kennwerte (Standardabweichung σ und Range R) benutzt man bei einem ungestörten Prozeß bei Anwendung der Methode A immer eine unveränderlich vorgegebene Eingriffswahrscheinlichkeit, bei Verwendung der Methode B ist diese Wahrscheinlichkeit nicht ohne weiteres abschätztbar.

Das Nebeneinander dieser beiden Methoden zur Berechnung der Warn- und Eingriffsgrenzen, deren Vorgaben im Prinzip willkürlich sind, führt häufig zu Irritationen und manchmal auch zu Fehlern, da jede Methode auf ihr eigenes Tabellenmaterial zurückgreift (s. Materialien) und somit eine gewisse Verwechslungsgefahr gegeben ist.

Der Firma Anton Müller wird empfohlen, die Ermittlung der Eingriffsgrenzen für ihre Regelkarten **einheitlich** vorzunehmen. Da sie auch Produkte für die Automobilindustrie herstellt, sollte sie den diesbezüglichen Empfehlungen bzw. Vorgaben folgen. (Die zur Berechnung der Eingriffsgrenzen der Kennwerte $\overline{x}$, $\tilde{x}$, s und R gehörenden Formeln und das dafür notwendige Tabellenmaterial finden sich in den Materialien).

b) Qualitätskarten für **qualitative** Merkmale

Nicht bei allen Produkten werden Merkmale durch eine messende Prüfung erfaßt und überwacht. Oft genügt auch eine **zählende** Prüfung, um den Zustand eines Prozesses kontrollieren zu können. Hierbei werden alle Einheiten einer Stichprobe daraufhin überprüft, ob ein bestimmtes Merkmal vorhanden ist oder nicht (z.B. Kratzer, Flekken, Risse etc.) oder ob ein bestimmtes Merkmal einen vorgebenen Wert über- oder unterschreitet (z.B. Konzentration einer Füssigkeit ist zu hoch oder zu niedrig). In beiden Fällen werden **Fehler gezählt**.

Grundsätzlich unterscheidet man bei einer solchen zählenden Prüfung zwischen der **Anzahl fehlerhafter Stichprobeneinheiten** und der **Anzahl von Fehlern pro Stichprobeneinheit (Bild 3.5.21)**.

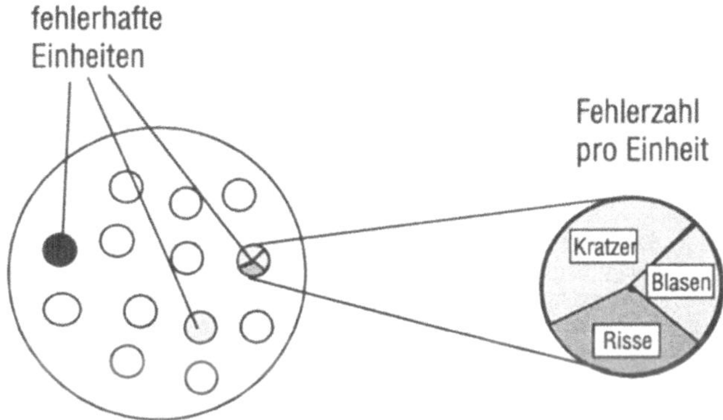

Bild 3.5.21 Fehler in der Stichprobe

Auf Grund dieser Unterscheidung werden die folgenden Qualitätsregelkarten bei der zählenden Prüfung geführt:

- die p-Regelkarte (Sie überwacht das Merkmal durch Ermittlung des **relativen Anteils p fehlerhafter Einheiten** in der Stichprobe. Vor Anlegen der Regelkarte muß allerdings genau festgelegt werden, wann eine Einheit als fehlerhaft einzustufen ist.)
- die np-Regelkarte (Sie überwacht das Merkmal durch Ermittlung der **absoluten Anzahl np fehlerhafter Einheiten** in der Stichprobe.)
- die u-Karte (Sie überwacht das Merkmal durch Ermittlung der **Anzahl u von Fehlern** pro **Stichprobeneinheit** (unit)
- die c-Karte (Sie überwacht das Merkmal durch Ermittlung der **Anzahl c von Fehlern** pro **Stichprobe** (counts)

Die Anzahl fehlerhafter Einheiten und die Zahl der Fehler pro Einheit sind nicht normalverteilt, sondern **binomial-** bzw **poisson**verteilt. Die Formel zur Berechnung der Eingriffsgrenzen (Eingriffsgrenzen = Sollwert $\pm\ 3\sigma$) läßt sich deshalb so ohne weiteres nicht anwenden. Nur wenn unter bestimmten Voraussetzungen Binomialverteilung und Poisson-Verteilung näherungsweise durch die Normalverteilung ersetzt werden können, ist dies möglich (s. Materialien).

Sind in eine QRK die Mittellinie, die Warn- und die Eingriffsgrenzen eingezeichnet, so kann sie zur Prozeßüberwachung eingesetzt werden. Die in regelmäßigen zeitlichen Abständen gezogenen Stichproben werden ausgewertet und die daraus resultierenden Daten der Kennwerte in die QRK eingetragen. Einem Fachmann genügt ein Blick auf eine QRK, um festzustellen, ob der Prozeß bezüglich der überwachten Kennwerte ungestört verläuft oder nicht. Im folgenden sind diejenigen Kriterien aufgeführt, die einem Fachmann Prozeßstörungen signalisieren und sein „regelndes“ Eingreifen erfordern (**Bild 3.5.22**).

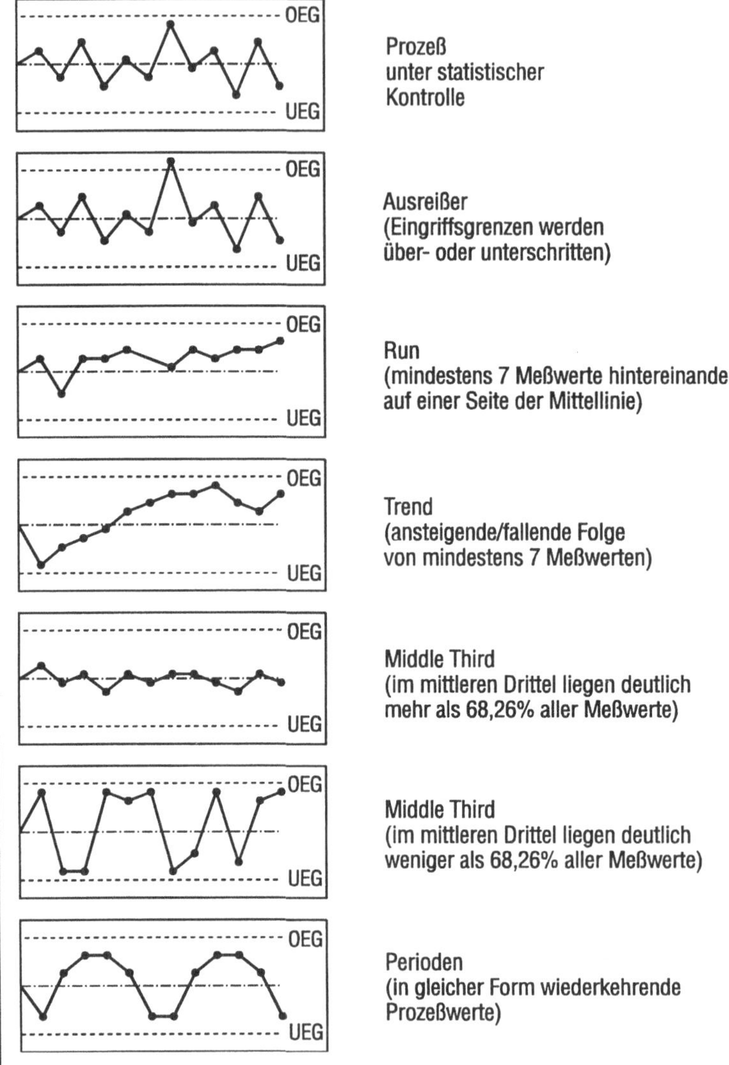

Bild 3.5.22 Prozeßstörungen

Ist keine dieser Störungen festzustellen, so liegt ein ungestörter Prozeß vor. Ein solcher Prozeß wird als „**statistisch beherrschter**" oder als „**unter statistischer Kontrolle** stehender" Prozeß bezeichnet.

Die Tatsache, daß ein Prozeß unter statistischer Kontrolle ist, reicht zum Nachweis der Qualitätsfähigkeit allerdings noch nicht aus. Sie ist lediglich die notwendige Voraussetzung dafür, um die sog. **Fähigkeit** des Prozesses ermitteln zu dürfen. Dokumentiert wird die Qualitätsfähigkeit eines Prozesses durch zwei Zahlenwerte, die man als **Prozeßfähigkeitsindexe** bezeichnet

Der eine Index – das sog. Prozeßpotential $\mathbf{c_p}$ – berücksichtigt allein die **Streuung** eines Kennwertes (**Bild 3.5.23**) und wird nach der folgenden Formel berechnet:

$$c_p = \frac{OSG - USG}{6 \cdot \hat{\sigma}}$$

Hierin bedeuten

OSG = Obere Spezifikationsgrenze (obere Grenzwert OGW)
USG = Untere Spezifikationsgrenze (unterer Grenzwert UGW)
$\hat{\sigma}$ = Schätzwert für die Standardabweichung der Grundgesamtheit

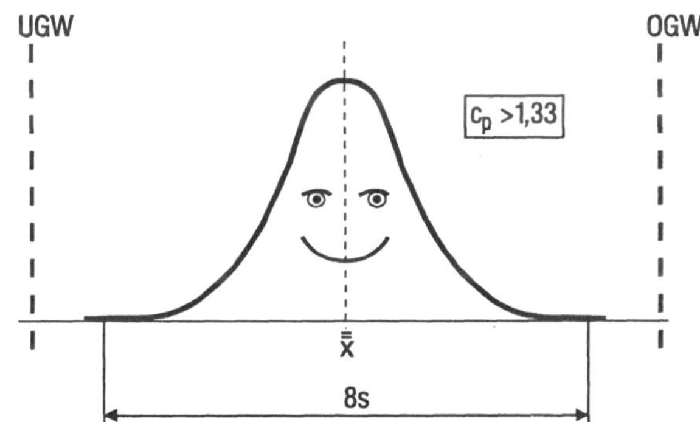

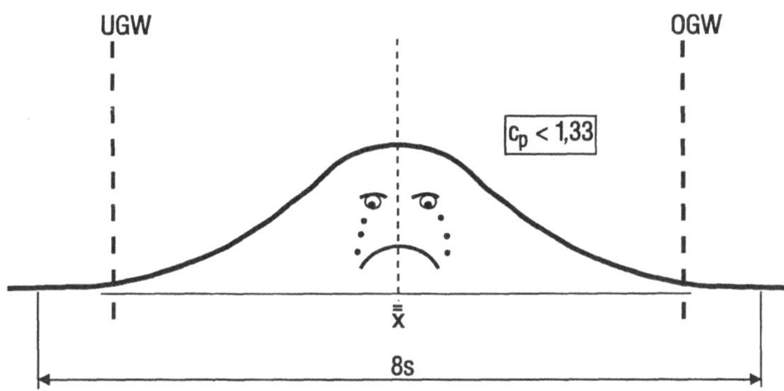

Bild 3.5.23 Bedeutung des c_p-Wertes

Früher reichte die Bedingung $c_p \geq 1$ aus, um einen Prozeß bezüglich seiner Streuung als fähig einzustufen. Heute wird überwiegend ein Wert von $c_p \geq 1{,}33$ gefordert. Dies bedeutet, daß mindestens ein Streubereich von 8σ innerhalb der Toleranzgrenzen (Spezifikationsgrenzen) liegen muß.

Der andere Index – die sog Prozeßfähigkeit $\mathbf{c_{pk}}$ – berücksichtigt zusätzlich die **Mittelwertlage** des Kennwertes (**Bild 3.5.24**) und berechnet sich aus der Formel

$$c_{pk} = \min \left| \frac{OSG - \bar{\bar{x}}}{3 \cdot \hat{\sigma}} \text{ oder } \frac{\bar{\bar{x}} - USG}{3 \cdot \hat{\sigma}} \right|$$

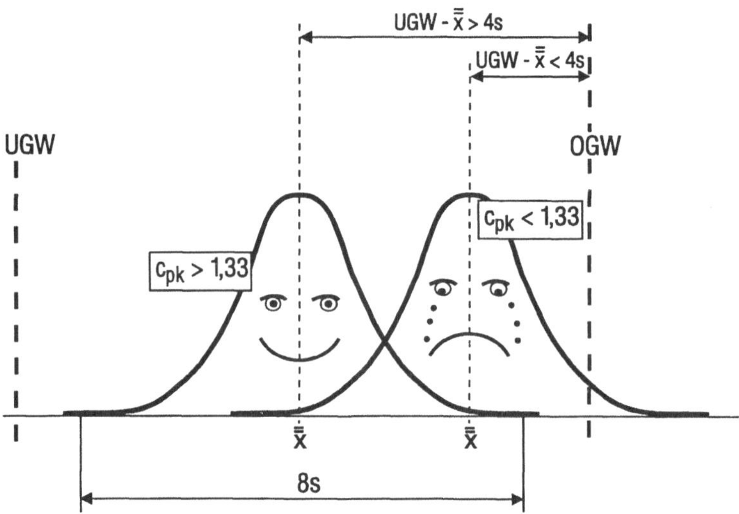

Bild 3.5.24 Bedeutung des cpk-Wertes

Auch hier wird ein Wert von $c_{pk} \geq 1{,}33$ gefordert. Dies bedeutet, daß mindestens ein Streubereich von 4σ zwischen dem Mittelwert und derjenigen Toleranzgrenze liegen muß, die dem Mittelwert am nächsten liegt. Bei einem exakt zentrierten Prozeß stimmen c_p- und c_{pk}-Wert überein. Eine Verschlechterung der Mittelwertlage (ohne Änderung der Streuung) bewirkt lediglich eine Verringerung des c_{pk}-Wertes. Bei nicht völlig zentrierten Prozessen ist deshalb der c_{pk}-Wert immer etwas kleiner als der c_p-Wert.

Für die Einstufung eines Prozesses als qualitätsfähig gelten z.Z. also die Forderungen

$$c_p \geq 1{,}33 \quad \text{und} \quad c_{pk} \geq 1{,}33$$

Diese Forderungen gelten speziell für einen bereits **über einen längeren Zeitraum überwachten Prozeß,** und man spricht deshalb hier von einem **fortdauernden Prozeßpotential $\mathbf{c_p}$** bzw. einer **fortdauernden Prozeßfähigkeit $\mathbf{c_{pk}}$** Für **neue** oder **geänderte** Prozesse werden zwar die gleichen Formeln zur Fähigkeitsuntersuchungen verwenden, die Fähigkeitsindexe für solche Prozesse werden jedoch zur Unterscheidung als **vorläufiges Prozeßpotential $\mathbf{p_p}$** bzw. **vorläufige Prozeßfähigkeit $\mathbf{p_{pk}}$** bezeichnet und müssen z.Z. die Forderungen

$p_p \geq 1{,}67$ und $p_{pk} \geq 1{,}67$

erfüllen.

Für das vorläufige Prozeßpotential $\mathbf{p_p}$ muß demnach mindestens ein Streubereich von 10σ innerhalb der Toleranzgrenzen liegen, und für die vorläufige Prozeßfähigkeit $\mathbf{p_{pk}}$ muß mindestens ein Streubereich von 5σ zwischen dem Mittelwert und derjenigen Toleranzgrenze liegen, die dem Mittelwert am nächsten liegt.

Die in früheren Zeiten vielfach eingesetzten Maschinenfähigkeitsindexe ($\mathbf{c_m}$ bzw. $\mathbf{C_{mk}}$) dürfen für diese Zwecke, zumindest in der Automobilbranche, nicht mehr verwendet werden (s. Materialien).

Der Firma Anton Müller wurde bereits empfohlen, Prüfungen im Wareneingang rechnerunterstützt mit Hilfe von CAQ-Programmen durchzuführen. Diese Empfehlung gilt im verstärktem Maße für die im wesentlich größerem Umfang anfallenden SPC-Prüfungen im Bereich der Fertigung. Die meisten CAQ-Programme bieten vorgefertigte Regelkarten an und erlauben über eine entsprechende Schnittstelle zum Prüfgerät eine automatische Übernahme der Daten in die Regelkarte. Die bei der manuellen Datenübertragung unvermeidlichen Fehler werden nahezu vollständig ausgeschlossen. Prozeßstörungen werden sofort angezeigt. Die Prozeßfähigkeitsindexe werden kontinuierlich berechnet und ermöglichen somit ohne zusätzlichen Aufwand eine ständige Überwachung der Prozeßfähigkeit.

Für alle mit der Konzipierung, dem Ausfüllen und der mühseligen Auswertung von Regelkarten „per Hand“ beschäftigten Mitarbeitern wird der Einsatz von CAQ-Programmen als große Erleichterung aufgefaßt. Der Firma Anton Müller wird dringend geraten, SPC-Prüfungen soweit wie möglich rechnerunterstützt durchzuführen. Die Kosten für die Anschaffung solcher Programme sowie die damit notwendigen Schulungsmaßnahmen sollten dafür kein Hinderungsgrund sein.

Alternativ – eventuell für eine Übergangszeit und um das Verständnis für die Zusammenhänge zu fördern – kann auch über eine grafische Bestimmung der Fähigkeitsindexe nachgedacht werden (s. Materialien)

Aktivitäten der Qualitätsverbesserungsgruppe

Zwischen der Firmenleitung und den Mitgliedern der Q-Verbesserungsgruppe hat es nach der Analyse und den Empfehlungen der Beratergesellschaft mehrere Gespräche gegeben. Im Grundsatz ist man sich einig darüber, daß SPC im Bereich der Serienfertigung praktiziert werden muß. Anfängliche Bedenken der Firmenleitung bezüglich der zu hohen Investitionskosten wurden durch die Q-Verbesserungsgruppe mit Hinweis auf die im Mittelpunkt stehende Kundenforderung schnell zerstreut. Letztlich ist die Einführung statistischer Methoden – und damit sind SPC-Prüfungen in hohem Maße verbunden – verbindlich als Qualitätselement duch die DIN ISO 9001 vorgeschrieben. Die Mitglieder der Q-Verbesserungsgruppe konzentrieren sich nun mit der notwendigen Unterstützung der Firmenleitung auf die Einführung von SPC in möglichst vielen Produktionsbereichen und legen ihr Hauptaugenmerk darauf, Mitarbeiter durch geeignete Schulungsmaßnahmen auf diese Prüfmethode vorzubereiten. Einige Mitglieder der Q-Verbesserungsgruppe regen an, daß SPC-Prüfungen zukünftig von den im Fertigungsbereich tätigen Mitarbeitern im Rahmen von Selbstprüfungen durchgeführt werden sollen:

- Untersuchen Sie die Einsatzmöglichkeiten für SPC in der Fertigung bei der Firma Anton Müller. Welche Regelkarten sollten geführt werden? Wie sind die Mitarbeiter auf das neue Verfahren vorzubereiten? Erstellen Sie Prüfpläne auf der Basis von SPC und führen Sie nach diesen Prüfplänen entsprechende Regelkarten. Nehmen Sie die entsprechenden Berechnungen und Auswertungen vor. Beachten Sie dabei die unterschiedlichen Möglichkeiten, die entsprechenden Eingriffsgrenzen zu ermitteln. Bestimmen Sie grafisch und rechnerisch die verschiedenen Fähigkeitsindexe für die ausgewählten Prozesse. Wie soll von wem in den Prozeß eingegriffen werden, wenn SPC Unregelmäßigkeiten signalisiert?
- Welche Prüfentscheidungen sind bei Unregelmäßigkeiten oder Fehlern erforderlich?
- Beurteilen Sie den Einsatz einer Zusammenstellung aller möglichen Fehler (Fehlerursachenkarte)! Stellen Sie einmal die möglichen Fehler am/im Prozeß tabellarisch zusammen.
- Kann SPC die Warenausgangsprüfungen (Endprüfungen, Abnahmeprüfungen, Ablieferungsprüfungen etc.) ersetzen?
- Erstellen Sie eine Verfahrensanweisung für die Selbstprüfung mit SPC. Beachten Sie dabei, daß grafische Darstellungen einen Ablauf sehr viel deutlicher darstellen können als umfangreiche textliche Ausführungen.
- Wie können vom Kunden beigestellte Produkte über SPC erfaßt werden?
- Kann aufgrund neuer Technologien SPC bei der Firma Anton Müller durch KPR ersetzt werden?
- Lassen sich Fähigkeitsuntersuchungen auch für qualitative Merkmale durchführen?
- Stellen Sie fest, welche Merkmale an den Produkten der Firma Anton Müller nicht normalverteilt sind! Wie soll mit diesen Merkmalen verfahren werden?

3.5.3 Prüfmittelmanagement

Um Produkte entsprechend den Qualitätsforderungen herstellen zu können, müssen die eingesetzten Betriebsmittel (Maschinen, Anlagen, Vorrichtungen, Werkzeuge, Transportmittel, Prüfmittel etc.) den Anforderungen entsprechen. Nur mit anforderungsgerechten Fertigungs- und Prüfmitteln läßt sich das hohe Qualitätsniveau realisieren und laufend den gestiegenen Qualitätsansprüchen anpassen.

Der Sicherung ihrer Qualität kommt daher eine vorrangige Bedeutung zu.

Diese unterliegt den gleichen Bedingungen wie die Qualitätsicherung der Produkte. Auch hier müssen zunächst Ist-Werte ermittelt werden. Diese werden über geeignete Prüfverfahren mit geeigneten Prüfmitteln durch Prüfen erfaßt. Dabei kann die erfolgte Prüfung nie besser sein, als das verwendete Prüfmittel!

Der Vergleich mit den vorgegebenen Soll-Werten ermöglicht daran anschließend die erforderliche Qualitätslenkung.

Damit rücken die verwendeten Prüfmittel für alle Bereiche, in den Prüfungen erforderlich sind (Entwicklung, Konstruktion, Beschaffung, Fertigung, Kundendienst etc.) in den Mittelpunkt der Qualitätssicherung.

Falsche, fehlerhafte, nicht vorhandene oder unsachgemäß behandelte Prüfmittel können falsche Qualitätslenkungsmaßnahmen mit nicht unerheblichen Kosten und Haftungsrisiken auslösen (Produkthaftung).

Unbestritten ist daher die Notwendigkeit, die geeigneten Geräte zu beschaffen und die Einsatzfähigkeit und Genauigkeit der Prüfmitteln mit einer Prüfmittelfähigkeitsuntersuchung ständig zu überwachen. Die Überwachung und Verwaltung der Prüfmittel in allen Bereichen ist Voraussetzung für das Vertrauen in die Richtigkeit der Prüfergebnisse und die darauf aufbauenden Entscheidungen im Qualitätsprozeß.

Auch für die Firma Anton Müller scheint diese Erkenntnis eine Selbstverständlichkeit zu sein. Innerhalb der Firma ist ein Prüflabor eingerichtet, in dem die Prüfmittel **turnusgemäß (Bild 3.5.25)** einer Überprüfung unterzogen werden. Dazu stehen geeignete Gebrauchsnormale und Tabellenwerke (z.B. VDI/VDE/DGQ-Richtlinie 2618, DIN-Normen etc.) zur Verfügung, in denen die entsprechenden Prüfanweisungen für die Prüfmittel festgelegt sind.

Prüfmittel	**Prüfintervall in Monaten**
Meßschieber Genauigkeit 0,1 mm	12
Meßschieber Genauigkeit 0,1 -0,25 mm	24
Parallelendmaße	24
Einstellringe	12
Meßschrauben	12
Lehrringe	6
Meßuhren	6
Grenzrachenlehren	2

Bild 3.5.25 Überprüfungsturnus für Prüfmittel bei der Firma Anton Müller (Auszug)

Prüfmittel, bei denen durch **Kalibrieren** (Einmessen) festgestellt wurde, daß sie nicht den vorgegebenen Bedingungen entsprechen, werden im Werkzeugbau der Firma Anton Müller **justiert** (abgeglichen). Nach der Instandsetzung wird entschieden, ob und in welchem Maße das Prüfmittel wieder eingesetzt werden darf. Stehen die für Arbeiten am Prüfmittel erforderlichen Werkzeuge und Vergleichsnormale nicht zur Verfügung, so wird die Instandhaltung der Prüfmittel an externe Firmen übergeben, die sich auf diesen Überwachungsservice (TÜV etc.) spezialisiert haben.

Rechnerunterstützte Prüfmittelplanung							
Entscheidungskriterien für Prüfmittel		Angabe ist			Einfluß ist		Bemerkungen
		absolut	dual	zu klassifizieren	aus-schließend	zu bewerten	
Aufbau	physikalisches Prinzip			●	●		
	Dimensionierung der Prüfgröße			●	●		
	Flexibilität			●		●	bezüglich Gesamtprüfaufgabe
	äußere Form			●	●		bezüglich Zugänglichkeit
Funktion	Prüfbereich	●			●		
	Anwendungsbereich	●			●		
	Prüfunsicherheit	●			●	●	
	Prüfart			●	●		qualitativ o. quantitativ
Handhabung	transportabel		●		●		
	Bedienungs-anforderungen			●	●		
Zeiten	Prüfzeit	●			●	●	(+) taktgebunden
	zeitliche Kapazität	●			●		
Kosten	Prüfkosten	●				●	fixe u.variable Kosten
	Anschaffungspreis	●				●	

Bild 3.5.26 Auswahlmatrix für Prüfmittel (in Anlehnung an BLÄSING)

Im Rahmen der Prüfplanung wird darauf geachtet, daß die Merkmalsausprägungen mit den Prüfmitteln mit der ausreichenden Genauigkeit erfaßt werden können. Dazu werden neue Prüfmittel auf Karteiblättern mit ihren Ausprägungen erfaßt. Die Auswahl des optimalen Prüfmittels geschieht anhand einer Auswahlmatrix (**Bild 3.5.26**), die in Anlehnung an BLÄSING von der Qualitätsstelle erstellt wurde.

Problematisch ist die Verwendung älterer Prüfmittel. Da diese nicht vollständig erfaßt sind, fallen gelegentlich Prüfmittel aus dem Überwachungsturnus heraus. Dadurch ist keine lückenlose Prüfmittelüberwachung gewährleistet. Die Verwendung dieser Prüfmittel kann daher nicht die nötige Sicherheit geben, die für ein durchgängiges Qualitätsmanagement erforderlich ist. Anzumerken ist ebenfalls der nicht unproblematische Einsatz von mitarbeitereigenen Prüfmitteln. Stolz weisen diese darauf hin, wie gut ihre eigenen Schieblehren gepflegt sind, die sie noch aus der eigenen Lehrzeit mitgebracht haben.

Die Anzahl der in der Firma vorhandenen Prüfmittel und deren Standort kann über die geführte Prüfmittelkartei nicht erfaßt werden. Dieser Aspekt ist auch unter dem Gesichtpunkt negativ zu beurteilen, daß es immer wieder vorkommt, daß Prüfmittel erst spurlos verschwinden und dann zu einem späteren Zeitpunkt unverhofft wieder auftauchen. Häufig herrscht auch Unklarheit darüber, welche Genauigkeit Meßmittel bezogen auf die Fertigungstoleranzen aufweisen müssen. Im Zweifelsfall wird dies vor Ort vom Mitarbeiter entschieden, der die Prüfungen durchführt.

Empfehlungen

Das Prüfmittelmanagement der Firma Anton Müller weist erhebliche Lücken auf, die einem modernen Qualitätsmanagement nicht mehr angemessen sind. Diese Lücken sind im Sinne der DIN ISO 9004, 13 und DIN ISO 9001, 4.11 zu schließen. Dazu kann der Einsatz einer EDV mit einem entsprechenden Prüfmittelverwaltungs- und -überwachungsprogramm auf der Basis einer zentralen Datenbank erheblich beitragen. Diese Datenbanken werden heute im Zusammenhang mit CAQ-Systemen angeboten, wodurch eine unmittelbare Kopplung mit anderen Programmteilen gegeben ist.

Alle Prüfmittel der Firma Anton Müller sollten in dieser Datenbank unter einem Ordnungsschema (z.B. DIN 1301) gegliedert und mit einer **eindeutigen Ident.-Nr.** gekennzeichnet erfaßt sein. Diese Ident.-Nr. muß auch auf dem Prüfmittel unverwechselbar angebracht werden.

Die einzusetzenden Prüfmittel werden von der Prüfplanung (die Verantwortlichkeiten in diesem Bereich müssen eindeutig festliegen) bestimmt. Dazu werden verschiedene Auswahlkriterien berücksichtigt:

- qualitative und quantitative Prüfaussage
- Prüfzeit für die einzelnen Messungen
- Wirtschaftlichkeit des Prüfmittels
- Betriebssicherheit
- Bedienfreundlichkeit
- Einsatzort
- Zuverlässigkeit des Kundendienstes etc.

Mit Hilfe einer rechnergestützten PMV kann die Prüfplanung auf diese Datenbank zugreifen und geeignete Prüfmittel auswählen bzw. zur Beschaffung auslösen, die das Merkmal mit hinreichender Sicherheit erfassen können. Die Auswahl der Prüfmittel kann dabei relativ automatisiert erfolgen, wenn im System die dazu erforderlichen Daten der Prüfmittel (Benennung, Güte, Genauigkeit, Meßbereich, Verfügbarkeit, Prüfintervall, Zustand etc.) vollständig und aktualisiert vorliegen.

Dazu ist eine ständige enge Zusammenarbeit der Prüfmittelplanung, -beschaffung, -überwachung und -instandsetzung notwendig, da die bei der Überwachung gewonnenen Erkenntnisse über Qualität, Zuverlässigkeit und Zweckeignung der Prüfmittel in die weiteren Abläufe mit einfließen. In diesem Rahmen ist auf eine lückenlose Dokumentation aller Tätigkeiten und Erkenntnisse zu achten.

Ob die in den letzten Jahren geführte Diskussion über „verbesserte" Genauigkeitsgrößen von Meßmitteln in der Firma Anton Müller zum Tragen kommen sollte, kann an dieser Stelle ad hoc nicht entschieden werden. Diese Frage ist auch vor dem Hintergrund zu sehen, inwieweit die Abnehmer in den nächsten Jahren entsprechende Forderungen an die Firma Anton Müller stellen werden.

Grundlage der Diskussion war die Auffassung mancher Automobilhersteller, die nach VDI/VDE/DGQ-Richtlinie 2618 und anderen Regelwerken ermittelte Genauigkeit der Meßeinrichtungen entspräche nicht den realen Bedingungen. Die dort ermittelte Meßunsicherheit ginge von Laborsituationen aus und berücksichtige nicht im ausreichenden Maße die verschiedenen Einsatzorte, Umweltbedingungen und Prüfer. Außerdem werde nicht der Situation gerecht, daß Meßmittel in Meßvorrichtungen eingebaut sind, die ganz andere Schwankungen verursachen könnten. Verschieden Wiederholversuche hätten ergeben, daß hier starke Streuungen auftreten. Zurückgeführt wurden diese Streuungen auf die Kategorien (FORD-Richtlinie 1990):

- **Genauigkeit**
  (systembedingte Abweichung des beobachteten Mittelwerts vom tatsächlichen Mittelwert des untersuchten Merkmals am selben Teil)
- **Linearität**
  (Genauigkeitsunterschiede innerhalb des gesamten Meßbereichs des Instruments)
- **Stabilität**
  (Abweichungen zwischen den Mittelwerten von mindestens zwei Meßwertsätzen, die bei Messung derselben Teile mit demselben Meßmittel zu verschiedenen Zeitpunkten bestimmt wurden)
- **Wiederholbarkeit**
  (Unterschiede in den ermittelten Werten, wenn eine Person das gleiche Merkmal an ein und demselben Teil mehrmals mit demselben Meßmittel mißt)
- **Nachvollziehbarkeit**
  (Differenz zwischen den mittleren Meßwerten, die mit demselben Meßmittel von verschiedenen Personen oder an verschiedenen Orten ermittelt werden, wenn dasselbe Merkmal am selben Teil gemessen wird)

Die Berechnungen der Meßmittelfähigkeitsindexe c_g und c_{gk} erfolgt analog der Fähigkeitsindexe für die Maschinen- und Prozeßfähigkeit (s. Materialien). Auch hier kann eine Rechnerunterstützung erhebliche Vorteile bringen.

Eine Rechnerunterstützung ist auch dann anzuraten, wenn die Überwachungszyklen für die Prüfgeräte effektiver gestalten werden sollen. Bekanntlich sind alle Prüfmittel mehr oder weniger großen Veränderungen unterworfen (Verschleiß beim Gebrauch, Beschädigungen, unsachgemäße Behandlung etc.). Diese Veränderungen sind jedoch nicht für alle Prüfmittel gleich groß. Daraus resultieren unterschiedliche, aber starre Überwachungszyklen. Diese Starrheit ist vor dem Hintergrund unterschiedlicher Einsatzorte, Umweltbedingungen, Einsatzzeiten, Überwachungsergebnisse, Nutzungshäufigkeiten etc. jedoch nicht direkt einsichtig. So ist z.B. ein Grenzlehrdorn bei Sinterteilen schneller abgenutzt als bei Kunststoffteilen, wo praktisch keine Abnutzung erfolgt.

Sinnvoll wäre demnach eine **Dynamisierung** dieser Überwachungsintervalle in Abhängigkeit von diesen Faktoren. Dazu ist über eine geeignete Ablaufplanung sicherzustellen, daß die Prüfmittel entsprechend gelenkt werden (Verschrottung, Nacharbeit, Instandsetzung, Neuerstellung, Klassifizierung etc.). **Bild 3.5.27** gibt einen möglichen Ablauf für eine Lehrenüberwachung wieder [66].

Gleichgültig, ob diese Überwachung der Prüfmittel über einen vorgegebenen Zeitabstand oder in Abhängigkeit von der Nutzung erfolgt, ist eine entsprechende Überwachungskennzeichnung im System und an den Prüfmitteln vorzusehen. In der Regel wird dazu der letzte und nächste Überwachungstermin auf farbigen Banderolen, Plaketten oder Farbpunkten am Prüfmittel angebracht.

Wurden bei Überwachungsintervallen Mängel festgestellt, sind geeignete Korrekturmaßnahmen einzuleiten.

Diese betreffen Entscheidungen über die fehlerhaften Prüfmittel und die Auswirkungen auf fertige Arbeiten. Dazu sind Bewertungen über den Umfang einer eventuellen Nacharbeit, erneute Prüfungen etc. erforderlich. Zur Vermeidung eines Wiederauftretens ist zusätzlich eine Untersuchung der Fehlerursachen wichtig. Sie kann eine Überprüfung der Kalibriermethoden und -häufigkeiten sowie die Angemessenheit der Prüfmittel enthalten. Diese Überprüfung sollte auch die Mitarbeiterschulung und -einweisung enthalten, um eventuelle Bedienungsfehler auszuschließen.

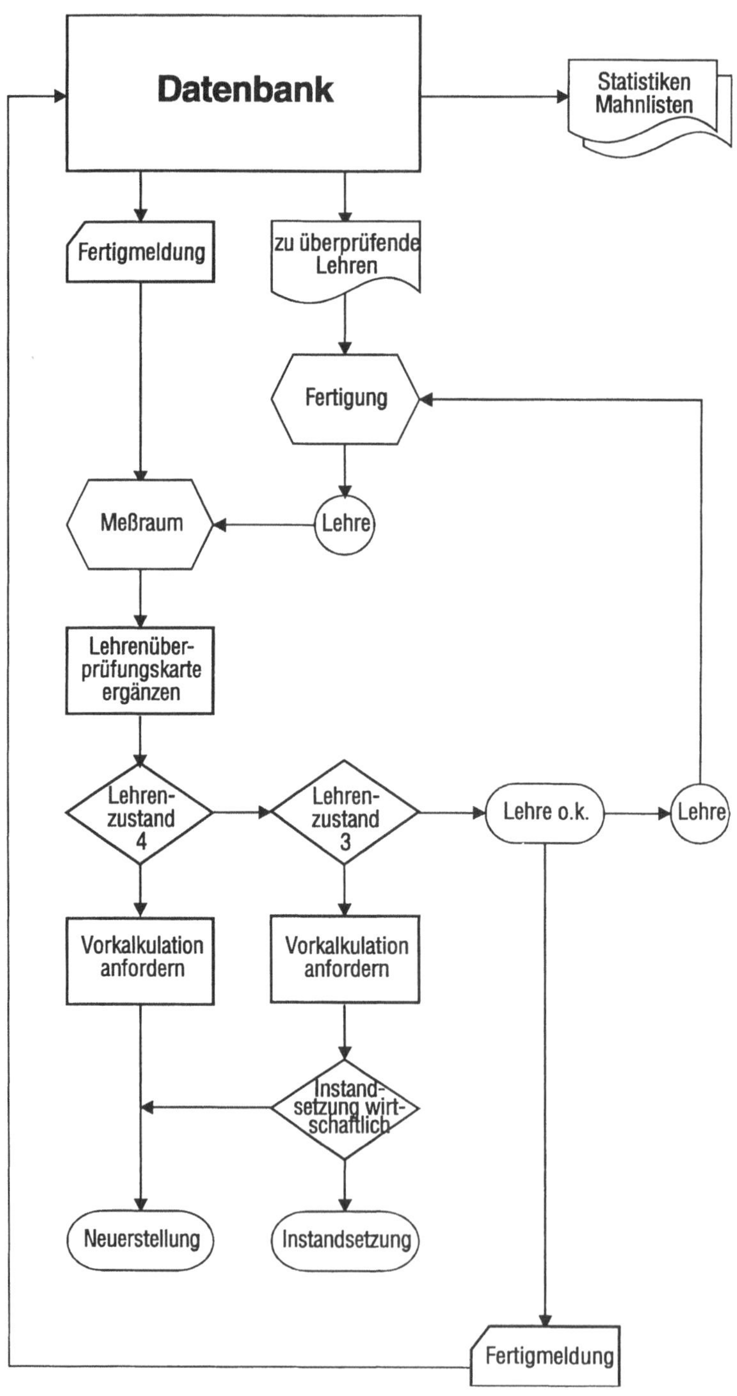

Bild 3.5.27 Ablaufplan eines Lehrenüberwachungssystems

Aktivitäten der Qualitätsverbesserungsgruppe

- Wie kann sichergestellt werden, daß nur Prüfmittel mit hinreichend kleiner Meßunsicherheit eingesetzt werden? Welches Auswahlverfahren ist bei welchen Produkten/Prozessen sinnvoll?
- Die bei der Firma Anton Müller eingerichtete Prüfmittelüberwachung ist zu ergänzen. Nehmen Sie die dazu erforderlichen Schritte vor! Es ist sicherzustellen, daß in allen Bereichen der Firma die eingesetzten Prüfmittel nach den „Anerkannten Regeln der Technik" überwacht werden. Auf entsprechende Kennzeichnung der Prüfmittel und deren Überwachung ist zu achten.
- Beurteilen Sie für die Firma Anton Müller die Möglichkeit, die Meßunsicherheit der Prüfmittel durch Prüfmittelfähigkeitsindexe zu bestimmen. Für welche Prüfmittel ist diese Methode anzuraten? Welche Vorteile könnten damit verbunden sein?
- Wie können die Mitarbeiter der Firma Anton Müller davon überzeugt werden, daß sie ihre eigenen und nicht der PMÜ unterliegenden Prüfmittel für Prüftätigkeiten der Firma Anton Müller nicht mehr verwenden dürfen?
- Muß das eingesetzte Softwareprogramm zur PMV und PMÜ auch überwacht werden? Wie sollte das geschehen?
- Wie sollte die Dokumentation der Prüfmittel gestaltet sein? Welche Kriterien sollte sie manuell bzw. rechnergestützt durchgeführt berücksichtigen?

3.5.4 Qualität bei Lagerung, Transport und Verpackung

Die gewünschte Qualität der Produkte kann nur erreicht wrden, wenn die Prozesse der Herstellung entsprechend gestaltet sind. Hier ist der Materialfluß angesprochen. Im Rahmen von Qualitätsmanagement soll er sicherstellen, daß Beschädigungen und Verwechslungen ausgeschlossen werden und gleichzeitig eine ungestörte Fertigung ermöglichen. Dazu sind die erforderlichen Transportwege und Lagerstätten bereitzustellen und die notwendige Handhabung der Produkte zu beachten.

Die bei der Firma Anton Müller vorgefundene Organisation dieser Bereiche ist eher problematisch zu nennen. Zwischen den einzelnen Produktgruppen ist keine eindeutige Trennung erkennbar. Hier ist besonders der Bereich der Sinterkleinteile angesprochen. Lagernormteile aus Sintermetall und Sinterkohle liegen in gleichen Lagerräumen und sind auch noch – wegen der gleichen Abmessungen – in gleichen Kunststoffolien verpackt. Dadurch kam es schon häufig zu Verwechslungen mit entsprechenden Kundenbeschwerden, da diese ihre *Just-in-time* Produktion ungewollt unterbrechen mußten. Die reklamierten Sinterteile wurden ohne besondere Kennzeichnung wieder in den Kreislauf gebracht, da sie ja vermeintlich gut waren. Auf eventuelle Beschädigungen beim Transport zum, beim und vom Kunden wurde nicht näher eingegangen.

Ausreichende Berücksichtigung fanden die Transportmittel, insbesonders der Sinterteile. Hier wurde berücksichtigt, daß Sinterteile, besonders Sinterkohleteile, teilweise bis zu der letzten Berabeitungsoperation äußerst instabil sind und eine besondere Behandlung erfordern. Die Transportnetze und Förderanlagen zwischen den Bearbeitungsstationen sind darauf entsprechen eingerichtet.

Problematisch gestaltet sich hingegen die Lagertechnik der Firma Anton Müller. Gelagert wird dort, wo die Mitarbeiter vom Meister einen Lagerplatz zugewiesen bekommen. Nur das Lager der Rohmaterialien wird zentral organisiert. Die dort angebrachten Behälter müssen jedoch als qualitätsmindernd angesehen weden. Das bestätigen auch Klagen von Mitarbeitern, die das Rohmaterial anschließen pressen. Die dort auftretenden Beschwerden werden auf die Inkonsistenz des Rohmaterials zurückgeführt. Besonders die letzten Teile wiesen ständig Beschädigungen auf.

Empfehlungen

Die Lagerung der doch zahlreichen Fertigungsteile und Rohmaterialien bereitet bei der Firma Anton Müller die größten Probleme. Hier sollten vorrangig Lösungen herbeigeführt werden. Dazu gehört deren Kennzeichnung beim Wareneingang, bevor eine Lagerung durchgeführt wird. Die Entnahme der Teile darf erst nach der Freigabe möglich sein. Für das Rohmatarial ist vor allen Dingen sicherzustellen, daß zuerst eingeliefertes Rohmaterial auch zuerst für die Weiterverarbeitung entnommen wird. Dieses **F**irst-**I**n-**F**irst-**O**ut Prinzip läßt sich über geeignete Behälter und Entnahmeöffnungen realisieren. Eventuell ist hier der Einsatz eines Rechnersystems sinnvoll. So kann erreicht werden, daß die Qualität der Materialien über den Lagerzeitraum nicht gemindert wird. Außerdem wird über FiFo eine relativ gleichbleibende Rohmaterialmischung zur Weiterverarbeitung weitergeleitet.

Bezüglich der eindeutigen Kennzeichnung von Lagerflächen sollten Pläne erstellt werden, die die entsprechenden Lagerflächen ausweisen (Freigabeflächen, Sperrflächen, Nacharbeitsteile, Puffer etc.).

Die Minderqualität der transportierten Teil ist hauptsächlich auf die unsachgemäße Stapelung der Zwischen- und Endprodukte zurückzuführen. Beanstandungen in diesem Bereich sind stets mit hohen Kosten für Sortierarbeiten verbunden.

Verbesserungen sind hier zu erwarten, wenn entsprechende Stapelanweisungen den Mitarbeitern zugänglich gemacht werden. **Bild 3.5.28** soll hier einige Anregungen geben.

Die eingesetzten Transportbehälter sind grundsätzlich geeignet. Auftretende Schädigungen sind hier auf Rüttelbewegungen zurückzuführen. Dabei werden Teile in nicht vollständig gefüllten Behältern geschüttelt, wodurch Schäden am Preßling entstehen. Auch hier könnten entsprechende Anweisungen zu einer Verbesserung der Situation führen.

Nach der Endprüfung (Sinterkleinteile werden nicht mehr geprüft) und Endfreigabe werden die Teile mit Standardmitteln der Firma verpackt. Auf den Verpackungen befindet sich eine Kennzeichnung des Artikels.

Wie bereits oben beschrieben kommt es dabei jedoch häufig zu Verwechslungen. Hier ist durch eine konsequente Trennung der beiden Artikel Abhilfe zu schaffen. Eventuell muß durch zusätzliche Aufkleber die Eindeutigkeit der Identifikation verbessert werden.

Angesichts der leichten Beschädigungmöglichkeiten der Sinterprodukte sollten regelmäßige Schulungen der Mitarbeiter bezüglich der Handhabung eingeplant werden. Die damit verbundene Erhöhung der Sensibilität der Mitarbeiter für „ihr“ Produkt sollte sich langfristig mehr als auszahlen.

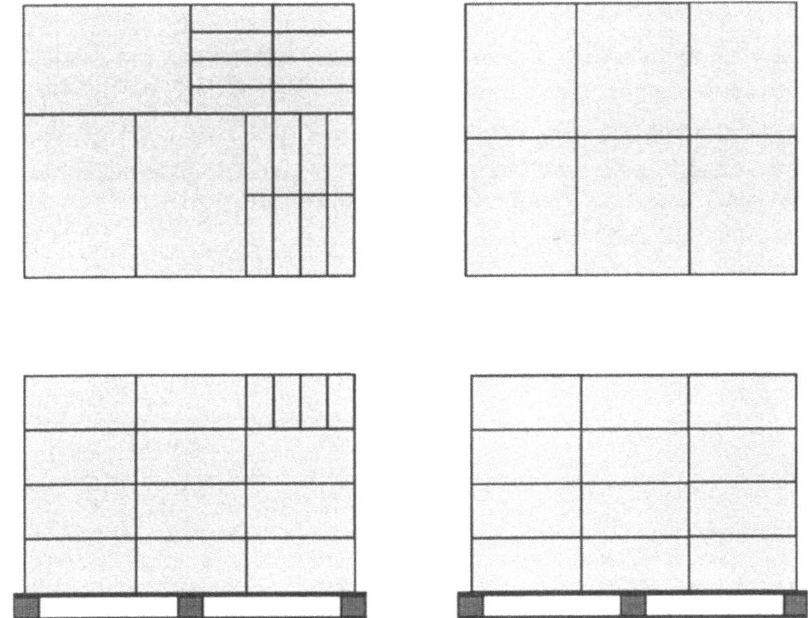

Bild 3.5.28 Stapelanleitung für Sintergroßteile

Aktivitäten der Qualitätsverbesserungsgruppe

Die aufwendig erzeugte Qualität der Produkte darf nicht durch Beschädigungen bei Transport oder Lagerung eingeschränkt werden. Dazu sind entsprechende Anweisungen bezüglich der Handhabung zu beachten:

- Erstellen Sie die erforderlichen Verfahrensanweisungen für den Transport und die Lagerung der verschiedenen Produktgruppen. Welche Regelungen sind bezüglich der Verpackung, Lagerbedingungen, Kennzeichnung der Produkte zwecks jederzeitiger Identifikation, Transportbedingungen, Schutzmaßnahmen, Handhabungsanweisungen etc. dort aufzunehmen?
- Wie läßt sich bei der Firma Anton Müller das Prinzip FiFo umsetzen?
- Welche Maßnahmen können sicherstellen, daß beim Versand der Produkte alle Unterlagen (Kundenanweisungen etc.) beigefügt sind?
- Stellen Sie in einer Anleitung zusammen, wie bei der Behandlung von Produkten mit Transport-, Lager- oder Verpackungsschäden zu verfahren ist. Beachten Sie die Einleitung von Korrekturmaßnahmen.
- Erstellen Sie einen Lageplan der Firma Anton Müller, aus dem die Produktions- und Lagerflächen sowie die Transportwege ersichtlich sind. Eventuelle Sperrlager sind gesondert auszuweisen.
- Sehen Sie Möglichkeiten, die Produktpalette der Firma Anton Müller dahingehend zu beeinflussen, daß mehr lager- und transportfreundlichere Erzeugnisse hergestellt werden?

3.6 Qualitätsmanagement in der Produktnutzungsphase

Die bei der Produktplanung, -entwicklung und -fertigung durchgeführten Qualitätssicherungsmaßnahmen sollen sicherstellen, daß die festgelegten und zugesicherten Qualitäts- und Zuverlässigkeitseigenschaften am Produkt vorhanden sind. Nur so kann der Produkthersteller seine Marktposition behaupten bzw. ausbauen und sich vor eventuellen Haftungsansprüchen weitestgehend absichern. Die am Produkt vorgenommenen Qualitätssicherungsmaßnahmen sind jedoch in ihrer Aussagefähigkeit beschränkt. Dies ist zum einen durch die hohen Kosten begründet, die im Rahmen von zerstörenden Dauertests anfallen, zum anderen steht dem der hohe Zeitaufwand für diese Dauertests entgegen. Außerdem können nicht alle Anwendungsvarianten berücksichtigt werden, die ein Produkt während der Nutzungszeit durchläuft. Zwar helfen Serienerprobungen bei der Vorserie, vor der Auslieferung Schwachstellen und Fehler zu erkennen, die bei der Herstellung nicht erfaßt wurden.

Ob eine Übereinstimmung zwischen den Qualitätsfestlegungen des Herstellers und den Qualitätsforderungen des Kunden herbeigeführt werden konnte, kann letztlich jedoch nur beim Kunden selbst erfaßt werden. Auf seine „100%-Prüfungen“ über die gesamte Nutzungszeit der Produkte ist der Produkthersteller nicht nur aus kurzfristigen Überlegungen angewiesen. Langfristig am Markt behaupten kann sich nur der Hersteller, der diese Erfahrungen aus der Nutzung in seine Qualitätsregelkreise der kontinuierlichen Verbesserung (**KVP**) einfließen läßt.

90% der Kunden, die mit der Qualität eines Produktes unzufrieden sind, werden dieses fortan meiden.

Schon aus diesen Gründen ist daher eine Ausdehnung der Qualitätsaktivitäten auf den Bereich der Produktnutzung (after sale service) anzuraten. Die im Rahmen der Produktbeobachtung und Produkthaftung dem Unternehmen auferlegten Aufgaben unterstützen diese Ausdehnung der Qualitätsaktivitäten noch von einer anderen Seite.

3.6.1 Qualität durch Produktverantwortung

Wer fehlerhafte Produkte, d.h. Produkte mit mangelnder Qualität in den Umlauf bringt, muß für die Folgen einstehen. Diese können darin bestehen, daß Negativschlagzeilen einen Imageverlust mit u. U. Umsatzeinbußen verursachen, hohe Fehlerbeseitigungskosten entstehen oder gar rechliche Ansprüche geltend gemacht werden. Diese können strafrechlicher oder zivilrechlicher Natur sein. Strafverfahren richten sich gegen einzelne Personen, die u.U. für aus dem Produkt entstandene Schäden (Tötung, Brandstiftung, Gesundheitsschädigung, Umweltverschmutzung ...) verantwortlich gemacht werden können.

Die im Rahmen von Qualitätsmanagement betrachtete Haftung ist in der Regel zivilrechtlicher Natur. Ihren Ansprüchen muß ein funktionierendes Qualitätsmanagementsystem genügen. Bei der zivilrechlichen Haftung sind die Bereiche vertragliche und außervertragliche Haftung zu unterscheiden (**Bild 3.6.1**).

Bild 3.6.1 Zivilrechtliche Haftung

Ansprüche aus **vertraglicher** Haftung können geltend gemacht werden, wenn zwischen Vertragspartnern bestimmte Vereinbarungen getroffen, aber nicht eingehalten wurden. Im Vordergrund steht hier ein Schaden an der erworbenen und fehlerhaften Sache selbst und erst in zweiter Linie ein dadurch verursachter Folgeschaden. Für damit verbundene Haftungsfälle werden die im bürgerlichen Gesetzbuch BGB dargelegten Paragraphen zur Gewährleistung und Haftung aus positiver Vertragsverletzung herangezogen. Garantiefälle sind im BGB nicht verankert und müssen von daher gesondert betrachtet werden. Dazu sind die vertraglichen Vereinbarungen heranzuziehen.

Die eigentliche Produkthaftung, manchmal auch als Produzentenhaftung bezeichnet, ist an keine Verträge gebunden. Der Hersteller haftet Dritten gegenüber für Folgeschäden seiner fehlerhaften Produkte. Innerhalb dieser **außervertraglichen** Haftung lassen sich zwei Bereiche unterscheiden, die im Rahmen von Qualitätsmanagement von ausschlaggebender Bedeutung sind:

Die **verschuldensabhängige** und die **verschuldensunabhängige** Produkthaftung Die verschuldensabhängige Produkthaftung wird durch die Paragraphen 823, 831 und 31 BGB repräsentiert. Dort ist niederlegt, welche Sorgfalt ein Hersteller, Händler etc., der Produkte in den Verkehr bringt (Verkehrssicherungspflicht), anzuwenden hat, um Dritte vor Schäden gegen die Benutzung der Produkte zu schützen. Dabei endet die Verkehrssicherungspflicht erst mit dem Zeitpunkt des Aus-dem-Verkehr-Bringens, d.h., wenn das Produkt vom Markt verschwunden ist. Die Sorgfaltspflicht erstreckt sich nach der Rechtslage des BGB auf Fehler (**Bild 3.6.2**), die in den verschiedenen Bereichen beim Hersteller entstehen können.

Die in der Übersicht dargestellten Konstruktionsfehler liegen dann vor, wenn nicht entsprechend dem Stand der Technik gearbeitet wurde. Davon abzugrenzen sind Entwicklungsfehler, die zum Zeitpunkt der Herstellung nach dem Stand der Wissenschaft und Technik nicht erkannt werden konnten. In diesem Fall besteht kein Haftungsanspruch für den Geschädigten. Haftungsausschluß kann der Hersteller jedoch nicht für sich in Anspruch nehmen, wenn seine Herstellungsprozesse technisch und organisatorisch unzulänglich gestaltet sind.

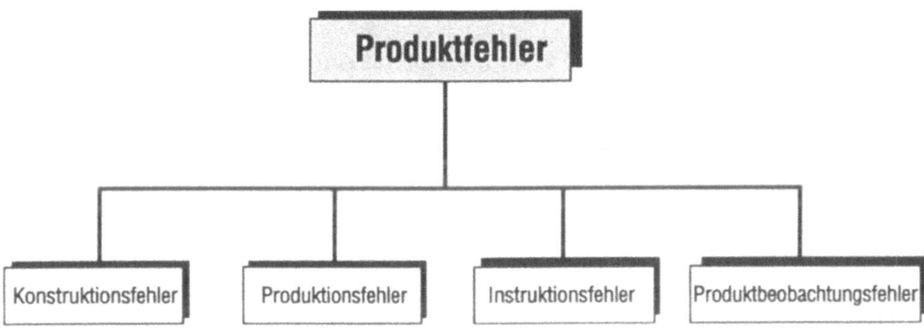

Bild 3.6.2 Fehler in der Produkthaftung des BGB

Für die Herstellung bedeutet das, daß alle Abläufe in Konstruktion, Produktion, Qualitätswesen etc. dem Stand der Technik entsprechend durchgeführt und organisiert sein müssen. Wie die Grafik deutlich macht, geht die Gesetzgebung im BGB über den eigentlichen Herstellungsprozeß hinaus. Außervertragliche Haftung kann auch dann zum Tragen kommen, wenn die Produktnutzung im Markt nicht hinreichend beobachtet wird oder der Gebrauch der Produkte nicht hinreichend abgesichert ist (Instruktionsfehler).

Hier ist ein erheblicher Mangel bei der Firma Anton Müller zu verzeichnen. Die von der Firma Anton Müller auf dem Markt angebotenen Produkte werden teilweise ohne entsprechende Gebrauchsanleitungen, Montageanleitungen etc. vertrieben. Sofern solche Anleitungen vorhanden sind, sind diese veraltet, unvollständig oder nicht in der Landessprache verfaßt. Warnungen bezüglich eines Falschgebrauchs der Produkte sind nicht oder nicht in der Güte ausgeführt, die eine Haftung ausschließen könnten. Dies vor allen Dingen nicht, wenn der Geschädigte von seiner Wahlfreiheit Gebrauch macht und seine Ansprüche nach dem seit dem 1.1.1990 gültigen Produkthaftungsgesetz geltend macht.

Im Grundsatz mit den Paragraphen des BGB übereinstimmend wird im Produkthaftungsrecht die Haftung unabhängig davon gemacht, ob ein Verschulden vorliegt oder nicht. Entlastungsmöglichkeiten sind daher nur noch in wenigen den Fällen möglich, indem der Hersteller, Lieferant etc. nachweist, daß

- er das Produkt nicht in Verkehr gebracht hat,
- der Fehler erst nach dem In-Verkehr-Bringen entstanden ist, d.h. nicht ursprünglich ist,
- das Produkt nicht gewerbsmäßig hergestellt wurde,
- die Fehler aus zwingenden Rechtsnormen entstanden sind,
- die Fehler nach dem Stand von Wissenschaft und Technik nicht vorhersehbar waren.

Für diese Nachweise fehlen in den Firma Anton Müller zur Zeit noch die erforderlichen Voraussetzungen.

Empfehlungen

Ein Qualitätsmanagementsystem muß allen rechtlichen Anforderungen der vertraglichen und außervertraglichen Haftung genügen. Die mit dieser Produkt- bzw. Produzentenhaftung verbundenen Verpflichtungen sind jedoch nicht ausreichend. Die keinen rechtlichen Normen unterworfenen Auswirkungen von Produktfehlern sind für ein erfolgsorientiertes und gesellschaftlich orientiertes Unternehmen mehr als beachtenswert. Grundsätzlich ist hier die **Produkthaftung** von der **Produktverantwortung** zu unterscheiden.

Die Produktverantwortung reicht bis zum Ende der Lebensdauer!

Im Rahmen von Qualitätsmanagement trägt der Produzent nicht nur die Produzentenhaftung, sondern auch einen erheblichen Teil der gesamten Produktverantwortung. Sicher tragen auch die Kunden über ihre Kaufentscheidungen und ihre Nutzungsgewohnheiten unbestreitbar einen erheblichen Anteil zu der Produktverantwortung bei; sicher kann auch der Handel über Restribution wiederverwendbarer Stoffe und Produkte zu einem Teil daran mitwirken. Den Kernbereich der Produktverantwortung wird jedoch kurz-, mittel- und langfristig der Produzent zu tragen haben.

Auf Tendenzen, diese Verantwortung stärker zu splitten, kann sich die Firma Anton Müller nicht einrichten. Sie sollte kundenorientiert über den Rahmen der Produkthaftung hinaus tätig werden. Dazu gehört beispielsweise die Verwendung umweltfreudlicher Stoffe, die Entwicklung langlebiger Produkte, die Entwicklung von Konzepten und Verfahren zur Rücknahme und Verwertung von Produkten (after-use-service), der sparsame Gebrauch von Ressourcen, die Recyclierbarkeit von Produkten etc.

Diese Aspekte – das zeigen schon jetzt die im Rahmen von Umweltmanagementsystemen angestrebten Zertifizierungen – werden auf einem zukunftsorientierten Markt nicht ohne Bedeutung bleiben. Qualitätsaktivitäten in diesem Bereich sollten sich für die Firma Anton Müller mittel- bis langfristig auszahlen. Als kurzfristige Maßnahme ist hier aber vor allem die Entwicklung von anwenderfreundlichen Instruktionsanleitungen, Gebrauchsanleitungen, Montageanleitungen, Inbetriebssetzungsanleitungen, Zubereitungsanleitungen, Bedienanleitungen etc. bei der Firma Anton Müller erforderlich. Um Imageverlusten und Schadensersatzansprüchen auszuweichen, sollten die Produkte mit einheitlichen und eindeutigen Instruktionsleitfäden ausgeliefert werden, die auf eventuelle Nebenwirkungen und Folgen bei unsachgemäßer Nutzung hinweisen.

Aktivitäten der Qualitätsverbesserungsgruppe

Die bei der Firma Anton Müller tätigen Qualitätsverbesserungsgruppen kommen praktisch alle auf irgend eine Weise mit der Produkthaftung und Produktverantwortung in Berührung. Einerseits muß in einem funktionierenden Qualitätsmanagementsystem jedes Qualitätssicherungselement einer Forderung der Rechtsprechung zur Produkthaftung entsprechen und andererseits ist in einem auf gesellschaftliche Orientierung ausgerichteten Unternehmen der Gedanke einer corporate identity nur zu leben, wenn die Produktverantwortung nicht am Werktor abgegeben wird:

- Stellen Sie in einem Raster den QM-Elementen der DIN ISO 9004 und 9001 entsprechende Forderungen der Rechtsprechung zur Produkthaftung gegenüber. Welche Anpassungen und Modifikationen sind für die Firma Anton Müller erforderlich?
- Versuchen Sie die Dokumentation der Firma Anton Müller unter Produkthaftungsgesichtspunkten zu vervollständigen. Wie wirkt sich hier die Beweislast aus? Welche zusätzlichen Dokumente könnte eine konsequent angewandte Produktverantwortung erforderlich machen? Inwieweit sehen Sie Möglichkeiten bei der Firma Anton Müller, die Produktverantwortung auch auf den Handel und die Kunden der Firma Anton Müller auszudehnen?
- Erstellen Sie die erforderlichen Instruktionsanleitungen für die Produkte der Firma.
- Diskutieren Sie Möglichkeiten einer Überwachung der Produktverantwortung.
- Inwieweit kann der Vertrieb auf die Produktverantwortung des Kunden und des Handels einwirken?

3.6.2 Kundenrückinformationssysteme

Aus Gründen der Produkthaftung wird jedem Produkthersteller nahegelegt, seine Produkte in der Nutzungsphase sorgfältig zu beobachten, um rechtzeitig auf eventuelle Fehlentwicklungen reagieren zu können (Rückrufaktionen, nachträgliche Warnpflichten ...). Nur so kann sich das Unternehmen vor Schadensersatzansprüchen aus nachträglichen Produktfehlern absichern. Konsequent weisen daher auch die Normen DIN ISO 9000ff die Elemente Marktberichterstattung und Produktbeobachtung aus:

„Wenn es angemessen ist, kann ein Frühwarnsystem eingerichtet werden zur Berichterstattung über Fälle von Produktausfällen oder -unzulänglichkeiten, insbesondere für neu eingeführte Produkte, um schnelle Korrekturmaßnahmen sicherzustellen. Zur Überwachung der Qualitätsmerkmale des Produktes während seiner Lebensdauer sollte ein Rückkopplungssystem bestehen, das das Leistungsverhalten des Produkts während seines Einsatzes betrifft. Dieses System sollte für die ständige Analyse des Ausmaßes entwickelt sein, in welchem das Produkt ... die Qualitätserwartungen des Kunden erfüllt, eingeschlossen Sicherheit und Zuverlässigkeit. Informationen über Reklamationen, über Auf-

treten und Arten von Ausfällen, über Kundenerfordernisse und -erwartungen oder über andere beim Gebrauch aufgetretene Probleme sollten für Design-Reviews und Korrekturmaßnahmen im Vertrieb ... zugänglich gemacht werden" [40].

Empfohlen wird ein **Kunden-Rückinformationssystem** im Marketingbereich (Service), da hier die direkte Schnittstelle zum Kunden vorhanden ist.

„*Die Marketingfunktion sollte ein System der Informationsüberwachung auf kontinuierlicher Basis einführen. Alle qualitätsbezognenen Informationen über ein Produkt oder eine Dienstleistung sollten entsprechend festgelegten Verfahren analysiert, kritisch verglichen, interpretiert und bekanntgemacht werden. Solche Informationen werden bei der Feststellung der Art und des Ausmaßes von Problemen mit Produkten ... in bezug auf Erfahrungen und Erwartungen des Kunden behilflich sein. Zusätzlich kann die Rückinformation Anhaltspunkte für mögliche Änderungen des Designs ... liefern ...*" [40].

In diesen Normen spiegeln sich Funktionen wider, die weit über den Bereich der Produkthaftung hinaus gehen. Im Vordergrund steht auch hier wieder die Zufriedenstellung der Kunden. Doch wann ist der Kunde zufrieden?

Die wenigsten Kunden geben sich heute mit der Erfüllung der in Spezifikationen und Verträgen ausdrücklich festgelegten Forderungen zufrieden (wie bestellt). Meist erwartet der Kunde auch solche Qualität, wie sie heute üblich ist, teilweise sogar, wie er sie sich heimlich erhofft (wie heimlich erwartet). Zusätzlich wünscht sich der Kunde auch noch lange Zeit nach dem Kauf die Bestätigung, sich richtig entschieden zu haben bzw. entscheiden zu können (wie nicht anders erwartet).

Zumindest über die beiden letzten Kundenerwartungen kann nur die Produktnutzungsphase Auskunft geben. Erst dort läßt sich mit letzter Sicherheit feststellen, ob die vom Hersteller vorgenommenen Qualitäts- und Zuverlässigkeitsfestlegungen mit den Kundenforderungen übereinstimmen. Inwieweit daraus zukünftiges Kunderverhalten abgeleitet werden kann, ist nicht zuletzt von der Art und Präzision der Datenerfassung abhängig.

Der bei der Firma Anton Müller eingerichtete Kundendienst vermag diese Leistungen in der eingerichteten Form nicht zu erbringen. Die beim Kunden anfallenden Informationen werden in der Regel nicht schriftlich fixiert und stehen von daher nicht für weitere Auswertungen zur Verfügung. Die mit Reklamationen verbundenen Fehlerkorrekturen sind produktbezogen ausgerichtet und kurzfristig angelegt (Sofortmaßnahmen). Einen großen Zeitraum aller „Korrekturmaßnahmen" beansprucht dabei die Suche nach den Schuldigen. Sind diese ausfindig gemacht, werden Abstellmaßnahmen eingeleitet, die an den Symptomen ausgerichtet sind (Einzelfehlerdenken). Systematische Ursachenforschung wird nicht betrieben. Da der Kundendienst im Vertrieb angesiedelt ist, liegen die angefallenen Kundendaten dort zumindest mündlich vor. Eine gelenkte Weitergabe und Auswertung dieser Informationen für andere Abteilungen wird jedoch nicht praktiziert. Kundenbefragungen, denen keine Gewährleistungsfälle oder Kundenreklamationen vorausgehen, fehlen völlig.

Empfehlungen

Nicht nur aus rechtlichen Gründen ist der Firma Anton Müller dringend zu empfehlen, daß vorhandene Vertriebssystem zu überdenken. Der Vertrieb ist die direkte Schnittstelle zwischen der Firma Anton Müller und ihren Kunden. Hier muß die Qualität im wahrsten Sinne des Wortes aktiv verkauft werden. Bereits vor der Nutzung eines Produkts werden zahlreiche Kundenkontakte durchgeführt. Dazu gehören Besuche von Außendienstmitarbeitern ebenso wie Messekontakte, Beratungsgespräche bei der Angebotserstellung und Vertragsgestaltung und Kontakte mit dem Kundenservice bei der Auftragsabwicklung. Die Qualität dieser Kontakte prägt die Qualitätsfähigkeit eines Unternehmens im besonderen Maße. Daten aus diesen Kundenkontakten dürfen daher nicht vernachlässigt werden. Ihre Erfassung über Checklisten etc. und anschließende Auswertung kann aufschlußreich für vielfältige betriebliche Prozesse sein.

In diesem Rahmen ist auch der Kundendienst zu nennen. Häufig bereits im Bereich zwischen der Herstellung und der Nutzung angesiedelt, etwa wenn Anlagen zu installieren sind oder abgenommen werden müssen, überwiegend allerdings dann tätig, wenn Reklamationen, Gewährleistungsfälle etc. auftreten, ist er in der Lage, eine Fülle von Felddaten zu liefern. Mit diesem Rückkopplungsystem vom Kunden zum Hersteller lassen sich:

- Fehler und Schwachstellen am Produkt feststellen, die anders nicht erkannt werden konnten,
- Daten über Lebensdauer, Zuverlässigkeit, Wartungskosten, Garantiekosten, Betriebsrisiken etc. ermitteln,
- Maßnahmen gegen Drittausfälle finden,
- Vergleiche zu Konkurrenzprodukten anstellen,
- Ansatzpunkte festmachen, wie der Stand der Technik ist,
- die Dokumente bestimmen, die zur Abwehr von Schadensersatzansprüchen geführt werden müssen,
- Verbesserungsmaßnahmen auf ihre Wirksamkeit überprüfen,
- notwendige Rückstellungen für unvorhersehbare Fälle reduzieren.

All dies sind Informationen, die den kontinuierlichen Verbesserungsprozeß (KVP) bei der Firma Anton Müller erst auf eine gesicherte Basis stellen. Dazu stehen zahlreiche Datenquellen zur Verfügung. Um hier sachgerecht operieren zu können, ist eine systematische Vorgehensweise anzuraten. Das vordringlichste Problem bei der Firma Anton Müller ist die mangelhafte Handhabung der Kundenreklamationen. Zur Erfassung dieser Daten kann auf Kundendienstberichte Kundenbeanstandungen, Reklamationen, Qualitätsabweichungsberichte, Wartungsprotokolle, Garantiemeldungen, Berichte aus Rückrufaktionen, Abnahmeprüfberichte, Inbetriebnahmeprotokolle, Wareneingangsprotokolle, Reiseberichte, Störmeldungen etc. zurückgegriffen werden.

Die Auswertung dieser Daten kann unter zwei Gesichtpunkten betrachtet werden: Sofortmaßnahmen und Qualitätslenkung.

Bei den **Sofortmaßnahmen** steht die schnellstmögliche Fehlerbeseitigung im Vordergrund. Nach Überprüfung der Vertragsituation und Rückverfolgung des Vorgangs wird Nachlieferung, Austausch, Garantiereparatur etc. beschlossen und die Durchführung überwacht.

Korrekturmaßnahmen zur **Qualitätslenkung** erfordern eine andere Vorgehensweise. Hier steht die Fehlersuche und Ursachenforschung im Vordergrund, aus der sich die Qualitätsfähigkeit der Unternehmung ablesen läßt und die Ausgangspunkt für Qualitätsverbesserungsmaßnahmen sein kann. Dazu sind die Daten für die entsprechenden Stellen aufzubereiten (Klassierung, grafische Darstellung, Qualitätskennzahlen, Pareto-Analyse ...). Nach dieser Aufbereitung sind Qualitätsmängel eindeutiger identifizierbar und Problemlösungstechniken besser zugänglich. Häufig kann auch abgelesen werden, welche Maßnahme vorrangig in Angriff genommen werden soll.

Als Problem eines Reklamationserfassungssystems muß jedoch angesehen werden, daß nicht alle Datenquellen gleichermaßen Berücksichtigung finden dürfen. In vielen Fällen wird nicht geäußerte Kundenunzufriedenheit nicht erkennbar.

Nur 4% der unzufriedenen Kunden beschweren sich über mangelnde Qualität.

Ebenso kann zukünftiges Kundenverhalten aus diesen Daten nicht geschlossen werden. Aus diesen Gründen sollte überlegt werden, ob nicht Maßnahmen der Marktforschung (Beobachtung, Kundenbefragungen, Experimente mit Pilotanwendern, Kundenzufriedenheitsanalysen etc.) das Kundendienstsystem der Firma Anton Müller abrunden könnten. Ein langfristiger Nutzen könnte sich für die Firma Anton Müller daraus einstellen.

Aktivitäten der Qualitätsverbesserungsgruppe

Beim Aufbau eines Kunden-Rückinformationssystems bei der Firma Anton Müller sind alle betroffenen Abteilungen mit einzubinden. Allen muß klar werden, daß Kundenforderungen der einzige objektive Qualitätsmaßstab sind. Der Vertrieb und Kundendienst muß daher die Methoden und Techniken des Qualitätsmanagements ebenso beherrschen und anwenden, wie etwa die entwickelnden und produzierenden Abteilungen:

- Ermitteln Sie den Schulungsbedarf für die Vertriebsabteilung der Firma Anton Müller.
- Erstellen Sie Verfahrensanweisungen für Sofortmaßnahmen bei festgestellten Qualitätsmängeln.

- Entwickeln Sie ein Erfassungssystem für Daten aus der Produktnutzungsphase. Welche Datenaufbereitung ist wofür sinnvoll? Wie können diese Daten zur Qualitätslenkung fruchtbar werden? Erstellen Sie die erforderlichen Verfahrensanweisungen für Korrekturmaßnahmen mit Fehleranalyse und Ursachenforschung.
- Stellen Sie dar, welche Probleme bei der Erfassung und Auswertung von Kundendaten auftreten können. Welche Datenquellen sollten für die Firma Anton Müller erschlossen werden?
- Die von den Servicestätten der Firma Anton Müller ausgeführten Reparaturen basieren auf dem Austausch kompleter Baugruppen. Dadurch wird eine Fehlerursachenfeststellung erschwert. Diskutieren Sie Möglichkeiten, dieses Problem zu lösen.
- Versuchen Sie in Ihren Qualitätsverbesserungsgruppen die Bedingungen für eine prozeßorientierte Reklamationsbearbeitung zu erörtern. Wie kann das System auf die Firma Anton Müller übertragen werden? Errichten Sie ein entsprechend ausgestaltetes Reklamationserfassungssystem.
- Wie beurteilen Sie die Ergänzung des eingerichteten Reklamationserfassungssystems durch Methoden und Techniken der Marktbeobachtung und -befragung? Welche Chancen könnte eine Kundenzufriedenheitsanalyse bieten? Die Unternehmensleitung könnte diesen kostenintensiven Maßnahmen eine Reihe von Argumenten entgegenhalten. Auf welche Argumente müssen Sie sich einstellen?
- Welche Qualifizierungsmaßnahmen für Kunden könnten bei der Firma Anton Müller eingerichtet werden?
- Wie sollte eine Ausfalldiagnose aussehen, damit die Qualitätsdaten für eine statistische Auswertung (Pareto, Weibull etc.) erfaßt werden?

3.6.3 Qualität und Instandhaltung

Unter Qualitätsgesichtspunkten läßt sich die Instandhaltung auf zwei Ebenen ansiedeln:

- Instandhaltung im Sinne der DIN ISO 9000ff an den poduzierenden Einrichtungen: „*Vor ihrem Einsatz sollten alle Produktionseinrichtungen auf Richtigkeit und Präzision geprüft werden, eingeschlossen der Maschinenpark, die Vorrichtungen, Spannmittel, Werkzeuge, Schablonen, Modelle und Lehren ... Ein Programm zur vorbeugenden Wartung sollte eingeführt werden, um eine fortdauernde Prozeßfähigkeit sicherzustellen ...*“ [40].
- Instandhaltung im Sinne von Qualitätsmanagement am erstellten Produkt. Im Vordergrund steht hier die Instandhaltungsfreudigkeit der erzeugten Produkte und der Kundendienst.

Beiden Fällen liegen jedoch die gleichen Bedingungen zugrunde. *„Instandhaltung (ist) die Gesamtheit der Maßnahmen zu Bewahrung und Wiederherstellung des Sollzustands sowie zur Feststellung und Beurteilung des Istzustands“* [25]. Im Rahmen der Literatur zur Instandhaltung wird dieser Sollzustand, der den ausgehandelten bzw. vertraglich festgelegten Qualitäts- und Zuverlässigkeitsmerkmalen entspricht, mit dem Terminus **Abnutzungsvorrat** bezeichnet (DKIN= Deutsches Komitee Instandhaltung). In der Regel ist dieser Abnutzungsvorrat zu Beginn der Nutzung 100%. Mit der Nutzung sinkt dieser Abnutzungsvorrat etwa nach folgenden Kurve (**Bild 3.6.3**):

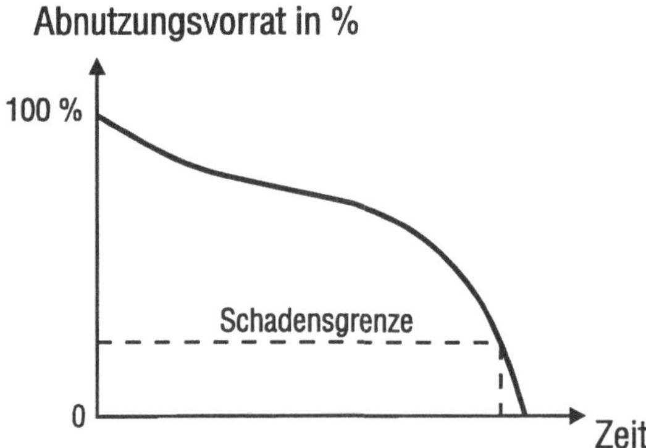

Bild 3.6.3 Verlauf des Abnutzungsvorrats über die Zeit

Der Verlauf der Kurve wird dabei von den Einflußgrößen: Eigenschaften der Komponente, Betriebsbedingungen und Umweltbedingungen maßgeblich mitbestimmt. Instandhaltung wird die Aufgabe zugewiesen, diesen Verlauf positiv zu beeinflussen. Dazu werden die Mittel Wartung, Inspektion und Instandsetzung sinnvoll kombiniert (**Bild 3.6.4**).

Inspektion ist eine Maßnahme zur Feststellung und Beurteilung der Ist-Zustände (**Bild 3.6.5**). Durch Zählen, Messen und Prüfen wird festgestellt, welcher Abnutzungsgrad vorliegt und ob Eingriffe erfoderlich sind.

Wartung ist eine Maßnahme zur Bewahrung des Soll-Zustandes oder besser zur Verlangsamung des Abbaus des Abnutzungsvorrats (**Bild 3.6.6**). Die Neigung der Abbaukurve wird dadurch verringert.

Wenn durch Inspektion festgestellt wurde, daß der Abnutzungsvorrat soweit abgebaut ist, daß die Funktionstüchtigkeit nicht mehr gewährleistet werden kann, dann ist zu prüfen, ob und in welchem Umfang **Instandsetzungsmaßnahmen** (Ausbessern, Einstellen, Austauschen ...) erforderlich sind (**Bild 3.6.7**).

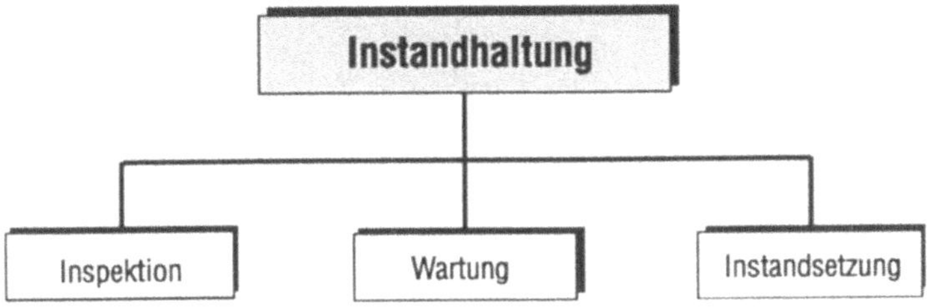

Bild 3.6.4 Teilbereiche der Instandhaltung

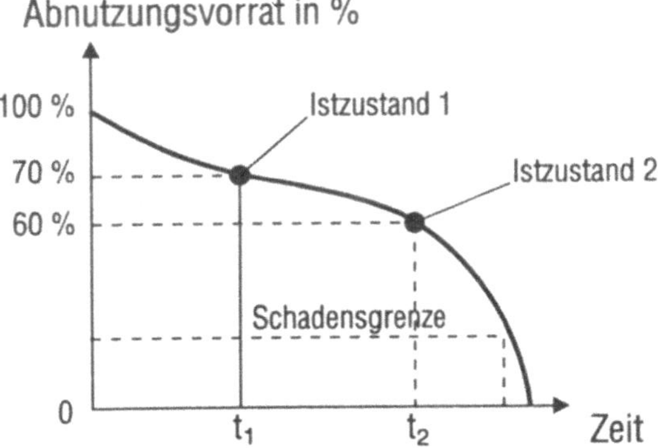

Bild 3.6.5 Feststellen des Abnutzungsvorrats

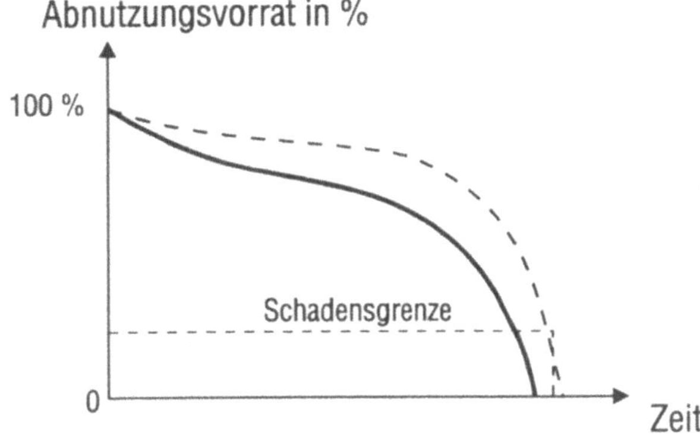

Bild 3.6.6 Verändern der Abnutzungskurve durch Wartung

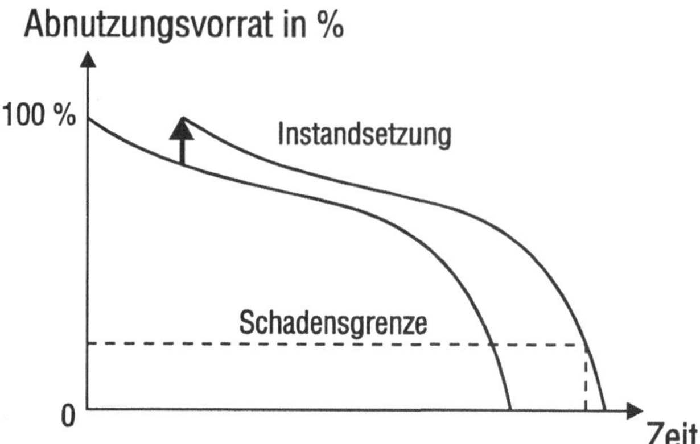

Bild 3.6.7 Verändern der Abnutzungskurve durch Instandsetzung

Die bei der Firma Anton Müller installierte Instandhaltung kann den Ansprüchen eines zukunftsorientierten Qualitätsmanagements nicht entsprechen, weder für die eigenen Anlagen, noch für die Instandhaltungsfreudigkeit der erzeugten Produkte.

Die in den letzten Jahren enger gewordenen Erlöse wurden vielfach auf Kosten der Instandhaltung kompensiert, um das Betriebsergebnis einigermaßen positiv erscheinen zu lassen. Eindeutig wurde der Zielkonflikt zwischen Betriebstechnik (Wie hoch muß mein Instandhaltungsetat sein, um die Instandhaltungsziele zu realisieren?) und Management (Wie hoch dürfen die Instandhaltungskosten sein, um die kaufmännischen Betriebsziele nicht zu gefährden?) zugunsten der kaufmännischen Sichtweise des Managements entschieden.

Dieser Sichtweise fielen auch die Instandhaltungserwägungen bezüglich der verkauften Produkte zu Lasten. Der technische Kundendienst wurde zurückgefahren; Betriebsanleitungen nur dort mitgeliefert, wo sie aus gesetzlichen Gründen unabdingbar waren. Ziele bezüglich instandhaltungsfreudigerer Konstruktionen wurden gänzlich zurückgestellt.

Empfehlungen

Die Zuverlässigkeit und Qualität von Produkten kann erhöht werden durch zusätzliche Aufwendungen bei der Herstellung und Entwicklung (bessere Materialien, Lebensdauertests ...) oder durch aufwendigere Maßnahmen bei Inspektion, Wartung und Instandsetzung. Im Sinne von Qualitätsmanagement ist die erste Position stets vozuziehen, wenn es um die Produktherstellung geht. Der Kunde ist langfristig nur zufriedenzustellen, wenn die Produkte der Firma Anton Müller instandhaltungsfreudig entwickelt und produziert werden, die notwendigen Instruktionsanleitungen vorhanden sind und der Kundendienst den Anforderungen entspricht. Dazu gehört auch, daß die Firma Anton Müller sich ihrer Produktverantwortung bewußt wird und Verfahren einführt, damit entsprechende Erkenntnisse aus der Produkteinsatzphase in die Produktherstellung einfließen können.

Damit wird eine Neugestaltung der Instandhaltung erforderlich. Diese bezieht sich auf Verkaufsprodukte ebenso wie auf die produzierenden Einrichtungen. Bei der Neugestaltung der Instandhaltung ist zu entscheiden, ob eher eine **wiederherstellende** d.h. schadensbezogene oder eine **vorbeugende** Instandhaltung mit zeitbezogenen oder zustandsabhängigen Eingriffen realisiert werden soll (**Bild 3.6.8**). Welche Instandhaltung bei der Firma Anton Müller zum Tragen kommen soll, kann letztendlich nur vor Ort entschieden werden.

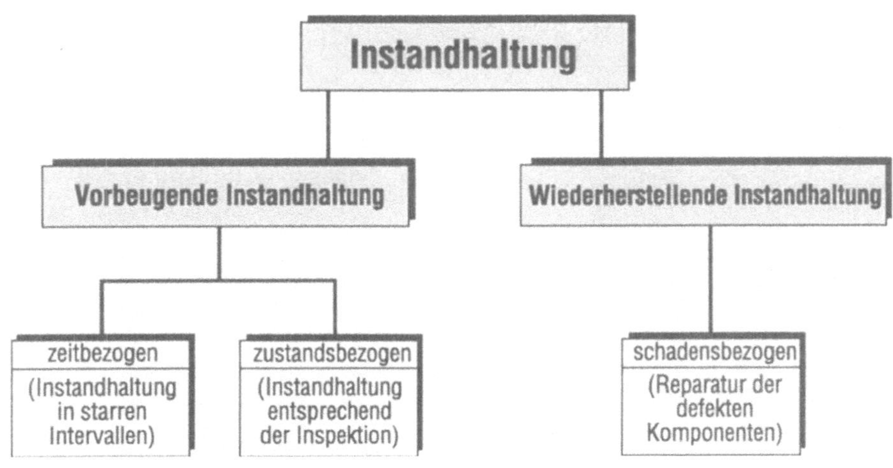

Bild 3.6.8 Instandhaltungsmethoden

Für die Instandhaltung ihrer Produktionseinrichtungen sollte die Firma Anton Müller analog der Qualitätssicherung ein **Instandhaltungshandbuch** zur Dokumentation der qualitätssichernden Instandhaltung anlegen. In diesem Handbuch sind die Verfahrensanweisungen für Wartung, Inspektion und Instandsetzung einschließlich der dazu erforderlichen Einrichtungen und Mittel nebst deren Überwachung niederzulegen.

Aktivitäten der Qualitätsverbesserungsgruppe

Qualitätsmanagement und Instandhaltung weisen grundsätzliche Parallelen auf, die jedoch unter einem anderen Blickwinkel betrachtet werden müssen. Beide behandeln Ausfälle bzw. versuchen diese zu vermeiden. Im Vordergrund der Instandhaltung steht dabei das ausgefallenen Produkt, während Qualitätsmanagement die nachfolgenden Produkte im Fokus hat. Dabei darf jedoch nicht vergessen werden, daß moderne Instandhaltung auch immer eine planende, beurteilende und alternative Lösungen aufzeigende und prüfende Technik ist, die weit über das bloße Reagieren hinausgeht. Hier sind Berührungspunkte mit dem Qualitätsmanagement unverkennbar:

- Geben Sie Hilfestellung bei der Entscheidung, ob für die Firma Anton Müller eine schadensabhängige oder vorbeugende Instandhaltung zu wählen ist.
- Entwickeln Sie mit den Instandhaltern Verfahrensanweisungen zur Wartung, Inspektion und Instandsetzung. Wo sollen diese Dokumente niedergelegt werden? Wer ist für die Verwaltung und Ausführung verantwortlich? Erkunden Sie die Fortbildungserfordernisse in diesem Bereich.
- Stellen Sie Verknüpfungspunkte des Instandhaltungssystems als Teil der Unternehmensqualität zum Qualitätsmanagement her. Wie kann die Qualität der Prüfmittel für die Inspektion sichergestellt werden?
- Erstellen Sie die erforderlichen Instandhaltungsanleitungen für die Firma Anton Müller.
- Beurteilen Sie den Einsatz von Handwerksbetrieben für den Bereich Kundendienst mit Instandhaltung für die Firma Anton Müller. Ist für einige Produkte u. U. die Do-It-Your-Self Methode durch den Kunden anzuraten? Nehmen Sie Stellung zu dieser Argumentation.
- Stellen Sie Möglichkeiten dar, Informationen aus dem Instandhaltungbereich mit einem rechnergestützten Qualitätsmanagementsystem (CAQ) zu verknüpfen. Wie könnte eine zustandsabhängige Instandhaltung mit SPC und weiterführenden Prozeßanalysen gekoppelt sein?
- Inwieweit ist für weitergehende Instandhaltungsstrategien der Einsatz eines **P**roduktions- **P**lanungs- und **S**teuerungssystems (PPS-System) erforderlich?

3.7 Qualitätsauditierung

Bedingt durch harten Wettbewerb und ständig steigende Qualitätsanforderungen durch den Kunden ist das Qualitätsaudit bei allen qualitätsbewußten Unternehmen zu einem wichtigen Instrument ihrer Unternehmenspolitik geworden. Es dient zur Überwachung und Verbesserung aller Teile des Qualitätsmanagementsystems. Nach DIN ist das Qualitätsaudit als *„das Beurteilen der Wirksamkeit des Qualitätsmanagementsystems oder von Qualitätssicherungselementen aufgrund einer unabhängigen, systematischen Untersuchung"* definiert [28].

Die DIN ISO 10011 T1 bzw. ISO 8402 versteht unter einem Qualitätsaudit *„Eine systematische und unabhängige Untersuchung, um festzustellen, ob die qualitätsbezogenen Tätigkeiten und die damit zusammenhängenden Ergebnisse den geplanten Vorgaben entsprechen und diese Vorgaben effizient verwirklicht werden und geeignet sind, die Ziele zu erreichen"* [34].

Der Begriff „Audit" stammt ursprünglich aus dem Lateinischen (audire = hören, zuhören). Im deutschsprachigen Raum wurde es aus dem Englischen übernommen, wo es soviel wie Revision, also Buchprüfung oder Rechenschaftslegung bedeutet. Der Auditor ist der Revisor. Auch in Deutschland wurde zunächst der Begriff „Qualitätsrevision" verwendet. Wegen der ständigen Verwechslungsgefahr mit der in jedem größeren Betrieb existierenden Abteilung „Revision" spricht man heute nur noch von „Qualitätsaudit".

Qualitätsaudits (**Bild 3.7.1**) können auf das gesamte Qualitätsmanagementsystem oder Teile davon, auf Verfahren (Prozesse) oder Produkte angewendet werden.

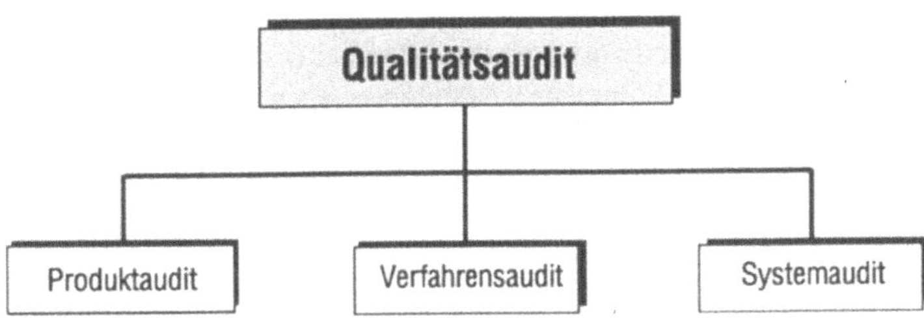

Bild 3.7.1 Qualitätsaudits

Alle Audits können entweder **intern** von kompetenten Betriebsmitgliedern durchgeführt werden (interne Audits) oder **extern** vom Kunden bzw. durch neutrale Gesellschaften wie die DQS, der TÜV etc.

Produkt- und Verfahrensaudits werden in der Regel betriebsintern durchgeführt. Die Durchführung von Systemaudits wird sowohl betriebsintern auf Veranlassung der Unternehmensleitung als auch durch dritte Personen durchgeführt. Dies ist besonders dann der Fall, wenn eine **Zertifizierung** des Unternehmens angestrebt wird.

Jedes Qualitätsaudit muß sorgfältig geplant und vorbereitet werden. Die einzelnen Auditarten unterscheiden sich zwar in der Art und Weise der Durchführung, allen gemeinsam sind jedoch einige wichtige Schritte in der Planungsphase:

Schritt 1: **Erstellung eines Konzepts**
(Der für die Qualitätssicherung zuständige Bereich des Unternehmens definiert die Art des durchzuführenden Qualitätsaudits, erläutert die Notwendigkeit und die Zielsetzung, ermittelt die Kosten und regelt die Verantwortlichkeiten.)

Schritt 2: **Genehmigung des Konzepts**
(Die Unternehmensleitung genehmigt das Konzept. Sie identifiziert sich mit der Aufgabenstellung und der Zielsetzung des Qualitätsaudits, indem sie deutlich macht, daß sämtliche Aktivitäten von ihr ideell und materiell unterstützt werden. Sie informiert die betreffenden Bereiche und leistet kraft ihrer Autorität Motivationsarbeit.)

Schritt 3: **Umsetzung des Konzepts**
(Das Qualitätsaudit wird als verbindliche Arbeitsanweisung mit Unterschrift der Unternehmensleitung allen zu auditierenden Bereichen bekannt gemacht. Es wird im Qualitätsmanagementhandbuch dokumentiert. Menschlich und fachlich geschultes Auditpersonal wird mit der Durchführung beauftragt. Die technischen Voraussetzungen für die Durchführung werden geschaffen.)

Empfehlungen

Es sollte eine Auditierung durchgeführt werden mit dem Fernziel der Zertifizierung. Da im Sinne des TQM-Konzepts eine ständige Selbstprüfung und Selbstverbesserung stattfinden soll, spielt die Eigenverantwortung aller Mitarbeiter eine wesentliche Rolle. Eine Fremdüberwachung des Qualitätsmanagementsystems durch externe Audits soll zukünftig nur der Ausnahmefall sein.

3.7.1 Produktaudit

Ein Produktaudit wird immer dann durchgeführt, wenn im Betrieb selbst Fehler an versandfertigen Produkten festgestellt werden oder durch den Kunden Fehler bei bereits ausgelieferten Produkten reklamiert werden. Die Überprüfung erfolgt mit Hilfe einer der Komplexität und der Fertigungsstückzahl des Produktes angemessenen Stichprobe. Erfolgt das Produktaudit intern, so setzt sich die Auditorengruppe aus Mitarbeitern aller technischen Bereiche des Betriebs zusammen. Es sollte gewährleistet sein, daß diese Personen menschlich und fachlich für diese Aufgabe geschult worden sind und nicht in unmittelbarer Verantwortung für die Fertigung des zu auditierenden Produkts stehen. Dieses Audit sollte eine Produktbewertung nicht nur nach betriebsinternen Kriterien zulassen, sondern auch aus dem Blickwinkel des Kunden durchgeführt werden. Gewöhnlich wird eine Fehlergewichtung vorgenommen, wobei in kritische Fehler, Hauptfehler und Nebenfehler unterteilt wird. Ordnet man jeder Fehlerklasse eine bestimmte Punktzahl zu, so läßt sich aus der Art und der Anzahl der Fehler eine Qualitätskennziffer QKZ ermitteln. Die Bewertungsart eines Produkts mit Hilfe einer Qualitätskennziffer ermöglicht ein Vergleichen des Qualitätstrends für ein Produkt nach Fehlerkorrekturen.

Wie die Untersuchungen bei der Firma Anton Müller erkennen ließen, wurden dort ähnliche Konzepte für verschiedene Produktgruppen gefahren. Ausgangspunkt für diese Untersuchungen waren immer Probleme mit Kundenforderungen, die in der Fertigung nicht realisiert werden konnten. Die mit dem Produktaudit verbundenen Zusammenhänge sind daher bei der Firma Anton Müller nicht unbekannt und stoßen bei den Mitarbeitern auf fruchtbaren Boden.

Die Duchführungsschritte und die Systematik sind in der Firma jedoch unbekannt. Die folgenden Ausführungen sollen daher die Zusammenhänge im Überblick verdeutlichen.

Die Durchführung eines Produktaudits geschieht in der Regel nach folgendem Ablaufplan (**Bild 3.7.2**):

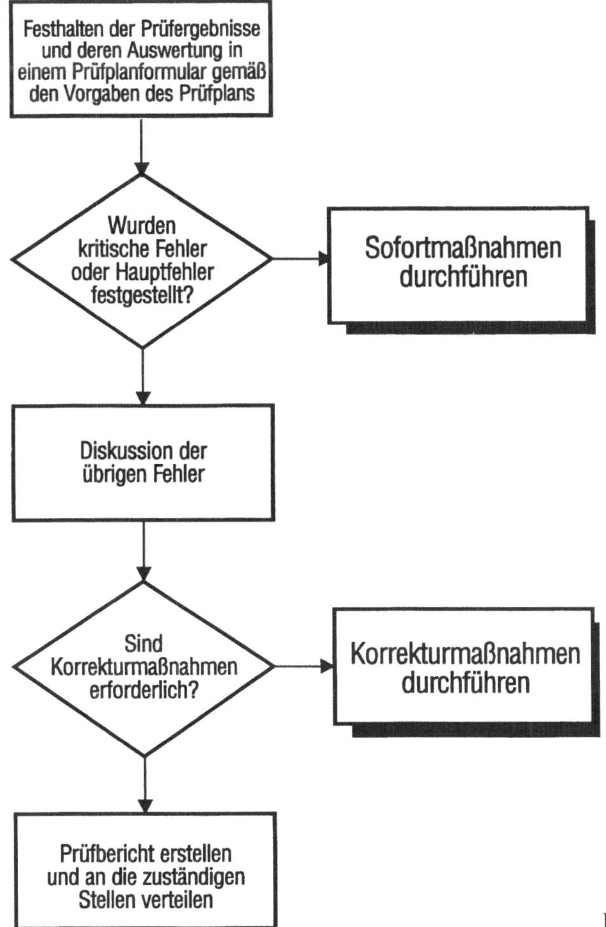

Bild 3.7.2 Ablaufplan Produktaudit

Sind bei Produkten kritische Fehler oder Hauptfehler festgestellt worden, so ist die Auslieferung insbesondere bei kritischen Fehlern sofort zu sperren. Bereits ausgelieferte Produkte sind – sofern noch möglich – umgehend zurückzuordern. Es sind sofortige Maßnahmen einzuleiten, die kurzfristig den Fertigungsprozeß verbessern und dadurch die Fehler beseitigen. Sollte dies nicht möglich sein, muß das Produkt vorübergehend vom Markt genommen und durch geeignete Werkzeuge nach den Fehlerursachen geforscht werden.

Bei Nebenfehlern ist entsprechend ihrer Gewichtung ein breiterer Spielraum vorhanden. Man kann verfahren wie bei den Hauptfehlern oder eine einmalige Ausnahmegenehmigung für versandtfertige Produkte erteilen.

Empfehlungen

Die bei der Firma Anton Müller durchgeführte Analyse hat Mängel bei einigen Produkten aufgezeigt. Besonders in der gewinnträchtigen Produktreihe Sinterkleinstteile sind fehlerhafte Produkte keine Seltenheit. Für dieses Produkt sollte sofort ein Audit durchgeführt werden (s. Materialien) als erster Schritt zur Überprüfung eines wirksamen Qualitätsmanagementsystems. Weiterhin hat sich herausgestellt, daß die Mitarbeiter der Firma keine ausreichenden Kenntnisse besitzen, um allein eine erfolgreiche Auditierung durchführen zu können. Deshalb sollte ein erfahrener, externer Auditor hinzugezogen werden. Dieser soll die Auditierung leiten, ein Team von Mitarbeitern der Firma Anton Müller zusammenstellen und mit den Instrumenten eines Produktaudits vertraut machen, so daß zukünftig ein solches Audit betriebsintern durchgeführt werden kann.

Aktivitäten der Qualitätsverbesserungsgruppe

Die Q-Verbesserungsgruppe bei der Firma Anton Müller befürwortet nach eingehender Beratung die Durchführung eines Audits für die Produktgruppe Sinterkleinstteile unter Anleitung eines erfahrenen Auditors. Dazu wird ein Team aus Mitarbeitern aller technischen Bereiche gebildet. Ausgenommen sind diejenigen Mitarbeiter, die direkt mit der Fertigung der Produktgruppe Sinterkleinstteile zu tun haben. Zum Team gehören **auch** Mitglieder der Unternehmensleitung, um deutlich zu machen, daß die angestrebten Qualitätsziele vom Management unterstützt werden. Dies führt zu einer verstärkten Akkzeptanz der Qualitätspolitik im gesamten Firmenbereich. Die damit erhoffte Motivation der Betriebsbasis trägt wesentlich zur Verwirklichung des TQM-Konzepts bei.

Der betroffene Bereich wird in einem Vorgespräch, bei dem die Geschäftleitung und der Leiter des Auditorenteams anwesend sind, über die Notwendigkeit und alle technischen Details der Durchführung des Audits informiert. Vom Auditleiter werden alle für das Audit erforderlichen Unterlagen zur Verfügung gestellt. Zusammen mit den betriebseigenen Mitgliedern des Auditteams werden diese für ein Produktaudit eher allgemein gehaltenen Unterlagen mit Hilfe der für die Produktgruppe Sinterkleinstteile vorliegenden Spezifikationsliste angepaßt. Anschließend werden die notwendigen Prüfungen durchgeführt, die Prüfergebnisse dokumentiert, den verantwortlichen Stellen zugänglich gemacht und Hinweise auf durchzuführende Maßnahmen für die Fehlerbeseitigung gegeben.

Das Auditteam wird weitergehend beauftragt, auch die Auditierung anderer Produkte der Firma durchzuführen:

- Welche Regelungen sind bei der Durchführung eines Produktaudits zu beachten?
- Gehört die Fehlerbehandlung zum Produktaudit?
- Ein Mitglied der Firmenleitung möchte den „Qualitätszustand“ oft auditierter Produkte über einen längeren Zeitraum mit Hilfe von Qualitätskennzahlen grafisch dargestellt haben. Welche Möglichkeiten bieten sich dazu an?
- Führen Sie ein Produktaudit für kritische Sinterteile durch.
- Welche Qualifikationen muß das Auditpersonal besitzen?

3.7.2 Verfahrensaudit

Während ein Produktaudit lediglich feststellt, ob ein Produkt fehlerfrei oder fehlerhaft ist, dient ein Verfahrensaudit zur Prozeßverbesserung und kommt in der Regel immer dann zur Anwendung, wenn ein Produktaudit Hauptfehler oder kritische Fehler bei Produkten aufgezeigt hat. Das Verfahrensaudit überprüft bestimmte Vorgänge und Arbeitsabläufe.

Neben dem Begriff „Verfahrensaudit“ wird auch der Begriff „Prozeßaudit“ verwendet, was oft zu Irritationen führt. Worin liegt der Unterschied zwischen einem Verfahrens- und einem Produktaudit? Dies ist eigentlich Anschauungssache. Je nachdem, ob man einen Vorgang als Verfahren oder Prozeß bezeichnet, wird man von einem Verfahrens- oder Prozeßaudit sprechen. Mehrheitlich wird allerdings das Vefahrensaudit als Audit für Teile eines komplexen Gesamtprozesses angesehen. Es überprüft den oder diejenigen Teilprozesse, von denen man annimmt, das sie für die Produktfehler verantwortlich sind. Es soll feststellen, ob die einzelnen Teilprozesse und damit der Prozeß insgesamt beherrscht und fähig sind. Das Prozeßaudit geht darüber hinaus. Es überprüft die Möglichkeit, ob ein an sich intakter Prozeß weiter verbessert werden kann. Es kommt somit nicht zur Anwendung, um Schwachstellen eines Prozesses aufzudecken, sondern ist ein Instrument zur Qualitätsverbesserung in einem Unternehmen, welches ein voll funktionsfähiges Qualitätsmanagementsystem bereits besitzt. Die Durchführung eines Vefahrensaudits und erst recht eines Prozeßaudits ist mit erheblichen Kosten verbunden.

Diese Art des Audits ist in der Firma Anton Müller gänzlich unbekannt. Bei keiner Besprechung oder Firmenbegehung konnten Hinweise dafür gefunden werden, daß Prozesse oder Verfahren systematisch untersucht und bewertet wurden.

Empfehlungen

Da das Produktaudit für die Produktgruppe erhebliche Mängel aufgezeigt hat, wird ein Vefahrensaudit grundsätzlich empfohlen. Da dieses Audit jedoch mit erheblichen Kosten und Know-how verbunden ist, soll es wegen der akuten Krisensituation des Unternehmens erst zu einem späteren Zeitpunkt durchgeführt werden. Viel wichtiger erscheint zum derzeitigen Zeitpunkt die Durchführung eines Systemaudits.

Aktivitäten der Qualitätsverbesserungsgruppe

Die Mitglieder der Q-Verbesserungsgruppe beurteilen die Empfehlung sehr unterschiedlich. Dem Argument zu hoher Kosten wird entgegen gehalten, daß ein frühzeitiges Durchführen eines Verfahrensaudits und dem damit erhofften Erkennen der Schwachstellen mittelfristig Kosten einspart. Obwohl man weiß, daß das Know-how der Mitarbeiter zur Zeit für die Durchführung eines Verfahrensaudits nicht ausreichend ist, glaubt man dies in Verbindung mit einer intensiven Schulung kurzfristig ändern zu können. Zum einen werden damit die Kosten für den Einsatz eines externen Auditors eingespart, zum anderen werden die eigenen Mitarbeiter besser in den Produktionsprozeß einbezogen und damit entsprechend motiviert. Außerdem könnten die Erkenntnisse aus einem Verfahrensaudit für ein Systemaudit genutzt werden. Einig ist man sich in der Q-Verbesserungsgruppe darin, daß die Durchführung eines Prozeßaudits nur ein langfristiges Ziel sein kann:

- Welche Besonderheiten sind bei der Durchführung eines Verfahrensaudits zu beachten?
- Welche Vorbereitungen sind nötig?
- Wann ist die Durchführung sinnvoll?
- Erstellen Sie einen Fragebogen für die Durchführung eines Verfahrensaudits.

3.7.3 Systemaudit

Das Systemaudit überprüft das gesamte Qualitätsmanagementsystem eines Unternehmens oder Teile davon. Deshalb können Produkt- und Verfahrensaudits integriert sein, obwohl diese an sich selbständige Instrumente der Qualitätsüberwachung sind. Es werden sowohl interne als auch externe Systemaudits durchgeführt. Das interne Systemaudit dient dem Management dazu, die Qualitätsfähigkeit des Unternehmens kontinuierlich zu überwachen, zu beurteilen und Verbesserungsmaßnahmen einzuleiten. Grundlage und Voraussetzung für die Durchführung eines Systemaudits ist das QM-Handbuch, in dem das Qualitätsmanagementsystem vollständig beschrieben ist und das alle Verfahrensanweisungen enthält. Für die Durchführung des Audits werden Fragelisten erstellt, die sich streng an dem für die Erstellung des QM-Handbuchs zugrunde gelegten Regelwerk (z.B. DIN ISO 9000 ff.) orientieren. Das interne Systemaudit wird üblicherweise nach folgendem Ablaufplan durchgeführt (**Bild 3.7.3**):

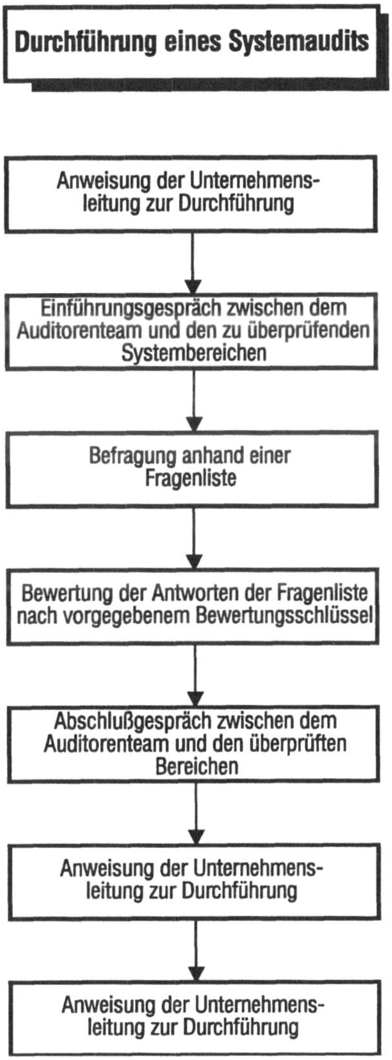

Durchführung eines Systemaudits

Anweisung der Unternehmens-leitung zur Durchführung

↓

Einführungsgespräch zwischen dem Auditorenteam und den zu überprüfenden Systembereichen

↓

Befragung anhand einer Fragenliste

↓

Bewertung der Antworten der Fragenliste nach vorgegebenem Bewertungsschlüssel

↓

Abschlußgespräch zwischen dem Auditorenteam und den überprüften Bereichen

↓

Anweisung der Unternehmens-leitung zur Durchführung

↓

Anweisung der Unternehmens-leitung zur Durchführung

Bild 3.7.3 Ablaufplan Systemaudit

Nach jedem Audit wird vom Leiter des Auditteams ein Bericht erstellt, aus dem der Istzustand des auditierten Bereichs bezüglich der Erfüllung der Qualitätsvorgaben in allen Einzelheiten hervorgeht.

Sowohl die Erstellung einer gewöhnlich sehr umfangreichen Frageliste als auch deren Auswertung und der damit verbundenen Dokumentation ist zeitraubend und kostenintensiv. Fragebogen, die einzelne Fragen nach ihrer Wichtigkeit bewerten und damit die optische Darstellung eines Erfüllungsgrades erlauben, werden z.B. vom VDA herausgegeben. Eine weitere Möglichkeit ist der Einsatz von Spezialsoftware, die vorgefertigte, aber noch modifizierbare Fragebögen mit grafischen Auswertemöglichkeiten enthalten.

Der Ablauf eines externen Systemaudits unterscheidet sich prinzipiell nicht von dem eines internen Systemaudits. Es kann aus drei unterschiedlichen Gründen stattfinden:

– Das Unternehmen hat gerade erst ein Qualitätsmanagementsystem aufgebaut und besitzt noch nicht das notwendige Know-how für eine Systemauditierung. In einem solchen Fall wird das Audit in der Regel von einem externen Auditor geleitet und eigene Firmenmitglieder in das Auditorenteam hinzugezogen.
– Ein Kunde möchte sich über die Qualitätsfähigkeit seines Zulieferers eingehend informieren. Dies wird immer dann der Fall sein, wenn der Qualitätsnachweis nach außen nicht ausreichend dokumentiert ist oder Qualitätsverschlechterungen festgestellt werden.
– Das Unternehmen möchte zertifiziert werden.

Empfehlungen

Da im Unternehmen der Söhne des Anton Müller ein Qualitätsmanagementsystems nach DIN ISO 9000 ff. aufgebaut wird, soll begleitend eine Auditierung einzelner Systembereiche periodisch durchgeführt werden. Dazu sollen in der Anfangsphase erfahrene, externe Auditoren hinzugezogen werden, die die notwendigen Hilfsmittel zur Verfügung stellen. Letztlich soll eine externe Auditierung des gesamten Unternehmens durchgeführt werden mit dem Ziel der Zertifizierung des Unternehmens.

Aktivitäten der Qualitätsverbesserungsgruppe

Der Managementbereich und der Systembereich „Fertigung“ sollen zuerst durch ein Systemaudit überprüft werden. Die Q-Verbesserungsgruppe leitet vorbereitende Maßnahmen für die Durchführung eines umfassenden Systemaudits ein. Die Geschäftsleitung möchte möglichst bald durch ein externes Systemaudit zu einer Zertifizierung ihres Unternehmens kommen:

– Erstellen Sie einen Auditplan, nach dem die Auditierung des Systems für die verschiedenen Unternehmensbereiche durchgeführt werden soll.
– Ein erfahrener Auditor kennt die Ängste der von einer Auditierung betroffenen Mitarbeiter. Welche Ängste sind dies?
– Nennen Sie Grundregeln, deren Einhaltung notwendige Voraussetzung für einen Auditerfolg sind.
– Audits geben durch gezielte Fragen Einblicke in Struktur, Ablauf und Verhalten des zu auditierenden Unternehmens. Können hierbei Betriebsgeheimnisse wie z.B. das Know-how neuer Produktentwicklungen preisgegeben werden?

- Mitglieder der Q-Verbesserungsgruppe machen den Vorschlag, Systemaudits mit Software und Rechnerunterstützung durchzuführen. Welche Vorteile bringt dies?
- Worin liegen die wesentlichen Unterschiede zwischen einem internen und einem externen Audit?

3.7.4 Zertifizierung

Die Firma Anton Müller ist am Ende des steinigen Weges angelangt, den sie im Verlauf der vergangenen Monate beschritten hat. Das Know-how der Unternehmensberatungsgesellschaft Frank & Günter mbH und der unermüdliche Einsatz von Firmenleitung und Q-Verbesserungsgruppe unter Einbeziehung aller Mitarbeiter haben erreicht, ein Qualitätsmanagementsystem entstehen zu lassen, von dem man annimmt, daß es in allen wesentlichen Belangen den Anforderungen der DIN ISO 9001 genügt. Ein mit der Beratergesellschaft durchgeführtes Audit hat dies eindrucksvoll bestätigt.

Wunsch und Ziel der Firmenleitung ist es nun, dies auch nach außen hin zu dokumentieren und eine allgemeine Anerkennung seines Qualitätsmanagementsystems zu erlangen. Eine solche Anerkennung für das Unternehmen in Form einer Bescheinigung über die volle Funktionstüchtigkeit seines Qualitätsmanagementsystems wird als **Zertifikat** bezeichnet, der Vorgang selbst als **Zertifizierung**.

Ein Zertifikat bestätigt also einem Unternehmen, seine Qualität nach den Regeln des allgemeinen Qualitätsmanagements auf der Basis anerkannter genormter Systeme wie z.B. der DIN ISO 9000 ff. zu sichern. Ein solches Zertifikat ist heute in der Regel die Mindestvoraussetzung dafür, als qualifizierter Hersteller akzeptiert zu werden. Ein nicht zertifiziertes Unternehmen hat grundsätzlich Nachteile im nationalen und internationalen Wettbewerb. Darüber hinaus motiviert ein solches Zertifikat die Mitarbeiter eines Unternehmens immer wieder aus neue und spornt sie an, das Qualitätsmanagementsystem kontinuierlich zu verbessern, also im Sinne von TQM zu arbeiten.

Die Zertifizierung wird durch kompetente, neutrale Organisationen durchgeführt, von denen sich in den letzten Jahren eine Vielzahl etabliert hat.

Zu den renommierten Zertifizierungsorganisationen, die im Verzeichnis der Trägergemeinschaft für Akkreditierung (**TGA**) aufgeführt sind, gehören:

- die 1985 gegründete Deutsche Gesellschaft zur Zertifizierung von Qualitätsmanagementsystemen mbH (**DQS**). Sie ist Mitglied im sog. E-Q-Net (European Network of Quality System Assessment and Certifikation). In diesem Netz haben sich z.Z. 16 bedeutende nationale Zertifizierungsorganisationen aus 16 europäischen Ländern zusammengeschlossen, die ihre erteilten Zertifikate gegenseitig anerkennen. Dies ist von großer Bedeutung im Hinblick auf den europäischen Markt.
- die 1990 gegründete TÜV-Zertifizierungsgesellschaft e.V. (**TÜV CERT**)
- die **DEKRA AG**

- der **Germanische Lloyd**
- die DET NORSKE Veritas Qualifizierungsservice GmbH (**DNVQS**)

Die Grundlage für die Verleihung des begehrten Zertifikats bildet ein von der beauftragten Zertifizierungsgesellschaft durchgeführtes Audit, in dem das Qualitätsmanagementsystem auf die Erfüllung der vorgegebenen Forderungen nach DIN ISO 9001, DIN ISO 9002 oder DIN ISO 9003 überprüft wird.

Durchgeführt wird das Audit in der Regel von zwei erfahrenen Auditoren aus dem Bereich der Wirtschaft, die vom Vorstand der betreffenden Qualifizierungsgesellschaft bestellt werden. Diese gelten als Vertrauenspersonen und sind zur Geheimhaltung ihrer Auditierungsergebnisse gegenüber dritten Personen verpflichtet.

Sind alle Forderungen an das Qualitätsmanagementsystem im wesentlichen erfüllt, so wird auf Antrag des Unternehmens das Zertifikat erstellt.

Alle Zertifizierungsgesellschaften haben vergleichbare Schemata in der Durchführung der Zertifizierungsmodalitäten. Das in **Bild 3.7.4** dargestellte Flußdiagramm gibt die Vorgehensweise der DQS in einer vereinfachten Darstellung wieder.

Empfehlungen:

Am Ende ihrer Arbeit bei der Firma Anton Müller wurde mit der Unternehmensberatungsgesellschaft Frank & Günter mbH ein Systemaudit auf der Basis eines Fragenkatalogs der VDA-Schrift Nr. 6 durchgeführt und die Ergebnisse dieses Audits der Firmenleitung präsentiert. Alle durch durch die Qualitätselemente gestellten Qualitätsanforderungen der DIN ISO 9001 wurden zufriedenstellend erfüllt. Der Firma Anton Müller wird daher empfohlen, eine Zertifizierung durch eine dafür geeignete Zertifizierungsgesellschaft durchführen zu lassen. Sie soll bei der Auswahl der Zertifizierungsgesellschaft darauf achten, daß diese **akkreditiert** ist, d.h., daß sie ihre Kompetenz zur sachgerechten Beurteilung von Qualitätsmanagementsystemen nachgewiesen hat. Dieser Nachweis wird in Deutschland beim „Deutschen Akkreditierungs-Rat“ (**DAR**) erbracht.

Nach erfolgter Zertifizierung müssen alle weiteren Anstrengungen der Firma Anton Müller von dem Grundgedanken geleitet werden , diese Zertifizierung immer wieder zu bestätigen, d.h. daß der gesamte Produktionsablauf von der Marktanalyse bis hin zum Service den Ansprüchen des Zertifikats ständig gerecht wird.

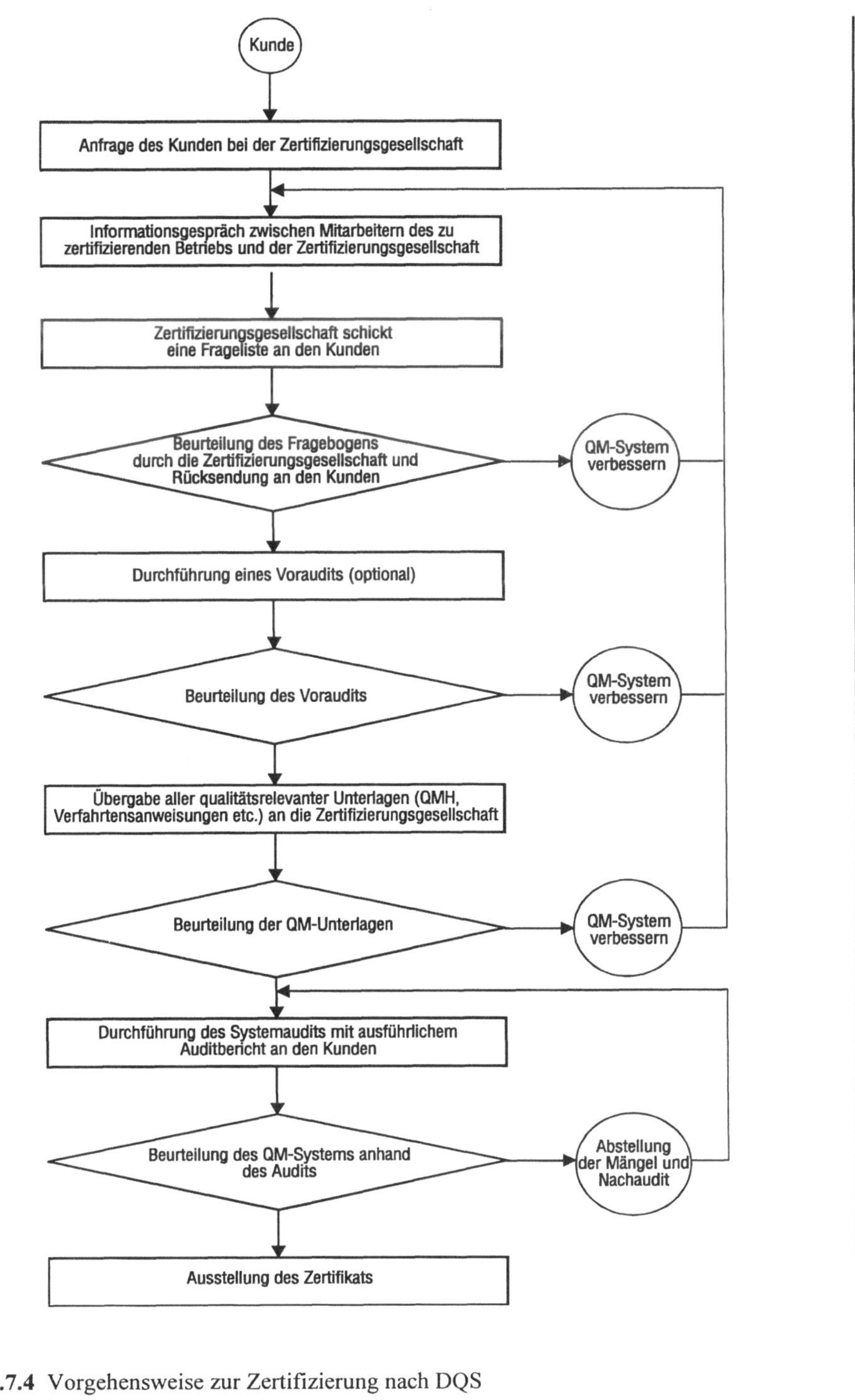

Bild 3.7.4 Vorgehensweise zur Zertifizierung nach DQS

Aktivitäten der Qualitätsverbesserungsgruppe:

Bestärkt durch das positive Ergebnis des von der Beratungsgesellschaft durchgeführten internen Systemaudits macht die Q-Verbesserungsgruppe der Firmenleitung den Vorschlag, eine Zertifizierung des Unternehmens baldmöglichst durchführen zu lassen und die dafür notwendigen Mittel bereit zu stellen:

- Wie hoch belaufen sich die Kosten für eine Zertifizierung?
- Welche Vorteile hat eine Zertifizierung für den Betrieb nach **außen** und nach **innen**?
- Von einigen Mitarbeiter der Firma Anton Müller wird das Zertifikat als überflüssig oder als „Freibrief" angesehen. Welche Überzeugungsarbeit ist hier zu leisten? Oder haben diese Mitarbeiter sogar recht?
- Was passiert, wenn das zertifizierte Unternehmen einmal fehlerhafte Teile liefert? Wird das Zertifikat dann aberkannt?
- Für welchen Zeitraum gilt das Zertifikat?
- Welche Vorbereitungen sind zu treffen?

Anhang

Materialien zum Bericht der Unternehmensberatungsgesellschaft FRANK & GÜNTER mbH

A1.1 Total Quality Management TQM

TQM
Total Quality Management

Qualitätskultur des Unternehmens entwickeln		
Qualitätssysteme und seine Elemente strukturieren	Schlüsselabläufe entwickeln, fixieren, trainieren	Qualitätstechniken off- und on-line verbessern
Q-Verantwortung durch "Eigentum" personifizieren	Qualitätsregeln erstellen und im Q-Handbuch fixieren	Technische Prozesse kontinuierlich verbessern
Audit einführen Korrekturfähigkeit systematisieren	Zertifizierbarkeit erreichen und aufrechterhalten	Qualitätsfähigkeit der Mitarbeiter verbessern
Ziele und Maßstäbe für interne Qualität einführen	Interne Schnittstellen verbessern	KAIZEN Die tägliche Verbesserung

Total Quality Management ist die auf der Mitwirkung aller ihrer Mitglieder beruhende Führungsmethode einer Organisation, die die Qualität in den Mittelpunkt stellt und durch Kundenzufriedenheit auf langfristigen Unternehmenserfolg zielt. TQM verspricht Produktivitätsschübe und Rentabilitätsverbesserungen wie sonst keines der bekannten Führungsmodelle. Ohne zukünftige Ingenieurleistungen zu vernachlässigen, rücken Kunden und Mitarbeiter in den Vordergrund. In TQM fließen Konzepte des Lean Managements ebenso ein, wie die Ideen eines Corporate Identity.

Tragende Orientierungen sind:

- Mitarbeiterorientierung
- Kundenorientierung
- Prozeßorientierung
- Gesellschaftliche Orientierung

Literatur:

Frehr, H.-U.: *Total Quality Management.* Hanser Verlag, München 1993
Seghezzi, H. D./Hansen, J. R.: *Qualitätsstrategien.* Hanser Verlag, München 1993
Masing, W. (Hrsg.): *Handbuch Qualitätsmanagement, 3. Aufl.* Hanser Verlag, München 1994
Pfeifer, T.: *Qualitätsmanagement.* Hanser Verlag, München 1993
DGQ-Schrift 14-13: *TQM – Total Quality Management.* Beuth Verlag, Berlin 1990
Bläsing, J. P.: *Das qualitätsbewußte Unternehmen.* Stuttgart 1992

A1.2 Kontinuierliche Prozeßverbesserung (KVP)

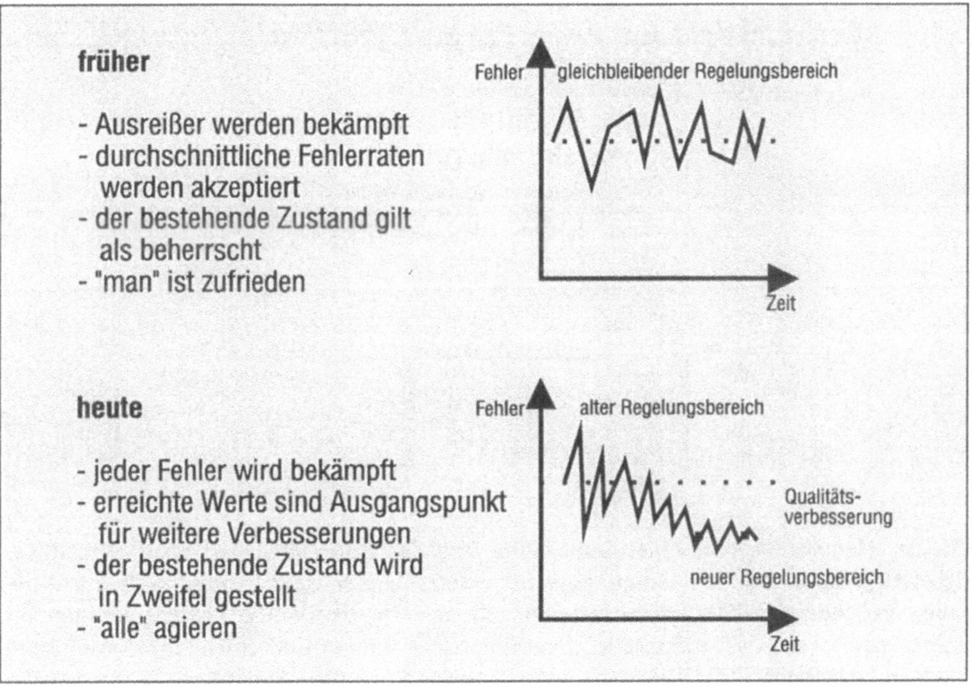

Die tägliche kleine Verbesserung ist KAIZEN. KAIZEN ist wahrscheinlich das am meisten gebrauchte Wort in Japan. MASAAKI IMAI hat die von ihm zusammengetragenen japanischen Managementphilosophien, Theorien und Werkzeuge unter diesem Namen zusammengefaßt und in seinem Buch der westlichen Welt bekanntgemacht. KAIZEN ist keine Methode und kann nicht Gegenstand von Schulungen sein. KAIZEN ist das Leben. KAIZEN ist so tief im Bewußtsein der Manager und Werker verankert, daß diese oft nicht einmal mehr merken, daß sie KAIZEN denken. Manager sollten bewußt mindestens 50% ihrer Zeit auf KAIZEN verwenden.

Literatur:

Frehr, H.-U.: *Total Quality Management.* Hanser Verlag, München 1993
Seghezzi, H. D./Hansen, J. R.: *Qualitätsstrategien.* Hanser Verlag, München 1993
Masing, W. (Hrsg.): *Handbuch Qualitätsmanagement, 3. Aufl.* Hanser Verlag, München 1994
Pfeifer, T.: *Qualitätsmanagement.* Hanser Verlag, München 1993
DGQ-Schrift 14-13: *TQM – Total Quality Management.* Beuth Verlag, Berlin 1990
Bläsing, J. P.: *Das qualitätsbewußte Unternehmen.* Stuttgart 1992
Hirano, H.: *Poka-yoke-Verbesserung der Qualität durch Vermeidung von Fehlern.* mi Verlag, Landsberg/Lech 1992
Shingo, S.: *Poka-yoke-Prinzip und Technik für eine Null-Fehler-Produktion.* gfmt Verlag, St. Gallen 1991

A1.3 Qualitätsnormen

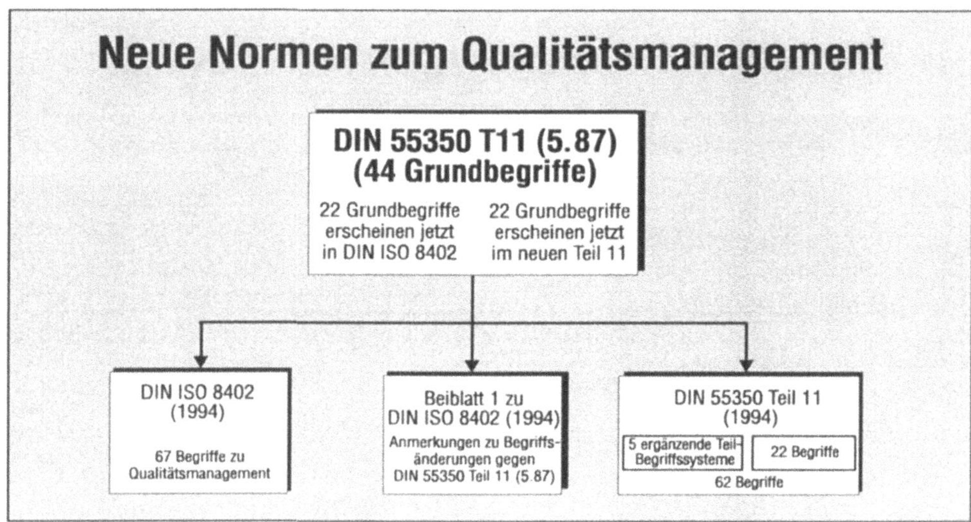

Mit der Neuordnung der Qualitätsbegriffe wird der bisherige Oberbegriff „Qualitätssicherung" durch „**Qualitätsmanagement**" ersetzt. Dieser Begriff prägt konsequent die neue Ausrichtung im Qualitätswesen und stellt auch qualitativ eine Neubestimmung dar. Immer dann, wenn das strukturelle, organisatorische und wirtschaftliche im Vordergrund steht, soll der Begriff Qualitätsmanagement verwandt werden. Angesprochen werden alle Tätigkeiten der Gesamtführungsaufgabe, welche die Qualitätspolitik, Ziele und Verantwortungen festlegen sowie diese durch Mittel wie Qualitätsplanung, -lenkung, -sicherung und -verbesserung im Rahmen des Qualitätsmanagementsystems verwirklichen.

Literatur:

DIN ISO 9000: *Qualitätsmanagement- und Qualitätssicherungsnormen. Leitfaden zur Auswahl und Anwendung.* Beuth Verlag, Berlin 1987

DIN ISO 9001: *Qualitätssicherungsystem. Modell zur Darlegung der Qualitätssicherung in Design/Entwicklung, Produktion, Montage und Kundendienst.* Beuth Verlag, Berlin 1987

DIN ISO 9002: *Qualitätssicherungsystem. Modell zur Darlegung der Qualitätssicherung in Produktion und Montage.* Beuth Verlag, Berlin 1987

DIN ISO 9003: *Qualitätssicherungsystem. Modell zur Darlegung der Qualitätssicherung bei der Endprüfung.* Beuth Verlag, Berlin 1987

DIN ISO 9004: *Qualitätsmanagement und Elemente eines Qualitätssicherungssystems.* Leitfaden. Beuth Verlag, Berlin 1987

DIN 55350: *Begriffe der Qualitätssicherung und Statistik.* Beuth Verlag, Berlin 1987

DIN ISO 8402: *Qualitätsmanagement und Darlegung des Qualitätsmanagementsystems - Begriffe.* Beuth Verlag, Berlin 1994

Beiblatt 1 zu DIN ISO 8402: *Qualitätsmanagement und Darlegung des Qualitätsmanagementsystems – Anmerkungen zu den Begriffen.* Beuth Verlag, Berlin 1994

DIN 55350 Teil 11: *Begriffe zur Qualitätsmanagement und Statistik.Begriffe des Qualitätsmanagements* Beuth Verlag, Berlin 1994

A2.1 Qualitätsdokumentation

Verantwortung und Kompetenzen

Zuordnung der qualitätsbezogenen Aktivitäten und Aufgaben

	Kunde	Geschäftsleitung	Marketing	Vertrieb	Entwicklung	Konstruktion	Produktion	Beschaffung	Kundendienst	Qualitätswesen	Q-Technik	Pers-Abt.	HB-Absch.
4. QM in der Beschaffung	KU	GF	MA	VT	EN	KO	PR	BE	KD	QW	QT	PW	
4.1 Lieferantenauswahl					I	I	I	D		M	M		
4.2 QM- und Prüfvereinbarungen mit Lieferanten					I	I	I	D		M	M		
4.3 Erstellung erzeugnisbedingter und allgemein gültiger technischer Lieferbedingungen					I	I	I	M		M	M		
4.4 Eingangsprüfung						I	M	M		D	M		
4.5 Erstmusterprüfung und -beurteilung					M	M	I	M		D	M		
4.6 Reklamationsbearbeitung					M	M	M	D		M	M		
4.7 Lieferantenqualifikation					I	I	I	M		D	M		
4.8 Lieferantenbewertung					I	I	I	D		M	M		
4.9 Lieferantenunterstützung					M	M	M	D		M	M		

Literatur:

Pfeifer, T.: *Qualitätsmanagement.* Hanser Verlag, München 1993, S. 299ff und S. 349ff

DGQ-Schrift 12-62.: *Qualitätssicherungs-Handbuch und Verfahrensanweisungen.* Beuth Verlag, Berlin 1991

Köppe, D.: *Erstellen eines Qualitätssicherungs-Handbuchs. QZ-Sonderteil Zertifizierung,* München 1993, ZG 23ff

Köster, A.: Dokumentation. *In: Masing, W. (Hrsg.): Handbuch der Qualitätssicherung.* Hanser Verlag, München 1988, S. 977ff

VDA-Schriften Band 1: *Dokumentationspflichtige Teile bei Automobilherstellern und deren Lieferanten,* Frankfurt/Main 1973

A2.2 Qualitätsmanagementhandbuch

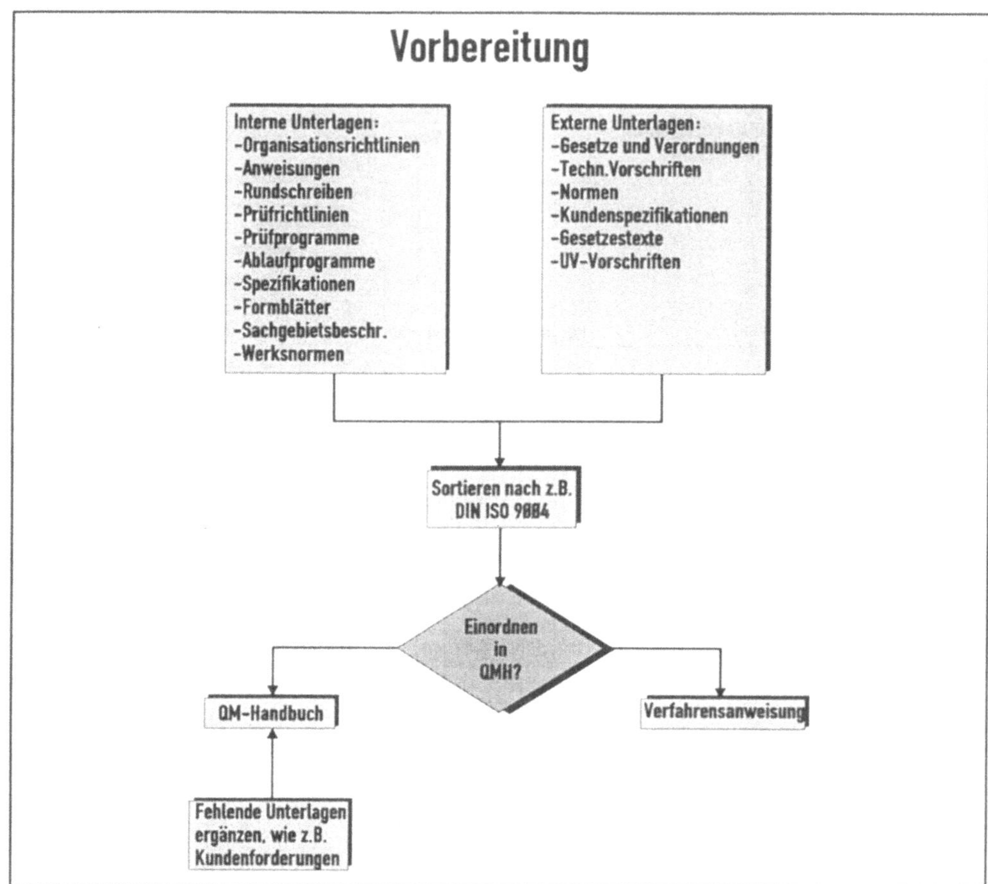

Beim Aufbau eines QMH hat es sich als sinnvoll erwiesen, zunächst einmal die vorhandenen Unterlagen aus dem Unternehmen zu sammeln und zu sichten. Anschließend sollte ein einheitlicher Aufbau gewählt werden, der sich auch auf die Verfahrensanweisungen und Arbeitsanweisungen beziehen sollte. Da das QMH auch externen Kunden zur Verfügung gestellt wird, ist eine Teilung anzuraten. QM-Handbücher sind lebende Elemente in einem QM-System mit denen gearbeitet wird. Diese Arbeitsmöglichkeit ist über einen Aktualisierungsdienst sicherzustellen.

Literatur:

Pfeifer, T.: *Qualitätsmanagement.* Hanser Verlag, München 1993, S. 349ff

DGQ-Schrift 12-62.: *Qualitätssicherungs-Handbuch und Verfahrensanweisungen.* Beuth Verlag, Berlin 1991

Köppe, D.: *Erstellen eines Qualitätssicherungs-Handbuchs. QZ-Sonderteil Zertifizierung,* München 1993, ZG 23ff

Köster, A.: Dokumentation. *In: Masing, W. (Hrsg.): Handbuch der Qualitätssicherung.* Hanser Verlag, München 1988, S. 977ff

A2.3 Qualitätsberichte

WP

Geschäftsbereich Antriebstechnik

Wöhr Pumpentechnik GmbH Postfach 2534 79892 Freising

Qualitätsbericht

Anton Müller KG

Im Hirschfeld 18
53229 Bonn

Qualitätsbericht-Nr. 0025

Qualitätsprüfung Eingang/Telefon	Datum
H.Hansmann	17.6.94

Bestell-Nr.	Lieferanten-Nr.
00562	AM 143 5645 01

Sach-Nr.	Benennung	Abmessungen/Ausgangsform/Fremdteil-Nr.		
WP 1037 490	Dichtungseinsatz	Sinterteil		
Werkstoff und Lieferzustand/Oberflächenbehandlung		**Behandlungszustand**	**Bestellvorschrift**	**Chargen-Nr.**
MKEC		65 WP_Fert. 70	WPB 15	S15

LS-Nr. des Lieferanten	WE-Datum	Liefermenge	Mengeneinheit	Prüfdatum
124 AM 23090 WP-674	5.7.94	12.730	Stck.	10.7.94

Entscheidung	Menge beanstandet	Vorschrift nach	Befund
V1	12.730	WE WP_26 8	Prozeßfähigkeit ist erforderlich!

A2=Ausschuß zu Lasten Lieferant (Verschrottung WP)
A3=Ausschuß zu Lasten Lieferant (zurück)
A4=Ausschuß zu Lasten WP
A5=Ausschuß zu Lasten WP (zurück)

N1=Nacharbeit durch Lieferant in WP
N2=Nacharbeit zu Lasten Lieferant beim Lieferant
N3=Nacharbeit zu Lasten Lieferant bei WP
N4=Nacharbeit zu Lasten WP in WP
N5=Nacharbeit zu Lasten WP beim Lieferanten

P3=Zur Ansicht zurück
S2=Sortieren zu Lasten Lieferant in WP
S3=Sortieren zu Lasten Lieferant beim Lieferant
V0=Verwendbar
V1=Unter Vorbehalt verwendbar

....
Unterschrift

Qualitätsberichte dienen der Qualitätsregelung auf allen Ebenen im Unternehmen. Entsprechend sind die Berichte empfängerorientiert aufgebaut (Wochenberichte, Monatsberichte, Jahresberichte, Kostenberichte, Auditberichte etc.) und gestaltet (z.B. tabellarisch aufgeschlüsselt für Meister und Kostenstellenleiter, zusammengefaßt in QKZ für die Geschäftsleitung, mit Hinweis auf Fehler für Lieferanten etc.).

Literatur:

Pfeifer, T.: *Qualitätsmanagement.* Hanser Verlag, München 1993, S. 299ff

REFA (Hrsg.): *Methodenlehre der Betriebsorganisation, Teil 4 Planung und Steuerung.* Hanser Verlag, München 1991, S. 54ff

DGQ-Schrift 14-17: *Qualitätskosten.* Beuth Verlag, Berlin 1985

DGQ-Schrift 14-23: *Qualitätskennzahlen (QKZ) und Qualitätskennzahlensysteme.* Beuth Verlag, Berlin 1990

A3.1 Selbstprüfung

ANTON MÜLLER

Selbstprüfanweisung SP/24

Teil-Nr. : 24-3746
Teil-Name : Dichtungseinsatz
Kunde : Wöhr Pumpentechnik
Arbeitsgang : Kalibrieren

Kostenstelle : 805
Prüfplanung : DEQ Wasserrat
Erstellungsdatum : 28.4.94

Erststückprüfung nach AA 023-05

MQRK: 120.1.2 -120.1.15 MT: 3 EK: 1.1

Zeichnungsstand
Änderungsindex:____
Datum:________
ST:______ SM:______

Änderungsstand SP
Änderungsindex: 2
Datum: 20.4.94

Maschinenkenndaten

Presserei - Presse Nr._____ in Straße ______

Maßprüfung

Pos.	Prüfmerkmal	Soll-Maße	Prüfmittel	Häufigkeit
1.	Einsatzhöhe (3Meßpunkte mittleren Wert eintragen)	lt. MT3	Meßschieber 0-150	5 Teile/Stunde
2.	Durchmesser	20+/-0.2	Meßschraube 0-25	5 Teile/Stunde
3.	Innenradius	R5+/-0,05	Meßmaschine	3 x pro Schicht

Sichtprüfung

1.	nicht zulässig: Flecken, Risse, Farbveränderungen	5 Teile pro Stunde

Besonderes

Literatur:

Pfeifer, T.: *Qualitätsmanagement.* Hanser Verlag, München 1993, S. 456ff
Hansen, W.: Selbstprüfung. *In: Masing, W. (Hrsg.): Handbuch der Qualitätssicherung.* Hanser Verlag, München 1988, S. 815ff
DGQ-Schrift 15-42 (Seibel, H.): *Selbstprüfung.* Beuth Verlag, Berlin 1981
DGQ-Schrift 15-44: *Anleitung für Mitarbeiter in der Fertigung.* Beuth Verlag, Berlin 1990
DGQ-Schrift 14-11: *Qualitätszirkel.* Beuth Verlag, Berlin 1987
Frehr, H.-U.: *Total Quality Management.* Hanser Verlag, München 1993

A3.2 Qualitätsförderung

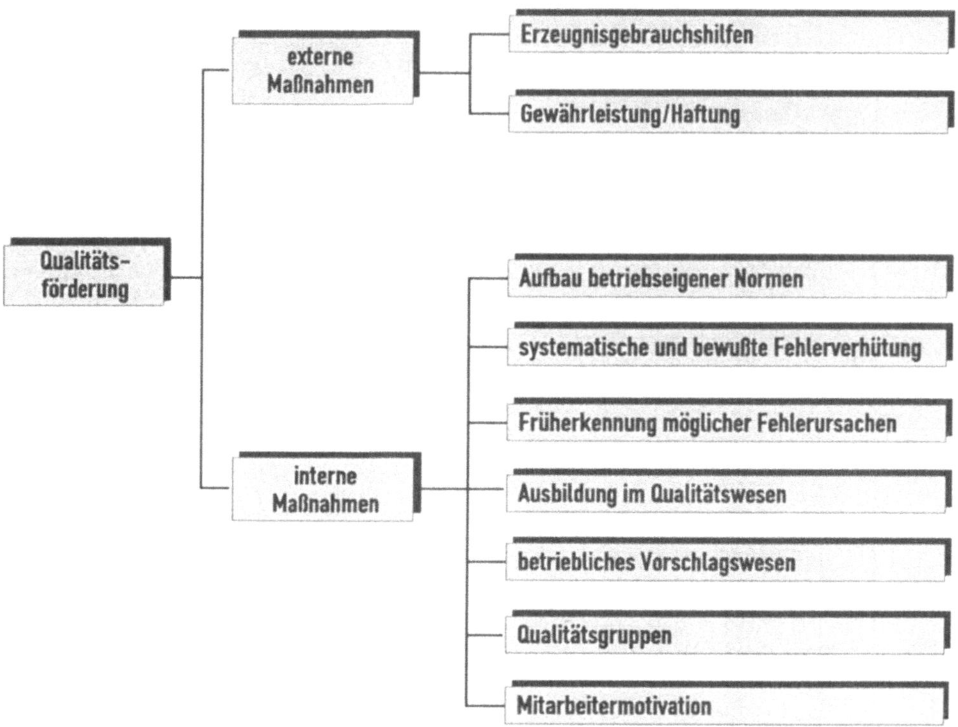

Qualitätsverbesserung basiert auf Qualitätsförderung auf allen betrieblichen Ebenen. Zentraler Ansatzpunkt dieser Qualitätsförderung ist der Mitarbeiter. Dieser rückt damit in den Mittelpunkt der Qualitätsaktivitäten aller Qualitätsmanagementsysteme.

Literatur:

Pfeifer, T.: *Qualitätsmanagement.* Hanser Verlag, München 1993, S. 456ff

Hansen, W.: Selbstprüfung. *In: Masing, W. (Hrsg.): Handbuch der Qualitätssicherung.* Hanser Verlag, München 1988, S. 815ff

Methner, H.: *Aus- und Weiterbildung. In: Masing, W. (Hrsg.): Handbuch der Qualitätssicherung.* Hanser Verlag, München 1988, S. 771ff

Schuster, R.: Motivation. *In: Masing, W. (Hrsg.): Handbuch der Qualitätssicherung.* Hanser Verlag, München 1988, S. 789ff

Frehr, H.-U.: *Unternehmensweite Qualitätsverbesserung. In: Masing, W. (Hrsg.): Handbuch der Qualitätssicherung.* Hanser Verlag, München 1988, S. 815ff

Schubert, M.: Qualitätszirkel. *In: Masing, W. (Hrsg.): Handbuch der Qualitätssicherung.* Hanser Verlag, München 1988, S. 829ff

DGQ-Schrift 15-42 (Seibel, H.): *Selbstprüfung.* Beuth Verlag, Berlin 1981

DGQ-Schrift 15-44: *Anleitung für Mitarbeiter in der Fertigung.* Beuth Verlag, Berlin 1990

DGQ-Schrift 14-11: *Qualitätszirkel.* Beuth Verlag, Berlin 1987

Frehr, H.-U.: *Total Quality Management.* Hanser Verlag, München 1993

REFA (Hrsg.): *Methodenlehre der Betriebsorganisation. Teil 4 Planung und Steuerung.* Hanser Verlag, München 1991, S. 44ff

A3.3 Selbstprüfung

Selbstprüfanweisung SP/24

Teil-Nr. : 24-3746
Teil-Name : Dichtungseinsatz
Kunde : Wöhr Pumpentechnik
Arbeitsgang : Kalibrieren

Kostenstelle : 805
Prüfplanung : DEQ Wasserrat
Erstellungsdatum : 28.4.94

Erststückprüfung nach AA 023-05

MQRK: 120.1.2 -120.1.15 MT: 3 EK: 1.1

Zeichnungsstand
Änderungsindex:____
Datum:____
ST:____ SM:____

Änderungsstand SP
Änderungsindex: 2
Datum: 20.4.94

Maschinenkenndaten

Presserei - Presse Nr.____ in Straße ____

Maßprüfung

Pos.	Prüfmerkmal	Soll-Maße	Prüfmittel	Häufigkeit
1.	Einsatzhöhe (3Meßpunkte mittleren Wert eintragen)	lt. MT3	Meßschieber 0-150	5 Teile/Stunde
2.	Durchmesser	20+/-0.2	Meßschraube 0-25	5 Teile/Stunde
3.	Innenradius	R5+/-0.05	Meßmaschine	3 x pro Schicht

Sichtprüfung

1.	nicht zulässig: Flecken, Risse, Farbveränderungen	5 Teile pro Stunde

Besonderes

Literatur:

Pfeifer, T.: *Qualitätsmanagement.* Hanser Verlag, München 1993, S. 456ff

Hansen, W.: Selbstprüfung. *In: Masing, W. (Hrsg.): Handbuch der Qualitätssicherung.* Hanser Verlag, München 1988, S. 815ff

DGQ-Schrift 15-42 Seibel, H.: *Selbstprüfung.* Beuth Verlag, Berlin 1981

DGQ-Schrift 15-44: *Anleitung für Mitarbeiter in der Fertigung.* Beuth Verlag, Berlin 1990

DGQ-Schrift 14-11: *Qualitätszirkel.* Beuth Verlag, Berlin 1987

Frehr, H.-U.: *Total Quality Management.* Hanser Verlag, München 1993

A4.1 Erstmusterprüfung

Ausstellungsdatum 26.5.94

Erstmusterprüfbericht
Prüfergebnis

X Meßbericht | Werkstoffbericht | Funktionsbericht

Lieferant: ANTON MÜLLER | Bericht-Nr. 1 | Zeichen
Abnehmer: Wöhr | Bericht-Nr. | Zeichen
Blatt 2 von Blatt 8

Lieferant: Anton Müller KG
53229 Bonn

Lieferant | Abnehmer

Sachnummer/Benennung: Dichtungseinsatz Wöhr-Pumpen BR120 | Sachnummer/Benennung

Pos.	Merkmal/Sollwert	IST-Wert (Lieferant)	IST-Wert (Abnehmer)
1	20 +/-0,2	20,0	
2	20 +/-0,2	20,1	
3	16 +/-0,1	16,0	
4	R5 +/-0,05	R5,0	
5	30° +/-1°	30° 30´	

Bemerkung (Lieferant)

Bemerkung (Abnehmer)

Datum verantwortliche Unterschriften | Datum verantwortliche Unterschriften

Literatur:

Pfeifer, T.: *Qualitätsmanagement.* Hanser Verlag, München 1993, S. 153ff

Franke, H.: *Qualitätssicherung von Zulieferungen. In: Masing, W. (Hrsg.): Handbuch der Qualitätssicherung.* Hanser Verlag, München 1988, S. 439ff

VDA-Schriftenreihe Band 2: *Sicherung der Qualität von Lieferungen in der Automobilindustrie Lieferantenbewertung/Erstmusterprüfung,* Frankfurt/Main 1975, S. 63ff

FORD-Leitfaden: *Erstmusterabnahme,* 1990

VOLKSWAGEN: *Qualitätssicherungsvereinbarung zwischen VW und seinen Lieferanten,* 1993

A4.2 Quality Funktion Deployment

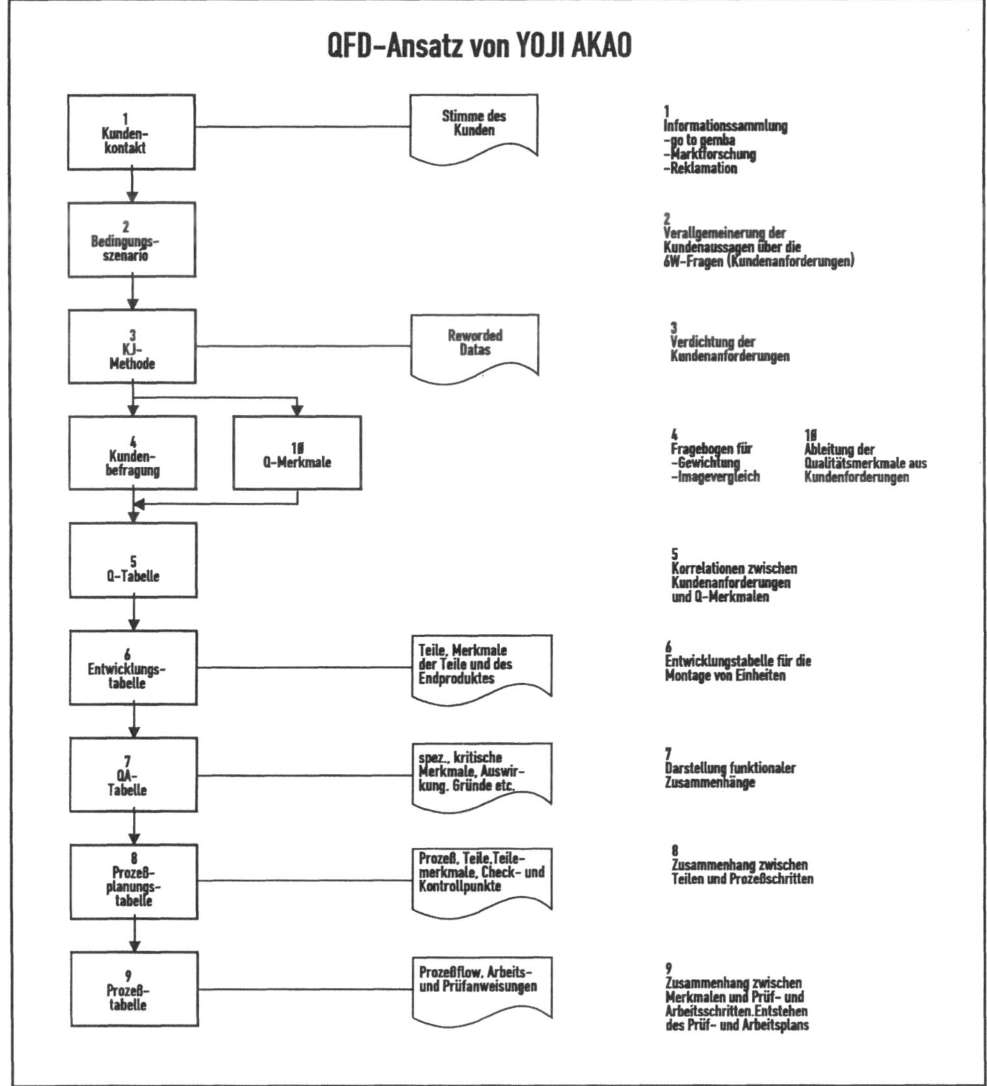

Literatur:

Pfeifer, T.: *Qualitätsmanagement.* Hanser Verlag, München 1993, S. 38ff

Akao, Y.: *QFD – Quality Funktion Deployment.* mi Verlag, Landsberg/Lech 1992

Bläsing, J. P./Bayer, H.: *Total quality Management. Werkzeuge für Simultaneous Engineering,* Ulm 1993

HOECHST: *Kundenerwartungen erfüllen.* Frankfurt/Main 1993

Kamiske, G. F./Brauer, J.-P.: *Qualitätsmanagement von A – Z.* Hanser Verlag, München 1993

A4.3 Qualitätssicherung von Serienprodukten

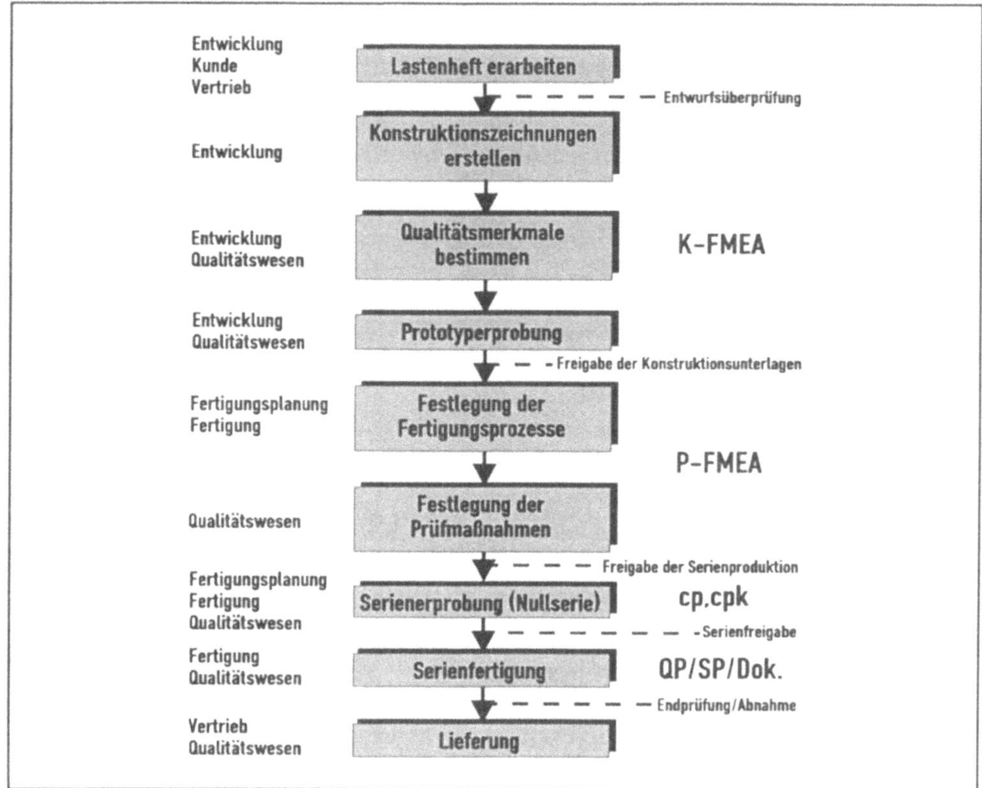

Zur Sicherung der Qualität der Serienproduktion werden bereits in der Entwicklungs- und Prozeßplanungsphase verschiedene Maßnahmen ergriffen. Neben den Methoden der Fehlerbaumanalyse und Qualitätsbewertung werden zur Zeit die Möglichkeiten der FMEA heftig diskutiert.

Literatur:

Pfeifer, T.: *Qualitätsmanagement.* Hanser Verlag, München 1993, S. 59ff und S. 76ff

Zäschke, J.: *Qualitätsbewertung. In: Masing, W. (Hrsg.): Handbuch der Qualitätssicherung.* Hanser Verlag, München 1988, S. 421ff

REFA (Hrsg.): *Methodenlehre der Betriebsorganisation, Teil 4 Planung und Steuerung.* Hanser Verlag, München 1991, S. 63ff

Hering, E./Triemel, J./Blank, H-P.: *Qualitätssicherung für Ingenieure.* VDI Verlag, Düsseldorf 1993, S. 100ff

DGQ-Schrift 13 -11: *FMEA-Fehlermöglichkeits- und Einflußanalyse.* Beuth Verlag, Berlin 1993

FORD-Instruktionsleitfaden: *Fehler-Möglichkeiten und Einfluß-Analyse (FMEA),* 1988

HOECHST: *Fehler-Möglichkeiten erkennen und ausschalten (FMEA),* Frankfurt/Main 1991

VDA-Schriftenreihe Band 4: *Sicherung der Qualität vor Serieneinsatz,* Frankfurt/Main 1986

Mohr, G.: *Qualitätsverbesserung im Produktionsprozeß.* Vogel Verlag, München 1991, S. 25ff

Franke, W.D.: *FMEA – Fehlermöglichkeits- und -einflußanalyse in der industriellen Praxis.* mi Verlag, Landsberg/Lech 1987

A4.4 Zuverlässigkeit und Lebensdauer

Erfassungsdaten der Zuverlässigkeit:	
Klarzeit (up to time, UT)	Zeit bis zum Ausfall von **instandzusetzenden** und **nichtinstandzusetzenden** Einheiten
Lebensdauer (time to failure, TTF)	Zeit bis zum Ausfall von **nichtinstandzusetzenden** Einheiten
Ausfallabstand (time between failure, TBF)	Klarzeit bei **instandzusetzenden** Einheiten
Ausfalldauer (down time, DT)	Zeit vom Ausfallzeitpunkt bis zur darauffolgenden Wiederinbetriebnahme

Stichprobenkenngrößen:	
Mittlere Lebensdauer (mean time to failure, MTTF)	Aritmetischer Mittelwert der **Lebensdauern** bei **nichtinstandzusetzenden** Einheiten
Mittlerer Ausfallabstand (mean time between failure, MTBF)	Aritmetischer Mittelwert der **Ausfallabstände** bei **instandzusetzenden** Einheiten
Mittlere Ausfalldauer (mean down time, MDT)	Aritmetischer Mittelwert der Ausfalldauern
Ausfallquote $\hat{\lambda}$ (Voraussetzung: λ = konstant):	Der Wert von $\hat{\lambda}$ wird als Schätzwert für die Ausfallrate λ genommen

relative Zahl Gut(t) von intakten (guten) Einheiten zum Zeitpunkt t:

$$\textbf{Gut(t)} = \frac{\textbf{Zahl der intakten Einheiten zum Zeitpunkt t}}{\textbf{Zahl der intakten Einheiten am Anfang}}$$

(Der Wert von Gut(t) wird als Schätzwert für die Überlebenswahrscheinlichkeit **R(t)** genommen)

relative Zahl Schlecht(t) von ausgefallenen (schlechten) Einheiten zum Zeitpunkt t:

$$\textbf{Schlecht(t)} = \frac{\textbf{Zahl der ausgefallenen Einheiten zum Zeitpunkt t}}{\textbf{Zahl der intakten Einheiten am Anfang}}$$

(Der Wert von Schlecht(t) wird als Schätzwert für die Ausfallwahrscheinlichkeit **G(t)** genommen)

Für das technische Personal, das sich mit der Beurteilung von „Zuverlässigkeiten" von Einheiten beschäftigt, tritt das Problem auf, wie sie an die Werte der Zuverlässigkeitskenngrößen für die Grundgesamtheit „herankommen". Dazu entnehmen sie der Grundgesamtheit Stichproben größeren Umfangs und ermitteln aufgrund des Ausfallverhaltens der Einheiten der Stichprobe die oben aufgeführten Kenngrößen.

Literatur:

Pfeifer, T.: *Qualitätsmanagement,* Hanser Verlag, München 1993, S. 283ff

Brunner, F. J.: *Wirtschaftlichkeit industrieller Zuverlässigkeitssicherung.* Vieweg-Verlag, Wiesbaden, 1992

VDA-Schrift Nr. 3: *Zuverlässigkeitssicherung bei Automobilherstellern und Lieferanten*

DGQ-Schrift Nr. 17-33: *Einführung in die Zuverlässigkeit.* Beuth-Verlag, Berlin, 1987

A5.1 AQL versus ppm

AQL-FEHLER

Zum Nachdenken:

Zu 99,9 Prozent richtig ausgeführte Arbeiten bedeuten im Durchschnitt:

- eine Stunde verschmutztes Trinkwasser pro Monat
- zwei unsichere Landungen pro Tag auf einem intenationalen Flughafen
- 16.000 verlorene Postsendungen pro Tag
- 20.000 falsche Medikamentenrezepte im Jahr
- 500 nicht einwandfrei ausgeführte chirurgische Eingriffe in der Woche
- 22.000 Falschbuchungen von Konten pro Stunde

„Fast richtig ist nicht besser als falsch"

Quelle: Quality-Magazine, R.Loichat

Zero Defect

Sony Inazawa Corporation brauchte nach eigener Darstellung drei Jahre um vom AQL-Denken zum Denken in 100% Kundenzufriedenheit zu kommen. Das Null-Fehler-Programm begann in der Werkstatt. „Null-Fehler" sind möglich! Diese Botschaft mußte erst erarbeitet und von den Mitarbeitern akzeptiert werden, bevor das Programm sich auf alle Bereiche des Unternehmens ausdehnen konnte. Heute, so Sony, ist Zero Defect-Denken Teil des täglichen Handelns. Die dahinterstehende Qualitätspolitik orientiert sich an den vier CROSBY-Prinzipien:

- Qualität ist Übereinstimmung mit den Anforderungen
- das System der Qualität ist Vorbeugung
- der Leistungsstandard ist Null-Fehler
- Qualität wird gemessen an den Fehlerkosten

PPM-Konzepte erfordern bestimmte Maßnahmen, da Fehlerraten im ppm-Bereich mit den Mitteln der statistischen Prüfung nicht mehr zu erkennen sind.

Diese Grundregeln sind:

- „fitness for use" statt Spezifikationsprüfung
- Der Abnehmer muß bezüglich der Zielvereinbarung, Fehleranalyse und Fehlerbesprechung aktiv werden.
- Der Lieferant muß seinerseits an diesen regelmäßigen Fehlerbesprechungen teilnehmen, Abstellmaßnahmen vornehmen und den Abnehmer davon in Kenntnis setzen, über geplante Produktionsumstellungen rechtzeitig informieren und allen Qualitätsprüfungen gemäß den Qualitätsvereinbarungen nachkommen.

Literatur:

Pfeifer, T.: *Qualitätsmanagement.* Hanser Verlag, München 1993, S. 131ff

Frehr, H.-U.: *Total Quality Management.* Hanser Verlag, München 1993

Franke, W. D.: *ppm Programm für Bauteile.* mi Verlag, Landsberg/Lech 1988

A5.2 Prüfplanung

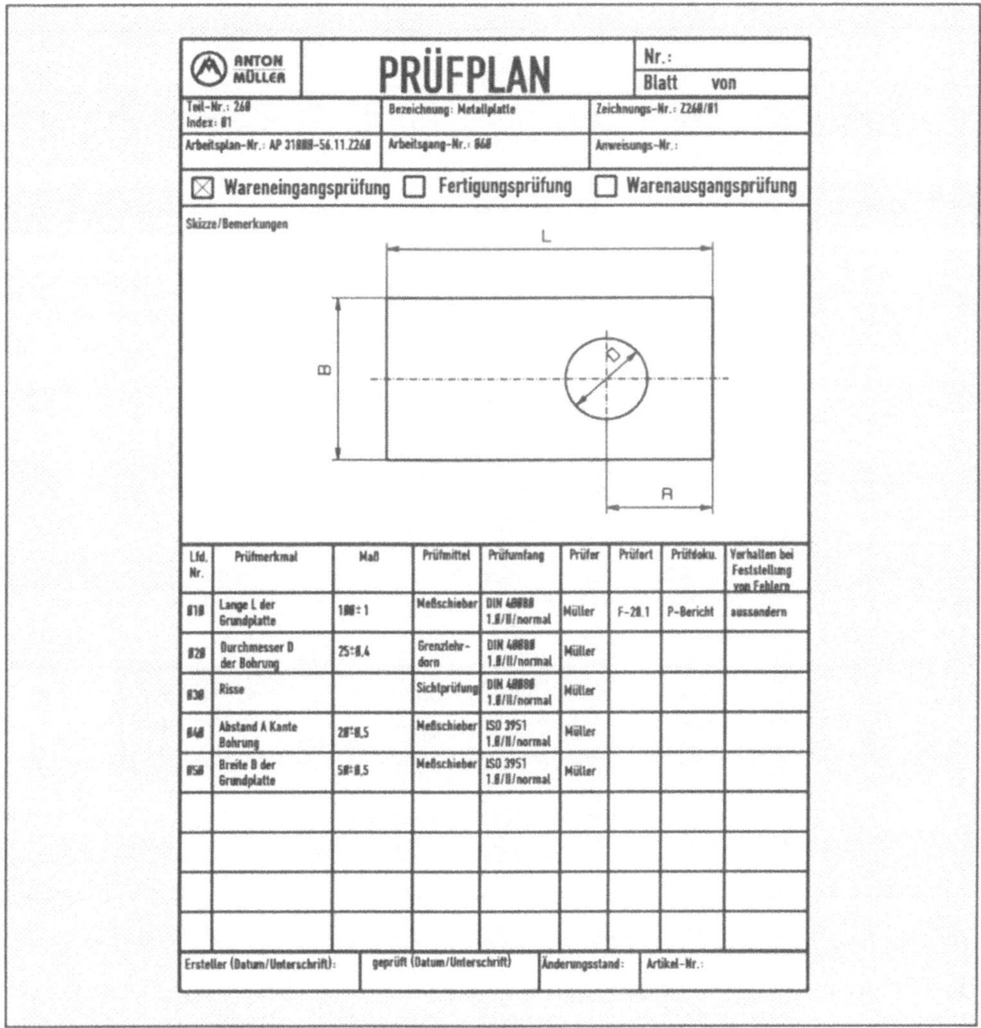

ANTON MÜLLER

PRÜFPLAN

Nr.:
Blatt von

Teil-Nr.: 260 Index: 01	Bezeichnung: Metallplatte	Zeichnungs-Nr.: Z260/01
Arbeitsplan-Nr.: AP 31000-56.11.Z260	Arbeitsgang-Nr.: 060	Anweisungs-Nr.:

☒ Wareneingangsprüfung ☐ Fertigungsprüfung ☐ Warenausgangsprüfung

Skizze/Bemerkungen

Lfd. Nr.	Prüfmerkmal	Maß	Prüfmittel	Prüfumfang	Prüfer	Prüfort	Prüfdoku.	Verhalten bei Feststellung von Fehlern
010	Lange L der Grundplatte	100±1	Meßschieber	DIN 40080 1.0/II/normal	Müller	F-20.1	P-Bericht	aussondern
020	Durchmesser D der Bohrung	25±0,4	Grenzlehrdorn	DIN 40080 1.0/II/normal	Müller			
030	Risse		Sichtprüfung	DIN 40080 1.0/II/normal	Müller			
040	Abstand A Kante Bohrung	20±0,5	Meßschieber	ISO 3951 1.0/II/normal	Müller			
050	Breite B der Grundplatte	50±0,5	Meßschieber	ISO 3951 1.0/II/normal	Müller			

Ersteller (Datum/Unterschrift):	geprüft (Datum/Unterschrift)	Änderungsstand:	Artikel-Nr.:

Prüfungen erfordern Planungsprozesse, bezüglich der zu prüfenden Merkmale (was?), Prüffrequenzen (wie oft?), Prüfmittel (womit?), Prüfzeitpunkte (wann?), Prüforte (wo?), Prüfanweisungen (wie und wer?) und des erforderlichen Prüfumfangs (wie viel?). In der Regel gehen diese Daten in die Prüfplanung ein. Ausdruck dieser Planungen ist der Prüfplan.

Literatur:

Pfeifer, T.: *Qualitätsmanagement.* Hanser Verlag, München 1993, S. 181ff

REFA (Hrsg.): *Methodenlehre der Betriebsorganisation. Teil 4 Planung und Steuerung.* Hanser Verlag, München 1991, S. 85ff

Melchior, K. W./Kring, J. R.: *Prüfplanung. In: Masing, W. (Hrsg.): Handbuch der Qualitätssicherung.* Hanser Verlag, München 1988, S. 485ff

A5.3 Auswahlverfahren für Stichproben

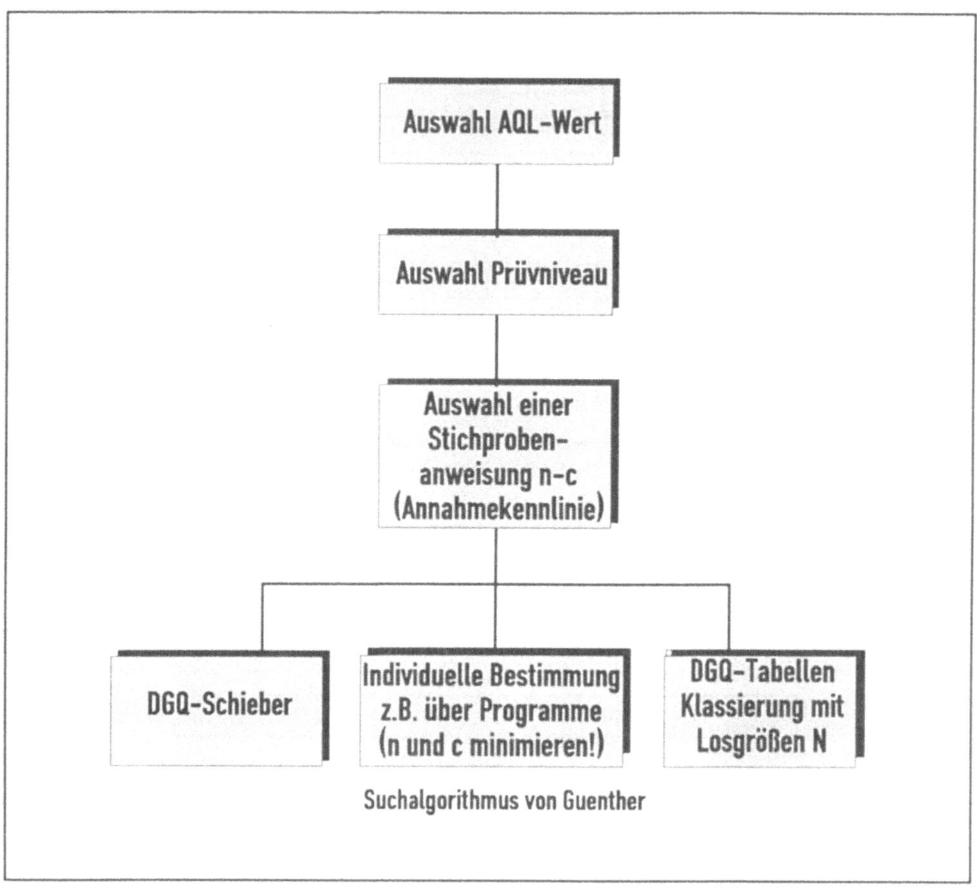

Suchalgorithmus von Guenther

Bei Stichprobenprüfungen im WE kann der Algorithmus von GUENTER eingesetzt werden. Dabei ist bei den Stichproben auf **echte** Zufallsauswahl zu achten.

Ersatzverfahren für Stichproben (Ausschußziffern, Auswahl nach Zeitpunkten, Klumpenauswahl etc.) sollen nur ausnahmsweise zum Einsatz kommen.

	Stichprobenplan						
N	AQL 0,10	AQL 0,15	AQL 0,25	AQL 0,40	AQL 0,65	AQL 1,0	AQL 1,5
2-8	N	N	N	N	N	N	N
9-15	N	N	N	N	N	13-0	8-0
16-25	N	N	N	N	20-0	13-0	8-0
26-50	N	N	N	32-0	20-0	13-0	8-0
51-90	N	80-0	50-0	32-0	20-0	13-0	8-0
91-150	125-0	80-0	50-0	32-0	20-0	13-0	32-1
151-280	125-0	80-0	50-0	32-0	20-0	50-1	32-1
281-500	125-0	80-0	50-0	32-0	80-1	50-1	50-2
501-1200	125-0	80-0	50-0	125-1	80-1	80-2	80-3
1201-3200	125-0	80-0	200-1	125-1	125-2	125-3	125-5
3201-10000	500-1	315-1	200-1	200-2	200-3	200-5	200-7
10001-35000	500-1	315-1	315-2	315-3	315-5	315-7	315-10
35001-150000	500-1	500-2	500-3	500-5	500-7	500-10	500-14
150000-500000	800-2	800-3	800-5	800-7	800-10	800-14	800-21
>500000	1250-3	1250-5	1250-7	1250-10	1250-14	1250-21	800-21

	Stichprobenplan					
N	AQL 2,5	AQL 4,0	AQL 6,5	AQL 10	AQL 15	AQL 25
2-8	5-0	3-0	2-0	5-1	3-1	2-1
9-15	5-0	3-0	2-0	5-1	3-1	3-2
16-25	5-0	3-0	8-1	5-1	5-2	5-3
26-50	5-0	13-1	8-1	8-2	8-3	8-5
51-90	20-1	13-1	13-2	13-3	13-5	13-7
91-150	20-1	20-2	20-3	20-5	20-7	20-10
151-280	32-2	32-3	32-5	32-7	32-10	32-14
281-500	50-3	50-5	50-7	50-10	50-14	50-21
501-1200	80-5	80-7	80-10	80-4	80-21	50-21
1201-3200	125-7	125-10	125-14	125-21	80-21	50-21
3201-10000	200-10	200-14	200-21	125-21	80-21	50-21
10001-35000	315-14	315-21	200-21	125-21	80-21	50-21

A5.4 Operationscharakteristik für AQL

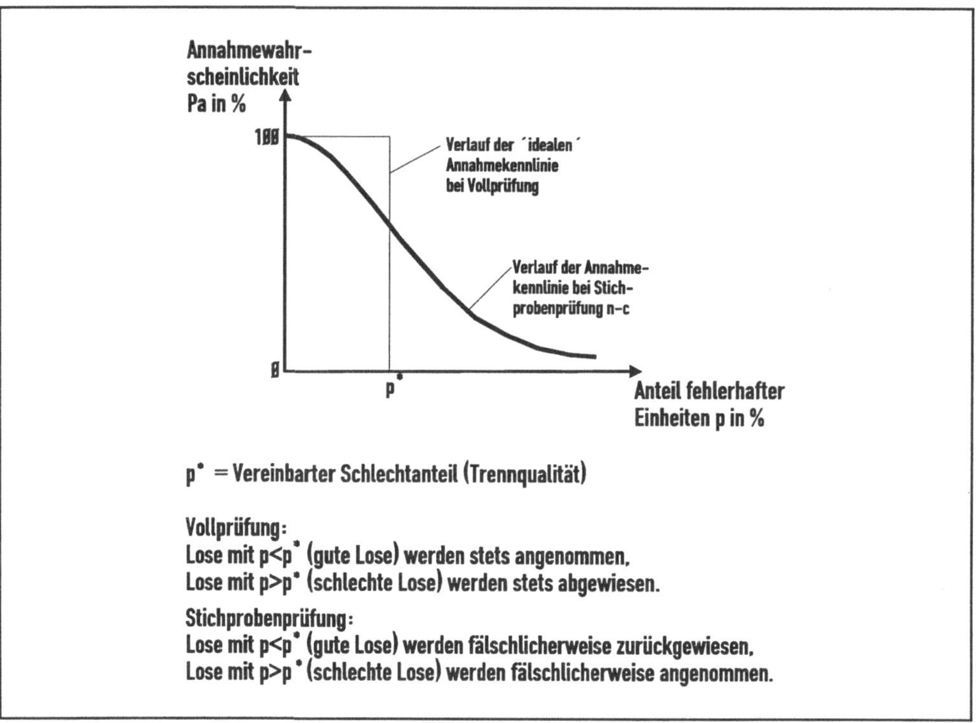

Literatur:

Pfeifer, T.: *Qualitätsmanagement.* Hanser Verlag, München 1993, S. 131ff

REFA (Hrsg.): *Methodenlehre der Betriebsorganisation. Teil 4 Planung und Steuerung.* Hanser Verlag, München 1991, S. 85ff und S. 107ff

Franzkowski, R.: *Annahmnestichprobenprüfung. In: Masing, W. (Hrsg.): Handbuch der Qualitätssicherung.* Hanser Verlag, München 1988, S. 137ff

DGQ-Schrift 16-01: *Stichprobenprüfung anhand qualitativer Merkmale.* Beuth Verlag, Berlin 1986

DGQ-Schrift 16-43: *Stichprobenprüfung anhand quanitativer Merkmale.* Beuth Verlag, Berlin 1988

DGQ-Schrift 16-26: *Methoden zur Bestimmung geeigneter AQL-Werte.* Beuth Verlag, Berlin 1990

DGQ-Schrift 16-03: *Skip-lot-Stichprobenprüfung.* Beuth Verlag, Berlin 1990

FORD-Leitfaden: *Weltweites Qualitätsbewertungssystem,* 1990

DIN ISO 2859 Teil 1: *Annahmestichprobenprüfung anhand der Anzahl fehlerhafter Einheiten oder Fehler (Attributprüfung).* Beuth Verlag, Berlin 1989

DIN ISO 2859 Teil 3: *Annahmestichprobenprüfung anhand der Anzahl fehlerhafter Einheiten oder Fehler (Attributprüfung)/Skip-lot-Verfahren.* Beuth Verlag, Berlin 1989

DIN ISO 3951: *Verfahren und Tabellen für Stichprobenprüfungen auf den Anteil fehlerhafter Einheiten in Prozent anhand quantitativer Merkmale (Variablenprüfung).* Beuth Verlag, Berlin 1989

A5.5 Kennwerte der Statistik

$$\bar{x} = \frac{x_1 + x_2 + \cdots + x_n}{n}$$

$$\bar{\bar{x}} = \frac{\bar{x}_1 + \bar{x}_2 + \cdots + \bar{x}_k}{k} \qquad \bar{\tilde{x}} = \frac{\tilde{x}_1 + \tilde{x}_2 + \cdots + \tilde{x}_k}{k}$$

$$s = \sqrt{\frac{\sum_{i=1}^{n} (x_i - \bar{x})^2}{n-1}}$$

$$\bar{s} = \frac{s_1 + s_2 + \cdots + s_k}{k}$$

$$R = x_{max} - x_{min}$$

$$\bar{R} = \frac{R_1 + R_2 + \cdots + R_k}{k}$$

$$s^2 = \frac{\sum_{i=1}^{n} (x_i - \bar{x})^2}{n-1}$$

$$\overline{s^2} = \frac{s_1^2 + s_2^2 + \cdots + s_k^2}{k}$$

In der Statistik werden aus einer Reihe von n Merkmalswerten (Meßwerten) $x_1, x_2, \cdots x_n$ verschiedene statistische Kennwerte ermittelt, die zur Beurteilung von Prozeßlagen und -streuungen von großer Bedeutung sind. Am bekanntesten ist der **arithmetische Mittelwert** $\bar{x}$. Er kann durch den einfacher zu berechnenden **Zentralwert (Median)** $\tilde{x}$ ersetzt werden.

Unter dem Median einer geordneten Reihe von n Werten versteht man denjenigen Wert, der an der (n+1)/2-ten Stelle dieser Reihe steht, also genau in der Mitte der Reihe. Dies gilt allerdings nur für eine Reihe mit einer ungeraden Anzahl von Werten. Für eine Reihe mit einer geraden Anzahl von Werten wird kein Median gebildet. Existieren k arithmetische Mittelwerte $\bar{x}$ bzw. Mediane $\tilde{x}$, so lassen sich daraus die gemittelten Werte $\bar{\bar{x}}$ bzw. $\bar{\tilde{x}}$ bilden. Ein Maß für die Streuung von n Werten um ihren Mittelwert ist die **Standardabweichung** s. Das Quadrat der Standardabweichung heißt **Varianz** s^2. Existieren k Standardabweichungen s bzw. Varianzen s^2, so lassen sich daraus die Mittelwerte $\bar{s}$ bzw. $\bar{s^2}$ bilden. Da Standardabweichungen sehr umständlich zu berechnen sind, wird oft ersatzweise ein anderes Streuungsmaß – die **Spannweite (Range)** R – verwendet. $\bar{R}$ ist der Mittelwert aus k Ranges.

Literatur:

Sachs, L.: *Angewandte Statistik.* Springer Verlag, Berlin, 5. Auflage 1978

Rinne, H.; Mittag, H. J.: *Statistische Methoden der Qualitätssicherung.* Carl Hanser Verlag, München, 2.Auflage 1991

Cramer, U.: *Statistik für nicht-mathematische Berufe 1 (Beschreibende Statistik).* Hueber-Holzmann Verlag, Ismaning, 1988

A5.6 Elemente der Wahrscheinlichkeitsrechnung

$$W(x) = \frac{Z_g}{Z_m}$$

$$W_{ges} = W(x_1) + W(x_2) + \ldots + W(x_n)$$

$$W_{ges} = W(x_1) \cdot W(x_2) \cdot \ldots \cdot W(x_n)$$

$$n! = 1 \cdot 2 \cdot 3 \cdot 4 \cdot 5 \cdot \ldots \cdot n$$

$$K_n^k = \binom{n}{k} = \frac{n!}{k!(n-k)!}$$

W(x) ist die Wahrscheinlichkeit dafür, daß ein bestimmtes Ereignis x eintritt. Sie ist mathematisch definiert als der Quotient aus der Anzahl Z_g der für das Eintreten des Ereignisses günstigen Fälle und der Anzahl Z_m aller möglichen Fälle. (Es gilt: $0 \leq W(x) \leq 1$).

Ist $W(x_1)$ die Wahrscheinlichkeit für das Auftreten des Ereignisses x_1, $W(x_2)$ die Wahrscheinlichkeit für das Auftreten des Ereignisses x_2 usw., so ist die Gesamtwahrscheinlichkeit W_{ges} für das Eintreten des Ereignisses x_1 **oder** x_2 usw. gleich der **Summe** aller Einzelwahrscheinlichkeiten (**Additionssatz**). Der Additionssatz in dieser einfachen Form gilt nur dann, wenn sich die Einzelereignisse gegenseitig ausschließen. Dies ist immer dann der Fall, wenn sich die für die einzelnen Ereignisse günstigen Fälle nicht überschneiden.

Die Gesamtwahrscheinlichkeit dafür, daß das Ereignis x_1 **und** das Ereignis x_2 usw. eintreten, ist gleich dem **Produkt** aller Einzelwahrscheinlichkeiten (**Multiplikationssatz**). Der Multiplikationssatz in dieser einfachen Form gilt nur dann, wenn die Einzelereignisse voneinander unabhängig sind. Das bedeutet, daß die Wahrscheinlichkeit für das Auftreten eines Einzelereignisses nicht davon abhängen darf, ob ein oder mehrere andere Einzelereignisse bereits eingetreten sind oder nicht.

Ein häufig in der Wahrscheinlichkeitsrechnung vorkommender Ausdruck ist die sog. **Fakultät** n! (sprich: n Fakultät). Eine weitere wichtige Größe ist die sog. **Kombination** K_n^k. Unter einer Kombination versteht man eine Anordnung von k Elementen aus einer Gruppe von n unterschiedlichen Elementen.

Der symbolische Ausdruck $\binom{n}{k}$ (sprich: n über k) wird dabei als Kurzform für den Ausdruck $\frac{n!}{k!\,(n-k)!}$ verwendet.

Literatur:

Sachs, L.: *Angewandte Statistik.* Springer Verlag, Berlin, 5. Auflage 1978

Kübler, F; Cramer, U.: *Statistik für nicht-mathematische Berufe 2 (Wahrscheinlichkeitsrechnung).* Hueber-Holzmann Verlag, Ismaning 1990

A5.7 Wahrscheinlichkeitsverteilungen

Einzelwahrscheinlichkeiten:

$$g(x) = g(x;n,p) = \binom{n}{x} \cdot p^x (1-p)^{n-x}$$ **(Binomialverteilung)**

x = Anzahl der fehlerhaften Einheiten in der Stichprobe
n = Umfang der Stichprobe
p = Anteil der Fehlerhaften Einheiten in der Grundgesamtheit (Los)
g(x;n,p) = Wahrscheinlichkeit, daß sich **genau** x fehlerhafte Einheiten in einer Stichprobe vom Umfang n befinden, die aus einer Grundgesamtheit entnommen ist, welche einen Anteil p fehlerhafter Einheiten enthält

$$g(x) = g(x;\mu) = \frac{e^{-\mu} \cdot \mu^x}{x!}$$ **(Poisson-Verteilung)**

x = Anzahl der Fehler pro Prüfeinheit
μ = mittlere Anzahl der Fehler pro Prüfeinheit
g(x;μ) = Wahrscheinlichkeit, daß in einer Prüfeinheit **genau** x Fehler gefunden werden, wenn die mittlere Anzahl der Fehler pro Prüfeinheit gleich μ ist. (Eine Prüfeinheit kann die gesamte Stichprobe sein oder auch nur eine Stichprobeneinheit, also eine Teilmenge der Stichprobe).

$$g(x) = g(x;\mu,\sigma) = \frac{1}{\sqrt{2\pi}\,\sigma} \cdot e^{-\frac{(x-\mu)^2}{2\sigma^2}}$$ **(Gaußsche Normalverteilung)**

x = Merkmalswert(Einzelwert)
μ = Mittelwert der Grundgesamtheit
σ = Standardabweichung der Grundgesamtheit
g(x;μ,σ) = Wahrscheinlichkeitsdichte für den Merkmalswert x

Summenwahrscheinlichkeiten:

$$G(x) = G(x;n,p) = \sum_{x=0}^{c} g(x;n,p) = g(0) + g(1) + \ldots + g(c)$$ **(binomiale Verteilungsfunktion)**

c = Höchstzahl fehlerhafter Einheiten in der Stichprobe vom Umfang n
G(x;n,p) = Wahrscheinlichkeit, daß sich **höchstens** c fehlerhafte Einheiten in einer Stichprobe vom Umfang n befinden, die aus einer Grundgesamtheit entnommen ist, welche einen Anteil p fehlerhafter Einheiten enthält

$$G(x) = G(x;\mu) = \sum_{x=0}^{c} g(x;\mu) = g(0) + g(1) + \ldots + g(c)$$

(Poisson-Verteilungsfunktion)

c	=	Fehlerhöchstzahl in der Prüfeinheit
$g(x;\mu)$	=	Wahrscheinlichkeit, daß in einer Prüfeinheit **höchstens** c Fehler gefunden werden, wenn die mittlere Anzahl der Fehler pro Prüfeinheit gleich μ ist

Literatur:

Sachs, L.: *Angewandte Statistik. 5. Aufl.*, Springer Verlag, Berlin 1978
Rinne, H.; Mittag, H. J.: *Statistische Methoden der Qualitätssicherung.* 2. Aufl., Carl Hanser Verlag, München 1991

A5.8 Eingriffsgrenzen von QRK zur Überwachung der Prozeßlage ($\overline{x}$, $\tilde{x}$)

Methode A (nach DGQ): $\left\langle \begin{matrix} \textbf{OEG} \\ \textbf{UEG} \end{matrix} \right\rangle = \mu \pm 2{,}576\,\sigma$

Methode B (nach Ford) $\left\langle \begin{matrix} \textbf{OEG} \\ \textbf{UEG} \end{matrix} \right\rangle = \mu \pm 3\,\sigma$

μ = Mittelwert der Grundgesamtheit
σ = Standardabweichung der Grundgesamtheit

Im weiteren werden ausschließlich die sich nach Methode B ergebenden Formeln aufgeführt.

$$\sigma_{\overline{x}} = \frac{\sigma}{\sqrt{n}} : \qquad \sigma_{\tilde{\overline{x}}} = c_n \cdot \sigma_{\overline{x}} = \frac{c_n}{\sqrt{n}} \cdot \sigma$$

$\sigma_{\overline{x}}$ = Standardabweichung der Mittelwerte $\overline{x}$
$\sigma_{\tilde{\overline{x}}}$ = Standardabweichung der Mediane $\tilde{x}$
n = Stichprobenumfang
c_n = vom Stichprobenumfang abhängiger, tabellierter Parameter

Mittelwert μ und Standardabweichung σ sind Größen der Grundgesamtheit, die mit Hilfe der aus den Stichproben gewonnenen Werten abgeschätzt werden müssen. Schätzwerte von Größen werden zur Unterscheidung von den tatsächlichen Werten dieser Größen mit einem „Dach“ versehen.

Schätzungen für μ: $\hat{\mu} = \overline{\overline{x}}$ bei der $\overline{x}$-Spur
$\hat{\mu} = \overline{\tilde{x}}$ bei der $\tilde{x}$-Spur

Schätzungen für σ (drei Möglichkeiten):

$$\hat{\sigma} = \sqrt{\overline{s^2}} = \sqrt{\frac{s_1^2 + s_2^2 + \cdots + s_k^2}{k}}$$

$$\hat{\sigma} = \frac{\overline{s}}{c_4}$$

$$\hat{\sigma} = \frac{\overline{R}}{d_2}$$

c_4, d_2 = vom Stichprobenumfang abhängige, tabellierte Parameter

Eingriffsgrenzen:

$\bar{x}$-Spur

$$\begin{pmatrix}OEG\\UEG\end{pmatrix}_{\bar{x}} = \bar{\bar{x}} \pm \frac{3}{\sqrt{n}}\sqrt{\overline{s^2}}$$

$$\begin{pmatrix}OEG\\UEG\end{pmatrix}_{\bar{x}} = \bar{\bar{x}} \pm \frac{3}{\sqrt{n}\cdot c_4}\bar{s} = \bar{\bar{x}} \pm A_3 \cdot \bar{s}$$

$$\begin{pmatrix}OEG\\UEG\end{pmatrix}_{\bar{x}} = \bar{\bar{x}} \pm \frac{3}{\sqrt{n}\cdot d_2}\bar{R} = \bar{\bar{x}} \pm A_2 \cdot \bar{R}$$

$\tilde{x}$-Spur

$$\begin{pmatrix}OEG\\UEG\end{pmatrix}_{\tilde{x}} = \bar{\tilde{x}} \pm \frac{3c_n}{\sqrt{n}}\sqrt{\overline{s^2}}$$

$$\begin{pmatrix}OEG\\UEG\end{pmatrix}_{\tilde{x}} = \bar{\tilde{x}} \pm \frac{3c_n}{\sqrt{n}\cdot c_4}\bar{s} = \bar{\tilde{x}} \pm \tilde{A}_3 \cdot \bar{s}$$

$$\begin{pmatrix}OEG\\UEG\end{pmatrix}_{\tilde{x}} = \bar{\tilde{x}} \pm \frac{3c_n}{\sqrt{n}\cdot d_2}\bar{R} = \bar{\tilde{x}} \pm \tilde{A}_2 \cdot \bar{R}$$

$A_2, A_3, \tilde{A}_2, \tilde{A}_3$ = vom Stichprobenumfang abhängige, tabellierte Parameter

Tabelle der Parameter

n	d_n	c_4	c_n	A_2	A_3	$\tilde{A}_2$	$\tilde{A}_3$
2	1,128	0,7979	1,000	1,880	2,659	1,880	2,658
3	1,693	0,8862	1,160	1,023	1,954	1,187	2,267
4	2,059	0,9213	1,092	0,729	1,628	0,796	1,778
5	2,326	0,9400	1,198	0,577	1,427	0,691	1,484
6	2,534	0,9515	1,135	0,483	1,287	0,548	1,461
7	2,704	0,9594	1,214	0,419	1,182	0,508	1,435
8	2,847	0,9650	1,160	0,373	1,099	0,433	1,274
9	2,970	0,9693	1,223	0,337	1,032	0,412	1,263
10	3,078	0,9727	1,176	0,308	0,975	0,362	1,147

Literatur:

Mittag, H. J.: *Qualitätsregelkarten,* Carl Hanser Verlag, München 1994
Mohr, G.; *Qualitätsverbesserung im Produktionsprozeß,* Vogel Verlag, 1991 (Kamprath Reihe)
FORD Leitfaden; *Statistische Prozeßregelung*, 1985
DGQ-Schrift Nr.16-31; *SPC 1 – Statistische Prozeßregelung,* Beuth Verlag, Berlin 1990
DGQ-Schrift Nr.16-32; *SPC 2 – Qualitätsregelkartentechnik,* Beuth Verlag, Berlin 1990
Bernecker, K.; DGQ-Schrift Nr. 16-33, *SPC 3 Anleitung zur statistischen Prozeßlenkung (SPC),* Beuth Verlag, Berlin 1990

A5.9 Eingriffsgrenzen von QRK zur Überwachung der Prozeßstreuung (s , R)

Die Verteilungen der s- und R-Werte sind keine Normalverteilungen. Sie gehorchen Verteilungen, welche als χ^2 -Verteilung bzw. w-Verteilung bezeichnet werden. Beide Verteilungen sind unsymmetrisch. Die Eingriffsgrenzen haben deshalb nicht denselben Abstand von den Mittelwerten $\bar{s}$ bzw. $\bar{R}$ dieser Verteilungen.

Eingriffsgrenzen:

s-Spur	**R**-Spur
$OEG_s = B_4 \cdot \bar{s}$	$OEG_R = D_4 \cdot \bar{R}$
$UEG_s = B_3 \cdot \bar{s}$	$UEG_R = D_3 \cdot \bar{R}$

B_3, B_4, D_3, D_4 = vom Stichprobenumfang abhängige, tabellierte Parameter

Tabelle der Konstanten:

n	B_3	B_4	D_3	D_4
2	-	3,267	-	3,267
3	-	2,568	-	2,574
4	-	2,266	-	2,282
5	-	2,089	-	2,114
6	0,030	1,970	-	2,004
7	0,118	1,882	0,076	1,924
8	0,185	1,815	0,136	1,864
9	0,239	1,761	0,184	1,816
10	0,284	1,716	0,223	1,777

Literatur:

Mittag, H. J.: *Qualitätsregelkarten,* Carl Hanser Verlag, München 1994

Mohr, G.: *Qualitätsverbesserung im Produktionsprozeß,* Vogel Verlag, 1991 (Kamprath Reihe)

FORD *Leitfaden; Statistische Prozeßregelung,* 1985

FORD *Testbeispiele; Beurteilung von SPC Software,* 1991

FORD *Qualitätssystemrichtlinie Q-101,* 1990

DGQ-Schrift Nr. 16-31: *SPC 1 – Statistische Prozeßregelung,* Beuth Verlag, Berlin 1990

DGQ-Schrift Nr. 16-32: *SPC 2 – Qualitätsregelkartentechnik,* Beuth Verlag, Berlin 1990

DGQ-Schrift Nr. 16-33 Bernecker, K.: *SPC 3 – Anleitung zur statistischen Prozeßlenkung (SPC),* Beuth Verlag, Berlin 1990

DGQ-Schrift Nr. 14-20: *Rechnerunterstützung in der Qualitätssicherung (CAQ),* Beuth Verlag, Berlin 1990

Dietrich, E./Schlosser, D./Schulze, A.: *Rechnergestützte Verfahren zur statistischen Prozeßlenkung.* In: QZ 34 (1989), Sonderdruck

HOECHST: *Statistische Prozeßführung (SPC),* Frankfurt/Main 1993

A5.10 Eingriffsgrenzen von QRK zur Überwachung fehlerhafter Einheiten (np, p)

Bei einem beherrschten Prozeß ist die Anzahl $x = np$ fehlerhafter Einheiten in der Stichprobe binomial verteilt.

Eingriffsgrenzen:

np-Karte (**Anzahl** fehlerhafter Einheiten)	**p**-Karte (**Anteil** fehlerhafter Einheiten)
$OEG_{np} = x_o + 0{,}5$	$OEG_p = \dfrac{OEG_{np}}{n}$
$UEG_{np} = x_u - 0{,}5$	$UEG_p = \dfrac{UEG_{np}}{n}$

x_o und x_u werden mit Hilfe der binomialen Verteilungsfunktion $G(x; n,p)$ berechnet.

Es gilt:

$$G(x_o; n,p) \geq 99{,}87\% > G(x_o-1; n,p)$$

$$G(x_u; n,p) \geq 0{,}13\% > G(x_u-1; n,p)$$

Die Stichprobenumfänge für eine np-Karte müssen konstant sein, diejenigen für eine p-Karte dagegen nicht. Zur Erzielung einer ausreichenden Trennschärfe muß die Bedingung $n \cdot p \geq 1$ erfüllt sein. Ist die Bedingung $n \cdot p \geq 10$ erfüllt, so kann die Binomialverteilung näherungsweise durch die Normalverteilung ersetzt werden.

Eingriffsgrenzen ($n \cdot p \geq 10$ erfüllt!):

np-Karte	**p**-Karte
$\left\langle \begin{matrix} OEG \\ UEG \end{matrix} \right\rangle_{np} = n\overline{p} \pm 3\sqrt{n\overline{p}(1-\overline{p})}$	$\left\langle \begin{matrix} OEG \\ UEG \end{matrix} \right\rangle_{p} = \overline{p} \pm 3\sqrt{\dfrac{\overline{p}(1-\overline{p}}{\overline{n}}}$

Literatur:

Mittag, H. J.: *Qualitätsregelkarten,* Carl Hanser Verlag, München 1994

Mohr, G.: *Qualitätsverbesserung im Produktionsprozeß,* Vogel Verlag, 1991 (Kamprath Reihe)

FORD Leitfaden; *Statistische Prozeßregelung*, 1985

DGQ-Schrift Nr. 16-31; *SPC 1 – Statistische Prozeßregelung,* Beuth Verlag Berlin, 1990

DGQ-Schrift Nr. 16-32; *SPC 2 – Qualitätsregelkartentechnik,* Beuth Verlag Berlin, 1990

Bernecker, K.: DGQ-Schrift Nr. 16-33, *SPC 3 – Anleitung zur statistischen Prozeßlenkung (SPC),* Beuth Verlag Berlin, 1990

A5.11 Eingriffsgrenzen von QRK zur Überwachung von Fehlern (c, u)

Bei einem beherrschten Prozeß ist die Anzahl der Fehler pro Prüfeinheit Poisson verteilt.

Eingriffsgrenzen:

c-Karte (Anzahl der Fehler pro Stichprobe)	**u**-Karte (Anzahl der Fehler pro Stichprobeneinheit)
$OEG_c = x_o + 0{,}5$	$OEG_u = \frac{OEG_c}{n}$
$UEG_c = x_u - 0{,}5$	$UEG_u = \frac{UEG_c}{n}$

x_o und x_u werden mit Hilfe der Poisson-Verteilungsfunktion $G(x; \mu)$berechnet.

Es gilt:

$$G(x_o, \mu) \geq 99{,}87\% > G(x_o-1; \mu)$$

$$G(x_u, \mu) \geq 0{,}13\% > G(x_u-1; \mu)$$

Die Stichprobenumfänge bei einer c-Karte müssen konstant sein, diejenigen für eine u-Karte dagegen nicht. Zur Erzielung einer ausreichenden Trennschärfe muß die Bedingung $\mu \geq 1$ erfüllt sein.

Ist die Bedingung $\mu \geq 9$ erfüllt so kann die Poisson-Verteilung näherungsweise durch die Normalverteilung ersetzt werden.

Eingriffsgrenzen ($\mu \geq 9$ erfüllt!).

c-Karte	**u**-Karte
$\left\langle \begin{matrix} OEG \\ UEG \end{matrix} \right\rangle_c = \bar{c} \pm 3\sqrt{\bar{c}}$	$\left\langle \begin{matrix} OEG \\ UEG \end{matrix} \right\rangle_u = \bar{u} \pm 3\sqrt{\bar{u}}$

Literatur:

Mittag, H. J.: *Qualitätsregelkarten,* Carl Hanser Verlag, München 1994

Mohr, G.: *Qualitätsverbesserung im Produktionsprozeß,* Vogel Verlag, 1991 (Kamprath Reihe)

FORD Leitfaden; *Statistische Prozeßregelung*, 1985

DGQ-Schrift Nr. 16-31: *SPC 1 – Statistische Prozeßregelung,* Beuth Verlag, Berlin 1990

DGQ-Schrift Nr. 16-32: *SPC 2 – Qualitätsregelkartentechnik,* Beuth Verlag, Berlin 1990

Bernecker, K.: **DGQ-Schrift Nr. 16-33**, *SPC 3 – Anleitung zur statistischen Prozeßlenkung (SPC),* Beuth Verlag Berlin, 1990

A5.12 Ermittlung der Maschinenfähigkeit

In der Firma Anton Müller soll für einen Fertigungsprozeß eine neue Drehmaschine eingesetzt werden. Diese Maschine soll in der Lage sein, Rohteile mit einem Durchmesser von 10,50 mm innerhalb der Toleranzgrenzen von 10,30 mm und 10,70 mm herzustellen, wobei normalverteilte Merkmalswerte erwartet werden.

Zur Feststellung der Maschinenfähigkeit wird ein Satz von n = 50 Drehteilen aus dem direkten Fertigungsbereich dieser Maschine entnommen und jeweils der Durchmesser gemessen. Die Meßwerte sind in der abgebildeten Tabelle aufgeführt, wobei der Einfachheit halber immer nur die Nachkommastellen angegeben sind.

Tabelle der Meßwerte

53	46	49	54	52	48	50	46	51	47
51	48	53	44	49	47	56	52	57	50
41	59	45	49	48	50	54	47	51	43
52	49	54	56	50	46	51	50	48	53
50	49	47	51	43	53	49	47	52	56

Auswertung der Meßergebnisse:

Schritt 1: Der Bereich der Meßwerte wird in eine geeignete Anzahl von Klassen gleicher Breite unterteilt. Zur Berechnung der Klassenanzahl z für Stichproben vom Umfang $n \geq 50$ verwendet man die folgende Faustformel:

$$z = \sqrt{n}$$

Da die Klassenanzahl eine natürliche Zahl sein muß, ergibt sich wegen $\sqrt{50} = 7.071$ der Wert $z = 7$.

Die Klassenbreite w wird nach der Formel

$$w = \frac{R}{\sqrt{n}}$$

berechnet. Hier erhält man wegen $R = 59 - 41 = 18$ den Wert $w = 2{,}56$.

Alle Meßwerte der Tabelle sind mit einer Genauigkeit von 1 (tatsächlich natürlich mit einer Genauigkeit von 0,01) angegeben. Die Klassenbreiten müssen deshalb ein ganzzahliges Vielfaches von 1 sein und damit ergibt sich der naheliegende Wert von $w = 3$. Für den Meßwert von z.B. $x = 52$ bedeutet dies, daß er aus dem Intervall $51{,}5 \leq x \leq 52{,}5$ stammt. Die Werte 51,5 und 52,5 werden als natürliche Rundungsgrenzen für den Meßwert 52 bezeichnet. Für eine eindeutige Zuordnung der Meßwerte zu den einzelnen Klassen kommen als Klassengrenzen immer nur die natürlichen Rundungsgrenzen der Meßwerte in Frage. Im gegebenem Fall ergibt sich damit die folgende Klasseneinteilung:

Klassen-Nr. i	Klassenbreite
1	39,5 – 42,5
2	42,5 – 45,5
3	45,5 – 48,5
4	48,5 – 51,5
5	51,5 – 54,5
6	54,5 – 57,5
7	57,5 – 60,5

Schritt 2: Die Meßwerte werden in einem geeigneten Formblatt (vgl. Anlage) auf die einzelnen Klassen verteilt, wobei jeder Meßwert in einer Klasse durch einen „Strich“ symbolisiert wird. Aus der Form der so entstandenen Strichliste läßt sich bereits abschätzen, ob eine Normalverteilung der Meßwerte vorliegt oder nicht.

Schritt 3: Die Zahlen der Meßwerte in den einzelnen Klassen bezeichnet man als **absolute Einzelhäufigkeit h_i**. Sie werden in die dafür vorgesehene Spalte des Formblattes eingetragen.
Mit Hilfe der Einzelhäufigkeiten werden die **absoluten Summenhäufigkeiten G_i** berechnet und daraus schließlich die **prozentualen Summenhäufigkeiten H_i**. Alle Werte werden in die dafür vogesehenen Spalten des Formblattes eingetragen.

Schritt 4: Zu jeder Klasse i gehört nun eine bestimmte Summenhäufigkeit H_i. Dies sind hier also 7 Wertepaare (H_i/i). Diese Wertepaare werden im Wahrscheinlichkeitsnetz grafisch als Punkte dargestellt. Dabei ist zu beachten, daß die Punkte immer an der **oberen** Klassengrenze eingetragen werden. Durch die so entstandene Punktfolge wird eine Gerade „bester Näherung“ gelegt. Ist dies wie in der Aufgabe ohne weiteres möglich, so sind die Meßwerte normal verteilt.

Schritt 5: Aus dem Wahrscheinlichkeitsnetz werden Mittelwert $\bar{x}$ und Standardabweichung s entnommen. Diese Werte sind in der Regel so genau, daß eine zusätzliche Berechnung nicht unbedingt erforderlich ist.

Ergebnisse: $\bar{x} = 50$ mm; s = 3,4 mm (grafisch ermittelt)

$\bar{x} = 49{,}92$ mm; s = 3,773 mm (berechnet)

Schritt 6: Berechnung der Maschinenfähigkeit

$$c_m = \frac{40}{6 \cdot 3.773} = 1{,}77$$

$$c_{mk} = \min\left|\frac{70 - 49{,}92}{3 \cdot 3{,}773} \quad \text{oder} \quad \frac{49{,}92 - 30}{3 \cdot 3{,}773}\right| = \frac{19{,}92}{13{,}319} = 1{,}76$$

Da sowohl $c_m > 1{,}33$ als auch $c_{mk} > 1{,}33$ sind, ist die Maschinenfähigkeit gegeben!

Literatur:

Mittag, H. J.: *Qualitätsregelkarten,* Carl Hanser Verlag, München 1994

Mohr, G.: *Qualitätsverbesserung im Produktionsprozeß,* Vogel Verlag, 1991 (Kamprath Reihe)

FORD Leitfaden; *Statistische Prozeßregelung,* 1985

FORD Richtlinie: Prozeßfähigkeit, 1991

DGQ-Schrift Nr. 16-31: *SPC 1 – Statistische Prozeßregelung,* Beuth Verlag Berlin, 1990

DGQ-Schrift Nr. 16-32: *SPC 2 – Qualitätsregelkartentechnik,* Beuth Verlag Berlin, 1990

DGQ-Schrift Nr. 18-19: *Formblätter mit Wahrscheinlichkeitsnetz,* Beuth Verlag Berlin, 1986

DGQ-Schrift Nr. 16-33 Bernecker, K.: *SPC 3 – Anleitung zur statistischen Prozeßlenkung (SPC),* Beuth Verlag Berlin, 1990

Dietrich, E./Schlosser, D./Schulze, A.: Fähige Meßverfahren – Die Basis der statistischen Prozeßlenkung. In: QZ 36 (1991), Sonderdruck

Rufing, B.: Prozesse durch Kennwerte fähig beurteilen. In: QZ 38 (1993), S. 241ff

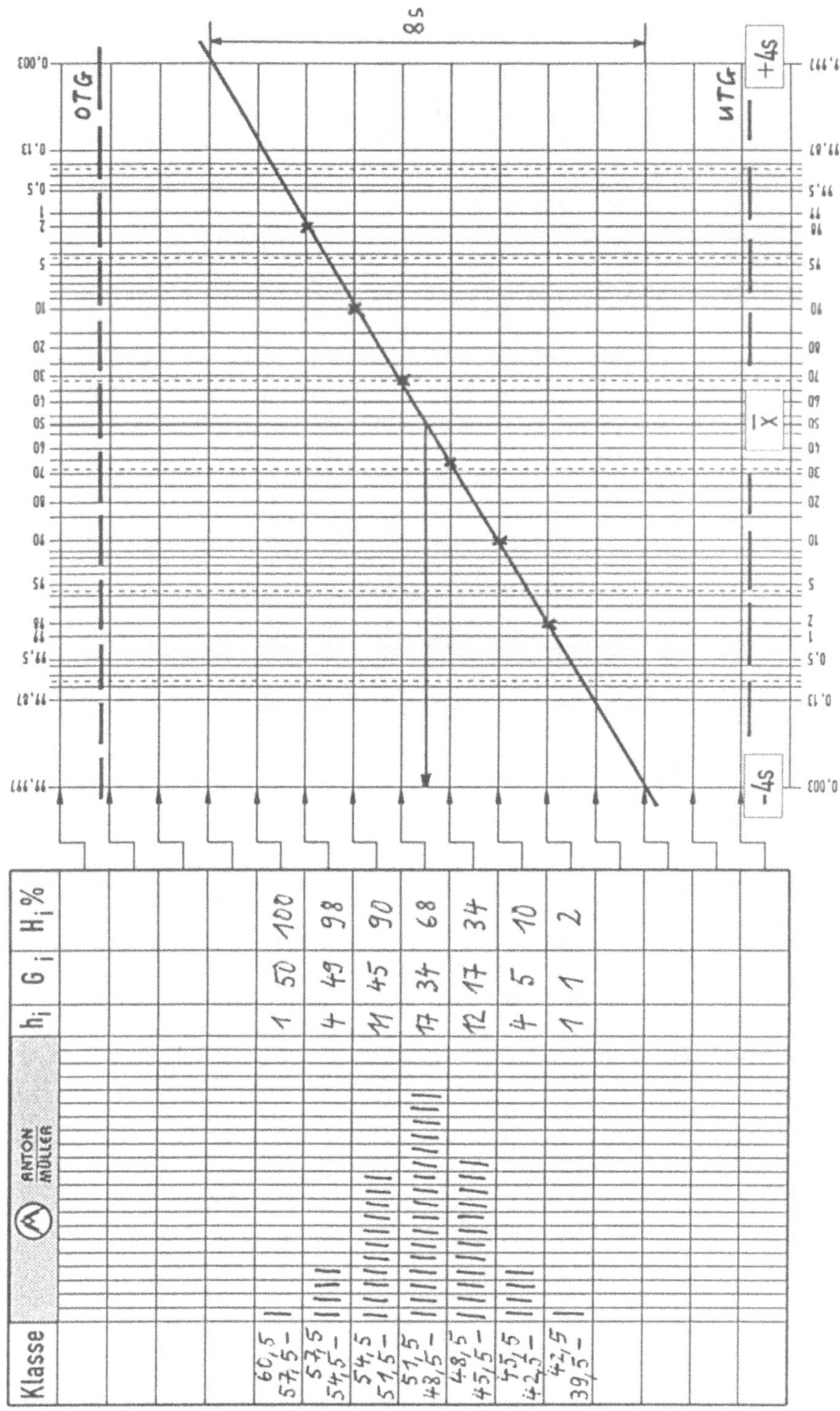

A5.13 Ermittlung der vorläufigen Prozeßfähigkeit

Um einen Großauftrag aus dem Bereich der Automobilindustrie zu bekommen, hat die Firma Anton Müller mit Hilfe von Fertigungsmaschinen neuester Technologie einen völlig neuen Prozeß entwickelt, der bereits Prototypen in kleinen Vorserien produziert. Vor der Auftragserteilung und damit vor Beginn der Serienfertigung fordert der Auftraggeber den Nachweis der **vorläufigen Prozeßfähigkeit** für eine Reihe von kritischen Produktmerkmalen. Als Beispiel wird hier ein geometrisches Merkmal ausgewählt. Es soll eine Länge von 120,40 mm innerhalb eines Toleranzbereiches von ±0,30 mm eingehalten werden. Zur Feststellung der vorläufigen Prozeßfähigkeit werden dazu k = 25 Stichproben vom Umfang n = 5 in **kurzen Zeitabständen** gezogen und mit Hilfe einer $\bar{x}$/s-Regelkarte ausgewertet. Die Meßwerte der einzelnen Stichproben und die daraus berechneten Mittelwerte $\bar{x}$, Varianzen s^2 und Standardabweichungen s sind in der unten stehenden Tabelle aufgeführt, wobei wieder der Einfachheit halber nur die Nachkommastellen angegeben sind.

Tabelle der Meßwerte und deren Auswertung

Nr.	x_1	x_2	x_3	x_4	x_5	$\bar{x}$	s	s^2
1	43	40	51	42	38	42,8	4,97	24,7
2	39	43	35	40	48	41,0	4,85	23,5
3	41	41	30	35	40	37,4	4,82	23,3
4	38	42	40	44	36	40,0	3,16	10,0
5	40	44	41	36	34	39,0	4,00	16,0
6	48	42	35	41	40	41,2	4,66	21,7
7	42	42	40	37	45	41,2	2,95	8,7
8	40	34	39	42	43	39,6	3,51	12,3
9	37	36	41	40	46	40,0	3,94	15,5
10	44	45	39	40	46	42,8	3,11	9,7
11	36	44	45	41	48	40,8	3,88	14,7
12	40	38	50	39	46	42,6	5,18	26,8
13	50	44	40	39	39	42,4	4,72	22,3
14	46	38	38	40	37	39,8	3,63	13,2
15	35	45	36	40	36	38,4	4,16	17,3
16	40	32	40	42	42	39,2	4,15	17,2
17	33	38	38	45	40	38,8	4,32	18,7
18	41	32	40	44	44	40,2	4,92	24,2
19	44	45	36	49	39	42,6	5,12	26,3
20	42	42	30	35	40	37,8	5,22	27,2
21	36	41	46	40	39	40,4	3,65	13,3
22	38	44	39	48	42	42,2	4,02	16,2
23	41	41	32	35	43	38,4	4,67	21,8
24	38	39	50	40	37	40,8	5,26	27,7
25	40	40	32	38	43	38,6	4,10	16,8

Ergebnisse: $\bar{\bar{x}} = \sum_{i=1}^{i=25} \bar{x}_i = 40{,}32$

$\bar{s} = 4{,}28$

$\sqrt{\overline{s^2}} = 4{,}33$

$OEG_{\bar{x}} = \bar{\bar{x}} + A_3 \cdot \bar{s} \ = 40{,}32 + 1{,}427 \cdot 4{,}28 \ = 46{,}43$

$UEG_{\bar{x}} = \bar{\bar{x}} - A_3 \cdot \bar{s} \ = 40{,}32 - 1{,}427 \cdot 4{,}28 \ = 34{,}21$

$OEG_s = B_4 \cdot \bar{s} \ = 2{,}089 \cdot 4{,}28 \ = 8{,}94$

$UEG_s = B_3 \cdot \bar{s} \ = 0 \cdot 4.28 \ = 0$

Der Prozeß ist unter statistischer Kontrolle (s. Regelkarte).

$$\hat{\sigma} = \frac{\bar{s}}{c_4} = \frac{4{,}28}{0{,}94} = 4{,}55$$

$$p_p = \frac{60}{6 \cdot 4{,}55} = 2{,}20$$

$$p_{pk} = \min\left|\frac{70 - 40{,}32}{3 \cdot 4{,}55} \quad \text{oder} \quad \frac{40{,}32 - 10}{3 \cdot 4{,}55}\right| = \frac{29{,}68}{13{,}65} = 2{,}17$$

Da sowohl $p_p > 1{,}67$ als auch $p_{pk} > 1{,}67$ sind, ist die vorläufige Prozeßfähigkeit gegeben.

Literatur:

Mittag, H. J.: *Qualitätsregelkarten,* Carl Hanser Verlag, München 1994
Mohr, G.: *Qualitätsverbesserung im Produktionsprozeß,* Vogel Verlag, 1991 (Kamprath Reihe)
FORD Leitfaden; *Statistische Prozeßregelung,* 1985
DGQ-Schrift Nr. 16-31; *SPC 1 – Statistische Prozeßregelung,* Beuth Verlag, Berlin 1990
DGQ-Schrift Nr. 16-32; *SPC 2 – Qualitätsregelkartentechnik,* Beuth Verlag, Berlin 1990
Bernecker, K.: DGQ-Schrift Nr. 16-33, *SPC 3 – Anleitung zur statistischen Prozeßlenkung (SPC),* Beuth Verlag Berlin, 1990

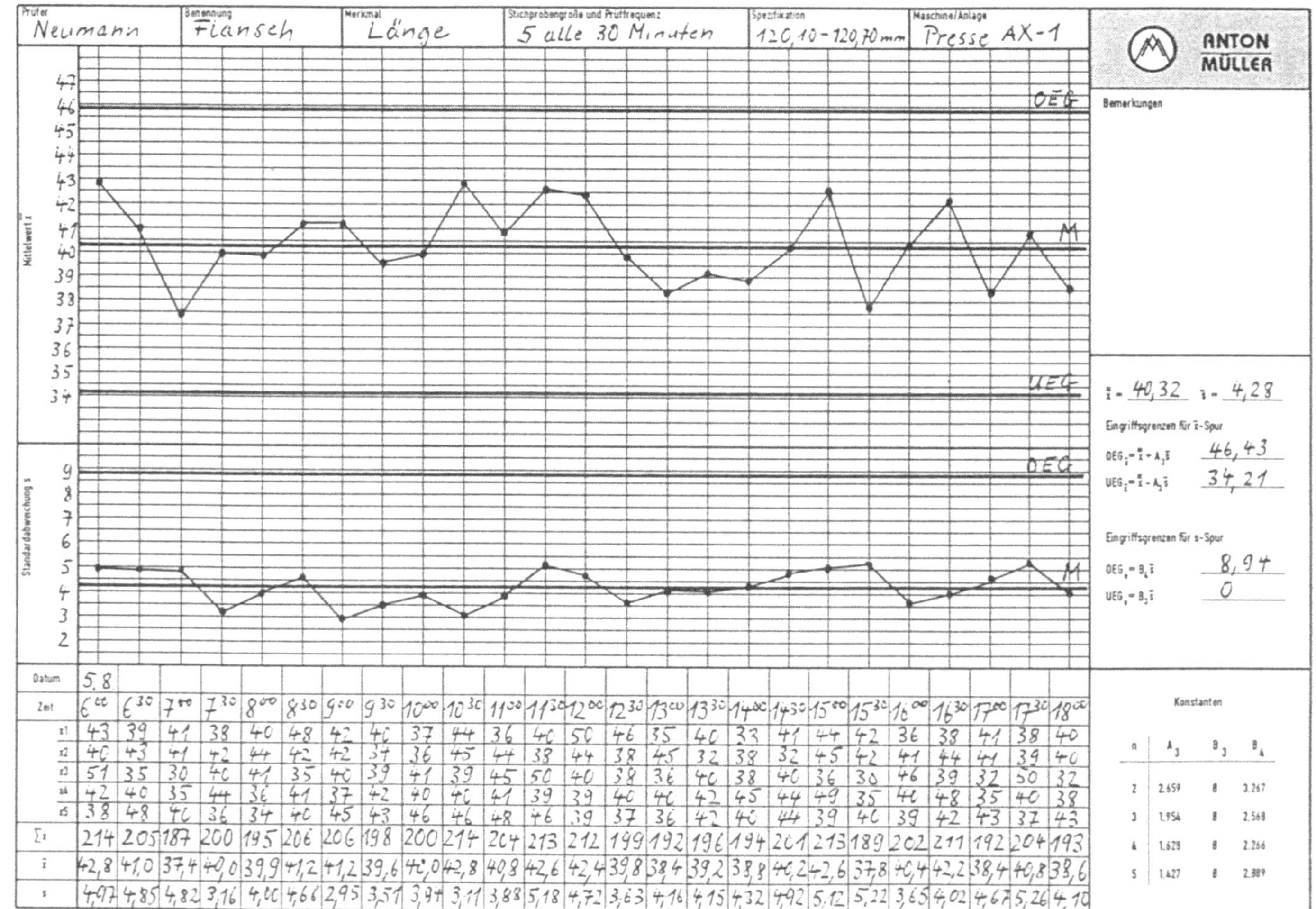

ANTON MÜLLER

Prüfer: Neumann | Benennung: Flansch | Merkmal: Länge | Stichprobengröße und Prüffrequenz: 5 alle 30 Minuten | Spezifikation: 120,10 - 120,70 mm | Maschine/Anlage: Presse AX-1

Bemerkungen

$\bar{\bar{x}}$ = 40,32 $\bar{s}$ = 4,28

Eingriffsgrenzen für $\bar{x}$-Spur

$OEG_{\bar{x}} = \bar{\bar{x}} + A_3\bar{s}$ = 46,43

$UEG_{\bar{x}} = \bar{\bar{x}} - A_3\bar{s}$ = 34,21

Eingriffsgrenzen für s-Spur

$OEG_s = B_4\bar{s}$ = 8,94

$UEG_s = B_3\bar{s}$ = 0

Konstanten

n	A_3	B_3	B_4
2	2,659	0	3,267
3	1,954	0	2,568
4	1,628	0	2,266
5	1,427	0	2,089

Mittelwert $\bar{x}$ (Skala 34–47; OEG, M, UEG)

Standardabweichung s (Skala 2–9; OEG, M)

Datum: 5.8

Zeit	x1	x2	x3	x4	x5	Σx	$\bar{x}$	s
6⁰⁰	43	40	51	42	38	214	42,8	4,97
6³⁰	39	43	35	40	48	205	41,0	4,85
7⁰⁰	41	41	30	35	40	187	37,4	4,82
7³⁰	38	42	40	44	36	200	40,0	3,16
8⁰⁰	40	44	41	36	34	195	39,9	4,00
8³⁰	48	42	35	41	40	206	41,2	4,66
9⁰⁰	42	42	40	37	45	206	41,2	2,95
9³⁰	40	37	39	42	43	198	39,6	3,51
10⁰⁰	37	36	41	40	46	200	40,0	3,94
10³⁰	44	45	39	40	46	214	42,8	3,11
11⁰⁰	36	44	45	41	48	204	40,8	3,88
11³⁰	40	38	50	39	46	213	42,6	5,18
12⁰⁰	50	44	40	39	39	212	42,4	4,72
12³⁰	46	38	38	40	37	199	39,8	3,63
13⁰⁰	35	45	36	40	36	192	38,4	4,16
13³⁰	40	32	40	42	42	196	39,2	4,15
14⁰⁰	33	38	38	45	40	194	38,8	4,32
14³⁰	41	32	40	44	44	201	40,2	4,92
15⁰⁰	44	45	36	49	39	213	42,6	5,12
15³⁰	42	42	30	35	40	189	37,8	5,22
16⁰⁰	36	41	46	40	39	202	40,4	3,65
16³⁰	38	44	39	48	42	211	42,2	4,02
17⁰⁰	41	41	32	35	43	192	38,4	4,67
17³⁰	38	39	50	40	37	204	40,8	5,26
18⁰⁰	40	40	32	38	43	193	38,6	4,10

A5.14 Ermittlung der fortdauernden Prozeßfähigkeit

Aufgrund der gegebenen vorläufigen Prozeßfähigkeit mit den Werten $p_p = 2{,}20$ und $p_{pk} = 2{,}17$ ist bei der Firma Anton Müller mit der Serienfertigung begonnen worden. Der Kunde aus der Automobilindustrie verlangt nun den Nachweis der **fortdauernden Prozeßfähigkeit** und das Bemühen um eine kontinuierliche Verbesserung des Prozesses.

Während der ersten drei Monate der Serienfertigung wurde die QRK mit den im Rahmen der vorläufigen Prozeßfähigkeit ermittelten Eingriffsgrenzen weitergeführt. Nun werden für das kritische Längenmerkmal (Nennmaß = 120,40 mm; Toleranz = ±0,30 mm) fünf neue Stichproben vom Umfang n = 5 verteilt über einen längeren Zeitraum (eine Stichprobe pro Schicht) gezogen. Mit Hilfe der daraus gewonnenen Kennwerte werden die neuen Eingriffsgrenzen und die Indexe c_p und c_{pk} für die fortdauernde Prozeßfähigkeit ermittelt.

Tabelle der Meßwerte und deren Auswertung

Nr.	x_1	x_2	x_3	x_4	x_5	$\overline{x}$	s
1	40	42	30	36	41	37,8	4,92
2	40	36	50	37	35	39,6	6,11
3	39	30	41	43	45	39,6	5,81
4	37	33	39	38	34	41,0	6,28
5	46	33	39	38	34	39,8	4,97

Ergebnisse: $\bar{\bar{x}} = \sum_{i=1}^{i=5} \bar{x}_i = 39{,}56$

$\bar{s} = 5{,}62$

$OEG_{\bar{x}} = \bar{\bar{x}} + A_3 \cdot \bar{s} = 39{,}56 + 1{,}427 \cdot 5{,}62 = 47{,}58$

$UEG_{\bar{x}} = \bar{\bar{x}} - A_3 \cdot \bar{s} = 39{,}56 - 1{,}427 \cdot 5{,}62 = 31{,}54$

$OEG_s = B_4 \cdot \bar{s} = 2{,}089 \cdot 5{,}62 = 11{,}74$

$UEG_s = B_3 \cdot \bar{s} = 0 \cdot 5{,}62 = 0$

$$\hat{\sigma} = \frac{\bar{s}}{c_4} = \frac{5{,}62}{0{,}94} = 5{,}98$$

$$c_p = \frac{60}{6 \cdot 5{,}98} = 1{,}67$$

$$c_{pk} = \min\left|\frac{70 - 39{,}56}{3 \cdot 5{,}98} \quad \text{oder} \quad \frac{39{,}56 - 10}{3 \cdot 5{,}98}\right| = \frac{29{,}56}{17{,}94} = 1{,}65$$

Der Prozeß ist unter statistischer Kontrolle (s. Regelkarte). Da sowohl $c_p >$ 1,33 und $c_{pk} >$1,33 sind, ist die fortdauernde Prozeßfähigkeit gegeben.

Literatur:

FORD Leitfaden: *Statistische Prozeßregelung*, 1985
DGQ-Schrift Nr. 16-31: *SPC 1 – Statistische Prozeßregelung*, Beuth Verlag, Berlin 1990
DGQ-Schrift Nr. 16-32: *SPC 2 – Qualitätsregelkartentechnik*, Beuth Verlag, Berlin 1990
Bernecker, K.: DGQ-Schrift Nr. 16-33, *SPC 3 – Anleitung zur statistischen Prozeßlenkung (SPC)*, Beuth Verlag Berlin, 1990

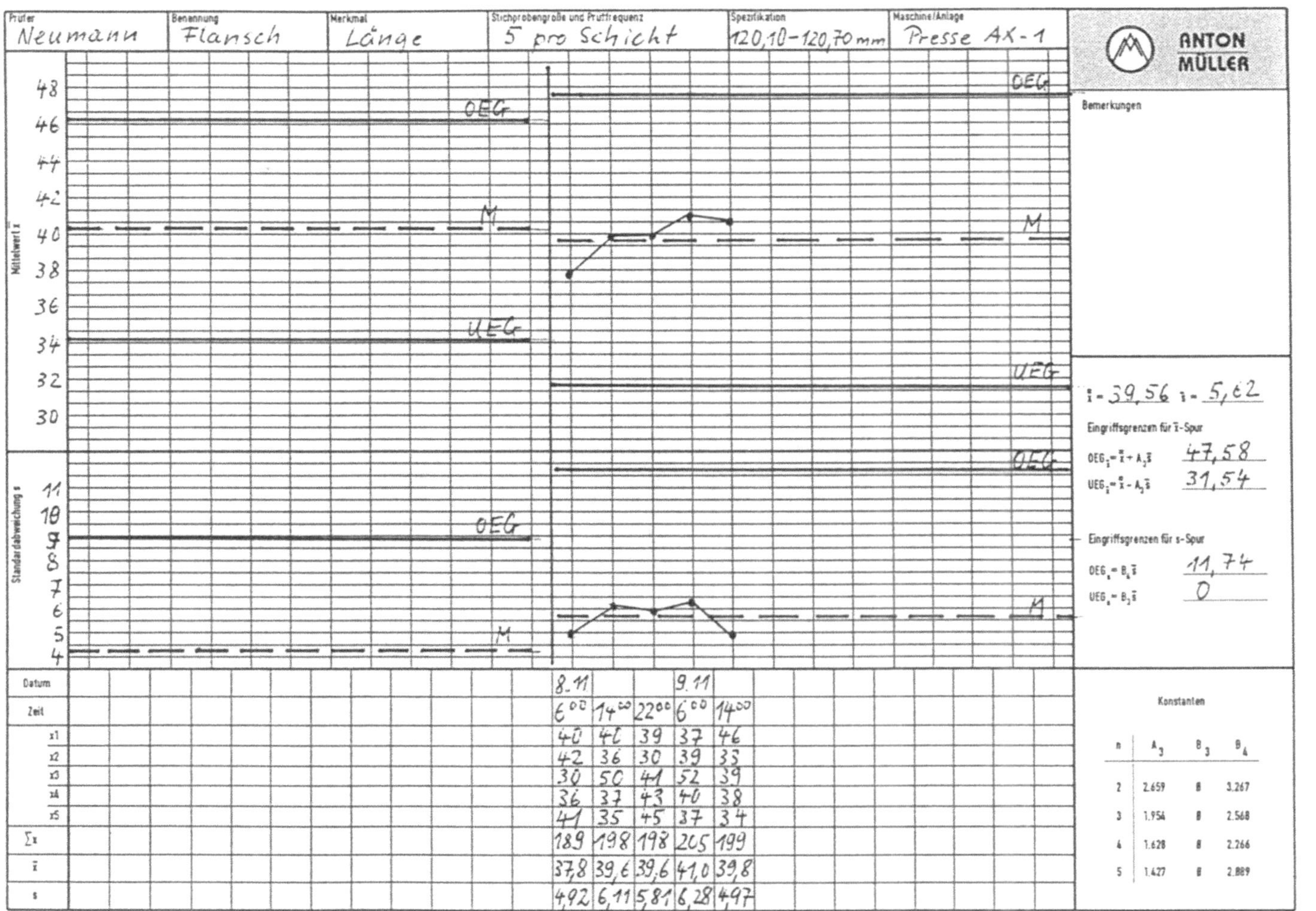

Prüfer	Benennung	Merkmal	Stichprobengröße und Prüffrequenz	Spezifikation	Maschine/Anlage
Neumann	Flansch	Länge	5 pro Schicht	120,10-120,70 mm	Presse AX-1

$\bar{\bar{x}}$ = 39,56 $\bar{s}$ = 5,62

Eingriffsgrenzen für $\bar{x}$-Spur

$OEG_{\bar{x}} = \bar{\bar{x}} + A_3 \bar{s}$ 47,58

$UEG_{\bar{x}} = \bar{\bar{x}} - A_3 \bar{s}$ 31,54

Eingriffsgrenzen für s-Spur

$OEG_s = B_4 \bar{s}$ 11,74

$UEG_s = B_3 \bar{s}$ 0

Datum	8.11			9.11	
Zeit	6⁰⁰	14⁰⁰	22⁰⁰	6⁰⁰	14⁰⁰
x1	40	46	39	37	46
x2	42	36	30	39	33
x3	30	50	41	52	39
x4	36	37	43	40	38
x5	41	35	45	37	34
Σx	189	198	198	205	199
$\bar{x}$	37,8	39,6	39,6	41,0	39,8
s	4,92	6,11	5,81	6,28	4,97

Konstanten

n	A_3	B_3	B_4
2	2.659	0	3.267
3	1.954	0	2.568
4	1.628	0	2.266
5	1.427	0	2.089

A5.15 Kalibriersystem für Prüfmitttel

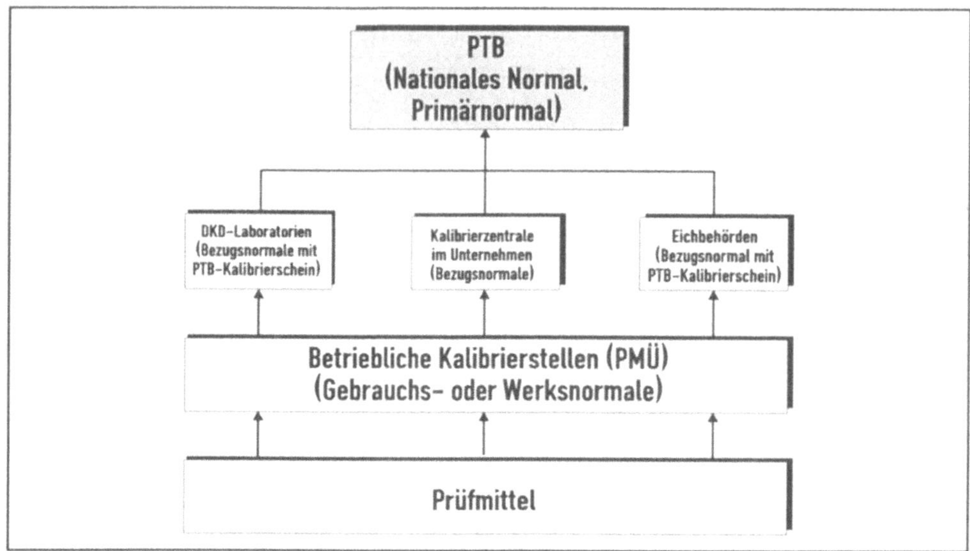

Die Physikalisch-Technische Bundesanstalt (PTB) mit Sitz in Braunschweig und Berlin ist das metrologische Staatsinstitut für das Meßwesen der Bundesrepublik Deutschland. Sie hat die Aufgabe, die **nationalen Normale** für die Basiseinheiten bereitzustellen. Kalibrierlaboratorien der Industrie und anderer Institutionen sind im Deutschen Kalibrierdienst (DKD) zusammengeschlossen. Sie werden von der PTB überwacht und akkreditiert. An den Laboratorien des DKD können Prüfmittel kalibriert werden. Die Kalibrierergebnisse werden in einem Zertifikat dokumentiert. Die DKD-Loboratorien stehen häufig an der Spitze einer betriebsinternen Kalibrier-Hierarchie. In diesen Laboratorien werden die Gebrauchsnormale an den Bezugsnormalen ausgerichtet. Die innerbetrieblichen Kalibrierstationen haben die Aufgabe, die Prüfmittel eines Unternehmens regelmäßig mit DKD-Normalen zu kalibrieren. Die Kalibrierergebnisse werden in Werkskalibrierscheinen dokumentiert.

Kalibrieren: Feststellen des Zusammenhangs zwischen Ausgangsgröße (Anzeige) und Eingangsgröße (Maßverkörperung).

Justieren: Prüfmittel so abgleichen, daß die Ausgangsgröße vom richtigen Wert so wenig wie möglich abweicht.

Einstellen: Istwert eines Meßgeräts für einen bestimmten Wert auf den Sollwert verstellen (mit Eichen bei Prüfmitteln, die der Eichpflicht unterliegen!).

Literatur:

DIN (Hrsg.): *Eindimensionale Längenprüftechnik. Beuth-Kommentare.* Beuth Verlag, Berlin 1993
DIN (Hrsg.): *Längenprüftechnik 1. DIN Taschenbuch.* Beuth Verlag, Berlin 1991
DIN (Hrsg.): *Längenprüftechnik 2. DIN Taschenbuch.* Beuth Verlag, Berlin 1990
Dutschke, W.: *Fertigungsmeßtechnik.* Teubner Verlag, Stuttgart 1993
Lemke, E.: *Fertigungsmeßtechnik.* Vieweg Verlag, Wiesbaden 1988

A5.16 Prüfmittelfähigkeiten

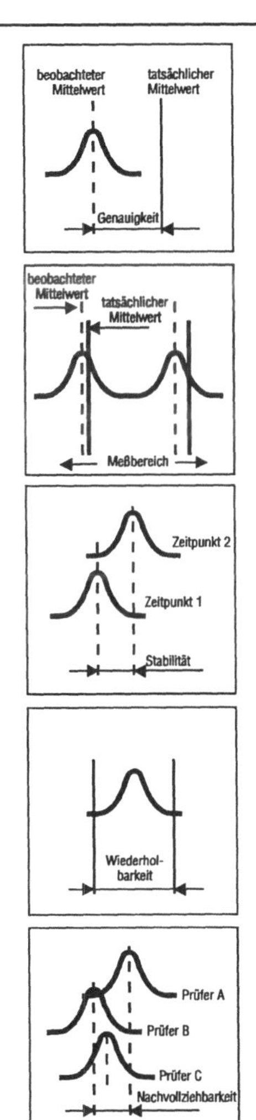

Genauigkeit

Systembedingte Abweichung des beobachteten Mittelwerts vom tatsächlichen Mittelwert des untersuchten Merkmals am selben Teil

Linearität

Genauigkeitsunterschiede im gesamten Meßbereich des Meßinstruments

Stabilität

Abweichung zwischen mindestens zwei Meßwertsätzen, die bei der Messung der gleichen Teile mit demselben Meßmittel zu verschiedenen Zeitpunkten ermittelt wurden

Wiederholbarkeit

Unterschiede in den ermittelten Werten, wenn eine Person das gleiche Merkmal an ein und demselben Teil mit demselben Meßmittel mißt

Nachvollziehbarkeit

Differenz zwischen den mittleren Meßwerten, die mit demselben Meßmittel von verschiedenen Personen oder an verschiedenen Orten ermittelt werden, wenn dasselbe Merkmal am selben Teil gemessen wird

Prüfmittelfähigkeitsbestimmungen versuchen die Unsicherheiten der Prüfmittel unter realen Einsatzbedingungen zu erfassen. Dazu werden mit verschiedenen Verfahren (Ford, General Motors, Bosch) Prüfmittelindexe (c_g und c_{gk}) analog den Fähigkeitsindexen der Prozeßfähigkeit errechnet.

Literatur:

Pfeifer, T.: *Qualitätsmanagement.* Hanser Verlag, München 1993 S. 248ff

Dietrich, E./Schlosser, D./Schulze, A.: *Fähige Meßverfahren – Die Basis der statistischen Prozeßlenkung, QZ 36(1991), Sonderdruck*

FORD-Richtlinie: *Fähigkeit von Meß-Systemen und Meßmitteln.* EU 1880 B 1989

A5.17 Dynamisierung der PMÜ

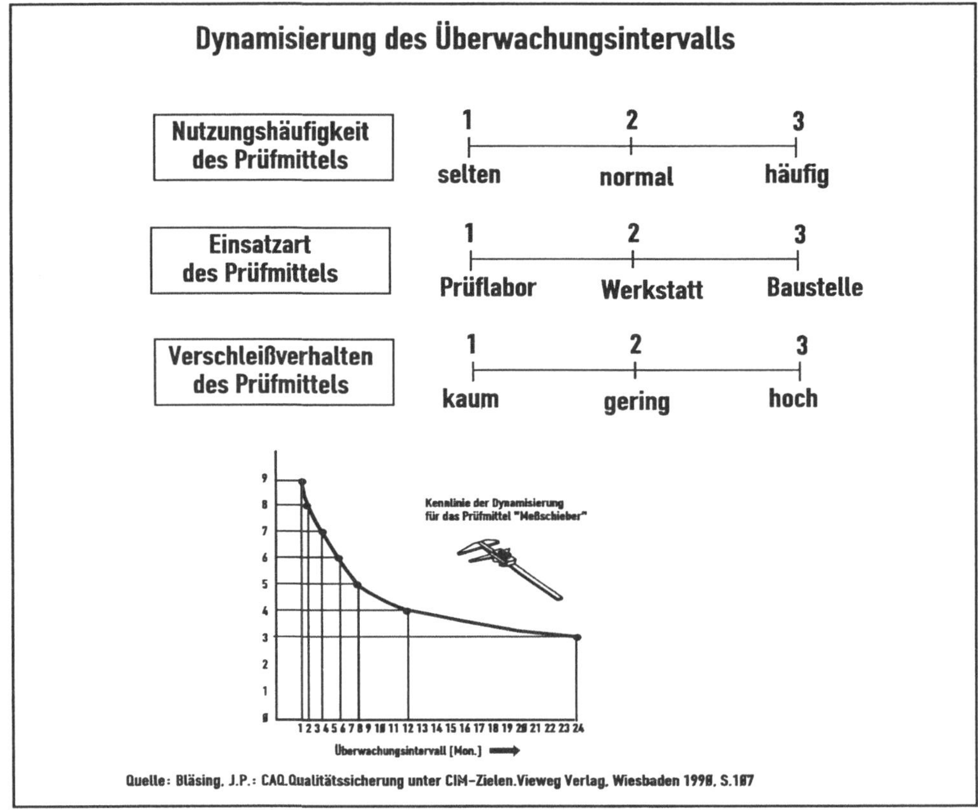

Quelle: Bläsing, J.P.: CAQ.Qualitätssicherung unter CIM-Zielen.Vieweg Verlag, Wiesbaden 1990, S.107

Richtintervalle für typische Prüfgeräte sind z.B. 24 Monate für Parallelendmaße, während Meßschieber bereits nach 12 Monaten wieder überprüft werden müssen. Pneumatische Meßgeräte (3 Monate) und Grenzrachenlehren (2 Monate), die selbst unter guten Einsatzbedingungen starken Veränderungen unterliegen, sind demzufolge häufiger auf ihre Einsatzfähgkeit zu überwachen. Richtintervalle sind jedoch relativ ungenau, da sie die Einsatzart und Einsatzdauer nur unzureichend berücksichtigen. Durch eine Dynamisierung der Prüfmittelüberwachung wird der Überwachungszeitraum für jedes Prüfmittel individuell festgelegt. Berücksichtigt werden können: gesetzliche Termine, tatsächliche Nutzung, Einsatzort und Einsatzbedingungen, technische Ausführung, Dokumentation der Überwachung

Literatur:

Pfeifer, T.: *Qualitätsmanagement.* Hanser Verlag, München 1993, S. 248ff

Bläsing, J. P.: *CAQ. Qualitätssicherung unter CIM-Zielen.* Vieweg Verlag, Wiesbaden 1990, S. 99ff

Schulze, P.: *Beschaffung und Verwaltung von Prüfmitteln. In: Masing, W. (Hrsg.): Handbuch der Qualitätssicherung.* Hanser Verlag, München 1988, S. 125ff

A5.18 Prüfmittelkennzeichnung

Kennzeichnung von Standardmeßmitteln

Gültige Standard-Prüfmittel sind mit einem Aufkleber gekennzeichnet.

Standard-Prüfmittel sind sind Meßschieber, Meßuhren, Meßschrauben und Feinhebelmeßgeräte.
Prüfmittel, bei denen die Anbringung des o.a.Kennzeichens ungünstig ist, werden mit einem Farbband in gleicher Farbe gekennzeichnet.

Waagen, Oberflächenmeßgeräte, Werkstoffprüfmaschinen oder Koordinatenmeßmaschinen werden von Fremdfirmen gewartet und sind mit einem anderen Kennzeichen zu versehen, auf dem das Datum der nächsten Überprüfung abzulesen ist.

Das gültige Überwachungszeichen stellt die Grundvoraussetzung für vertrauenswürdige Meß- und Prüfergebnisse dar und zeigt die nächste regelmäßige Überprüfung im Prüfmittel-Überwachungs-system an.

Prüfmittel, die beschädigt sind, ein falsches oder gar kein Überwachungskennzeichen aufweisen, dürfen nicht benutzt werden. Sie sind sofort dem zuständigen Mitarbeiter zu übergeben, der eine Überprüfung veranlaßt.

Literatur:

Pfeifer, T.: *Qualitätsmanagement.* Hanser Verlag, München 1993, S. 248ff

Bläsing, J. P.: *CAQ. Qualitätssicherung unter CIM-Zielen.* Vieweg Verlag, Wiesbaden 1990, S. 99ff

Schulze, P.: *Beschaffung und Verwaltung von Prüfmitteln. In: Masing, W. (Hrsg.): Handbuch der Qualitätssicherung.* Hanser Verlag, München 1988, S. 125ff

REFA (Hrsg.): *Methodenlehre der Betriebsorganisation, Teil 4 Planung und Steuerung.* Hanser Verlag, München 1991, S. 91ff und S. 124ff

A5.19 Versandvorschriften

ANTON MÜLLER

Versandvorschrift

Kunde: Kurzzeichen:

- [ ] Euro-Paletten :.......................................
- [ ] Sonder-Paletten :.......................................
- [ ] Palettenhöhe :.......................................
- [ ] Doppelt Palettieren
- [ ] Palettendeckel
- [ ] Verpackung nach Packplan :.......................................
- [ ] Stichproben auf Extrapalette
- [ ] Stapelfahnen
- [ ] Testprotokoll

ANTON MÜLLER **Testprotokoll**

Dieses Sinterteil wurde sorgfältig geprüft. Sollten Sie dennoch Mängel feststellen, bitten wir Sie, diese unter Angabe der Prüf-Nr. sofort anzuzeigen.

Maße ☐ Datum :__________
Dichte ☐
Oberfläche ☐ Prüf-Nr.:__________

Im Verlauf der Herstellung wird ein Produkt mehrfach transportiert und gelagert, kurz, gehandhabt. Um bei diesem Materialfluß sicherzustellen, daß die erreichte Qualität erhalten wird, werden Vorschriften erstellt. Diese müssen sowohl produktbezogene Kriterien, als auch gesetzliche Bestimmungen berücksichtigen. Die Darstellung der Vorschriften kann praktikabel in Form von Checklisten oder in Ablaufplänen erfolgen. Sinnvoll ist der Hinweis auf anzuwendende Richtlinien, Anweisungen etc. Um Verwechselungen auszuschließen und eine eindeutige Identifikation der Produkte zu gewährleisten, haben sich farbige oder anderweitige Etiketten, Aufkleber etc. bewährt. Die Vorgänge der Matarialbewegungen sind geeignet aufzuzeichnen.

Literatur:

Heger, H.-D.: *Lagerung und Verpackung. In: Leist, R./Scharnagl, A. (Hrsg.): Qualitätsmanagement.* WEKA Fachverlag, Augsburg 1993, S. 10/2.1ff

A6.1 Produktverantwortung

QM-Elemente und Produkthaftung DIN ISO 9000 - 9004	Forderungen der Rechtsprechung zur Produkthaftung
1. Verantwortung der obersten Leitung	Pflicht, für wichtige Funktionen ein Organ zu bestellen
2. Qualitätsmanagementsystem	Organisationspflicht des Unternehmens
3. Vertragsprüfung	Überwachung von Lieferanten, Beachtung der Instruktionspflicht
4. Designlenkung	Verhinderung von Konstruktionsmängeln
5. Lenkung der Dokumumente	Erhaltung der Nachweismöglichkeit für fehlendes Verschulden
6. Beschaffung	Wareneingangskontrolle von Teilprodukten, Auswahl von Auftragnehmern
7. Vom Auftraggeber beigestellte Produkte	Wareneingangskontrolle von Teilprodukten
8. Identifikation und Rückverfolgbarkeit	Erhaltung der Nachweismöglichkeit für Fehlerfreiheit von Produktlinien
9. Prozeßlenkung in Produktion und Montage	Verhinderung von Herstellungsfehlern
10. Prüfungen, Prüfmittel, Prüfstatus	Nachweis der Durchführung von Kontrollen während der Fertigung und vor In-Verkehr-Bringen
11. Lenkung fehlerhafter Produkte	Beachtung des Standes von Wissenschaft und Technik, Produktbeobachtung
12. Korrekturmaßnahmen	Beachten des Standes von Wissenschaft und Technik durch Optimieren
13. Handhabung, Lagerung, Verpackung, Versand	Nachweis, daß Fehler erst nach In-Verkehr-Bringen entstanden sind
14. Qualitätsaufzeichnungen	Erhaltung der Nachweismöglichkeit für fehlendes Verschulden
15. Interne Audits	Nachweis sorgfältiger Auswahl, Anweisung und Überwachung der Mitarbeiter
16. Schulungen	Nachweis sorgfältiger Auswahl, Anweisung und Überwachung der Mitarbeiter
17. Kundendienst	Produktbeobachtung
18. Statistische Methoden	Nachweis der Beachtung des Standes von Wissenschaft und Technik, Produktbeobachtung

Literatur:

Thomas, J.: *Wer trägt die Produktverantwortung*? QZ 38 (1993) Heft 10 und 11, S. 586ff und S. 646ff

Adams, H.W.: *Qualitätsmanagement-Normen unterstützen die Organisation des Umweltschutzes.* QZ 38 (1993), S. 556ff

Produkthaftungsgesetz (PHG) vom 1.1.1990

Schmidt-Salzer, J.: *Zivil- und Strafrechtliche Produktverantwortung sowie Produkthaftungspflicht- und Industriestrafrechtschutzversicherung. In: Masing, W. (Hrsg.): Handbuch der Qualitätssicherung.* Hanser Verlag, München 1988, S. 703ff

Pfeifer, T.: *Qualitätsmanagement.* Hanser Verlag, München 1993, S. 403ff

A6.2 Kundenrückinformation

ANTON MÜLLER

Kundenreklamation

Kunde: Kurzzeichen:

Teile-Benennung: Teile-Nr.:

Reklamationsgrund:

Vom Kunden eingeleitete bzw. gewünschte Maßnahmen:

Fehleranteil in %: ....Stück von:..........geprüften Teilen | Lieferdatum:

Bestandteil an fehlerhaften Teilen beim Kunden

Eingegangen durch:

Datum | Aussteller des Formulars

Stand der laufenden Fertigung:

Fehlerursache:

Sofortmaßnahmen: | Zustand | Termin

Weitere Maßnahmen:

Fehlerursachenkategorie: ☐ Mensch ☐ Maschine ☐ Betriebsmittel ☐ Material | Fehlerkode:

Abgestimmt zwischen Abteilungen:

Datum: Unterschrift:

Entscheidung Verantwortlicher

Kundenrückinformationssysteme sind besonders effektiv, wenn Informationen aus dem Einsatzbereich in bestimmte Katagorien eingeteilt werden.Dazu dienen entsprechende Fehlerkataloge für die Produkte der Firma. Die daraus entwickelte Pareto-Analyse gibt Aufschluß über vorrangige Maßnahmen.

Literatur:

Pfeifer, T.: *Qualitätsmanagement.* Hanser Verlag, München 1993, S. 403ff

Bläsing, J. P.: *CAQ. Qualitätssicherung unter CIM-Zielen.* Vieweg Verlag, Wiesbaden 1990, S. 121ff

Walek, J.: *Inbetriebnahme. In: Masing, W. (Hrsg.): Handbuch der Qualitätssicherung.* Hanser Verlag, München 1988, S. 533ff

Stockinger, K.: *Datenfluß aus dem Feld. In: Masing, W. (Hrsg.): Handbuch der Qualitätssicherung.* Hanser Verlag, München 1988, S. 569ff

REFA (Hrsg.): *Methodenlehre der Betriebsorganisation, Teil 4 Planung und Steuerung.* Hanser Verlag, München 1991, S. 63ff

A6.3 Instandhaltungsmanagement

Ablauf eines CAQ-Instandhaltungsmanagements

1. Der Sachbearbeiter der Instandhaltung läßt sich wöchentlich eine Liste der in der kommenden Woche durchzuführenden Instandhaltungsmaßnahmen ausgeben.
2. Anhand der Belegungslisten aus der Arbeitssteuerung ermittelt er den günstigsten Zeitpunkt der durchzuführenden Wartungen an den Maschinen.
3. Eine gerade eingetretene Störung an einer Anlage erzwingt eine sofortige Reaktion. Es erfolgt eine technische Beurteilung des aufgetretenen Schadens. Mit Hilfe der Ersatzteilbibliothek werden die notwendigen fehlenden Ersatzteile sofort bestellt, vorhandene Ersatzteile werden vom Lager abgerufen.
4. Aus der Anlagenbibliothek ruft der Sachbearbeiter die in der nächsten Zeit durchzuführenden Instandhaltungsmaßnahmen ab und prüft die technische Zweckmäßigkeit, diese zusammen mit der Reparatur durchzuführen.
5. Da dies für einen Teil der Maßnahmen zweckmäßig ist, plant er diese Arbeitsvorgänge in den jetzt zu erstellenden Reparaturauftrag ein.
6. Die Störung bindet Instandhaltungspersonal. Durch eine erneute Kapazutätsplanung werden vorbeugende Maßnahmen risikoorientiert verschoben.
7. Die Reparatur wird durchgeführt. Die Ergebnisse einer anschließend durchgeführten Schadensanalyse der ausgefallenen Baugruppen, die durchgeführten Reparaturen und die benötigten Arbeitszeiten werden in der Analgenbibliothek gespeichert.
8. Die Analyse der SPC-Dokumentation der Fertigung zeigt an einer Analge eine signifikante Veränderung der Streuung eines Qualitätsmerkmals, deren Ursache trotz intensiver Prozeßbeobachtung nicht lokalisiert werden konnte.
9. Über die Qualitätsstelle wird eine intensive Prozeßanalyse angefordert. Aus den vorhandenen Daten der Anlage wird eine Historie durchgeführter Reparaturen und Wartungen vorbereitet.
10. Regelmäßig einmal im Monat wird ein Anlagenzustandsbericht für das technische Management erstellt. Auf besondere Schwachstellen wird hingewiesen. Die entstandenen Kosten, Stillstandszeiten und Reparaturvorgänge werden analysiert und detailliert dargestellt.

Quelle: **Bläsing, J. P.**: *CAQ. Qualitätssicherung unter CIM-Zielen.* Vieweg Verlag, Wiesbaden 1990, S. 133f

Literatur:

Bläsing, J. P.: *CAQ. Qualitätssicherung unter CIM-Zielen.* Vieweg Verlag, Wiesbaden 1990, S. 129ff

Marx, H.-J.: *Instandhaltung und Qualität. In: Masing, W. (Hrsg.): Handbuch der Qualitätssicherung.* Hanser Verlag, München 1988, S. 547ff

DKIN (Hrsg.): *Instandhaltung 2000.* Tagungsband der Fachtagung Instandhaltung in Bad Soden, 1993

DIN 31051: Begriffe der Instandhaltung, Beuth Verlag, Berlin 1989

A7.1 Audit

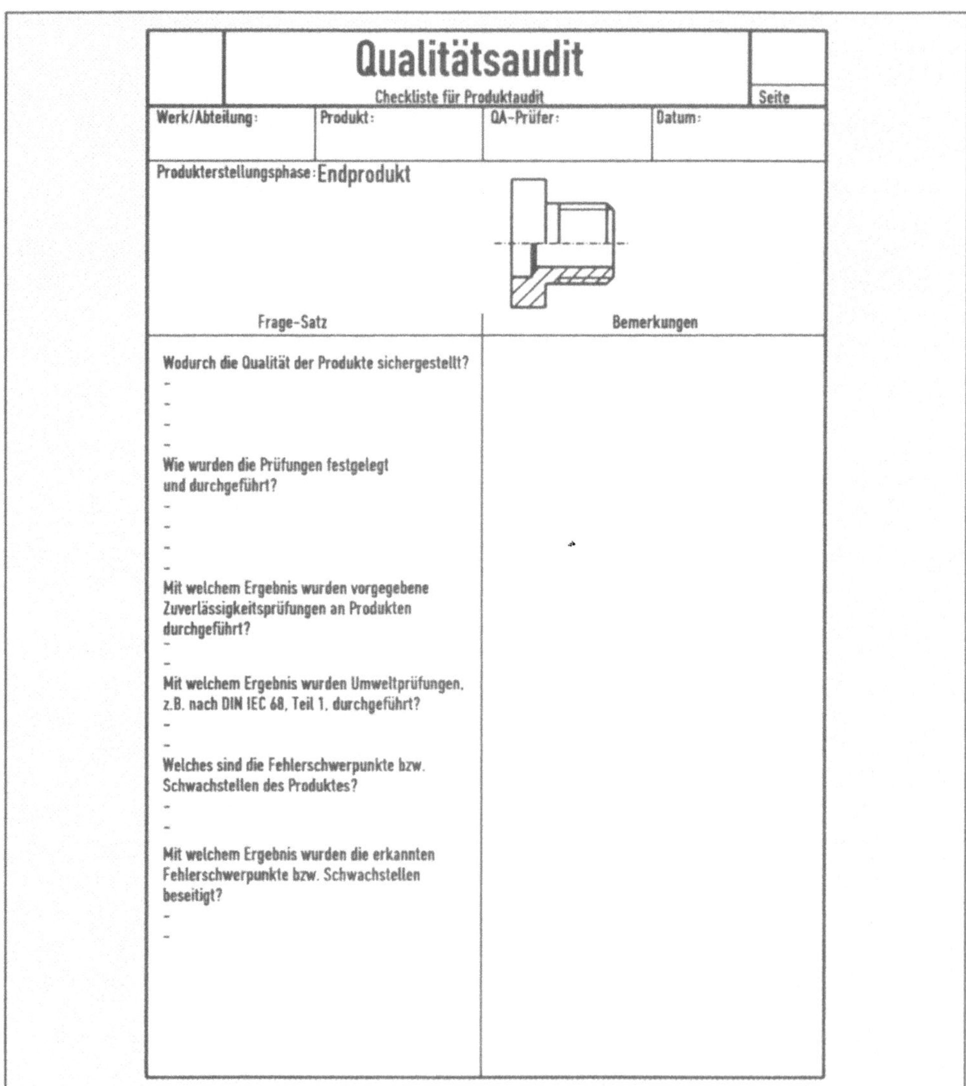

Qualitätsaudit

Checkliste für Produktaudit

Seite

Werk/Abteilung:	Produkt:	QA-Prüfer:	Datum:

Produkterstellungsphase: Endprodukt

Frage-Satz	Bemerkungen
Wodurch die Qualität der Produkte sichergestellt? - - - - Wie wurden die Prüfungen festgelegt und durchgeführt? - - - - Mit welchem Ergebnis wurden vorgegebene Zuverlässigkeitsprüfungen an Produkten durchgeführt? - - Mit welchem Ergebnis wurden Umweltprüfungen, z.B. nach DIN IEC 68, Teil 1, durchgeführt? - - Welches sind die Fehlerschwerpunkte bzw. Schwachstellen des Produktes? - - Mit welchem Ergebnis wurden die erkannten Fehlerschwerpunkte bzw. Schwachstellen beseitigt? - -	

Literatur:

Gastner, D.: *Qualitätsaudit. In: Masing, W. (Hrsg.): Handbuch der Qualitätssicherung.* Hanser Verlag, München 1988 S. 901ff

VDA-Schriftenreihe Band 5: *Produktaudit bei Automobilherstellern und Zulieferanten,* Frankfurt/Main 1983

VDA-Schriftenreihe Band 6: *Systemaudi,* Frankfurt/Main 1993

FORD-Leitfaden: *Systemüberprüfung und -bewertung,* 1990

Anton Müller KG Im Hirschfeld 18 53229 Bonn

Fichtel & Sachs AG
Einkauf
Herrn Pfiffig
Bogestr. 1
53775 Weinheim

14.7.1994

K234754 F.Heimann 504 EMO/FAMETA

Anton Müller KG – Ihr DIN ISO 9001 Partner für Qualität

Sehr geehrter Herr Pfiffig,

sind ein hoher Leistungsstand und Lieferservice sowie ein niedriger Preis ausreichend um Ihre Kunden zufriedenzustellen? Oder erwarten Ihre Kunden auch ein Höchstmaß an Qualität? Dann sollten Sie Sinterteile der Produktreihe

Q = Qualität

einsetzen.

Schon immer ein Maßstab für höchste Qualität, werden unsere Q-Sinterteile sei Mai 1994 in der nun nach

DIN ISO 9001 zertifizierten

Anton Müller KG in Bonn produziert.

Möchten Sie sich näher über unsere Q-Produktreihen oder Ihre Vorteile durch DIN ISO 9001 informieren? Dann senden Sie die beiliegende Antwortkarte an uns zurück – wir melden uns umgehend bei Ihnen.

Mit freundlichen Grüßen
Anton Müller KG

Herbert Müller
Geschäftleitung Technik

Gerhard Müller
Geschäftsleitung Marketing & Vertrieb

P.S.: Übrigens sind alle unsere Zweigwerke ebenfalls in der Zertifizierung.

Postanschrift
Postfach 100 803
53784 Weinheim

Telefon: (06845) 45 23 89
Telefax: (06845) 45 23 77

Sitz der Gesellschaft
Weinheim
HGB 8994

Literaturverzeichnis

[1] **Akao, Y.:** *QFD-Quality Funktion Deployment.* mi Verlag, Landsberg/Lech, 1992

[2] **Beiblatt 1 zu DIN ISO 8402:** *Qualitätsmanagement und Darlegung des Qualitätsmanagementsystems – Anmerkungen zu den Begriffen.* Beuth Verlag, Berlin, 1994

[3] **Bernecker,K.:** *SPC 3 – Anleitung zur statistischen Prozeßlenkung (SPC).* DGQ-Schrift Nr. 16-33, Beuth Verlag, Berlin, 1990

[4] **Bläsing, J.P.; Bayer, H.:** *Total quality Management. Werkzeuge für Simultaneous Engineering.* Steinbeis-Transferzentrum Qualität, Ulm, 1993

[5] **Bläsing, J.P.:** *Das qualitätsbewußte Unternehmen.* Steinbeis-Zentrum für Wirtschaftsförderung, Stuttgart, 1992

[6] **Brunner, F.J.:** *Wirtschaftlichkeit industrieller Zuverlässigkeitssicherung.* Vieweg Verlag, Wiesbaden, 1992

[7] **Cramer, U.:** *Statistik für nicht-mathematische Berufe 1 (Beschreibende Statistik).* Hueber-Holzmann Verlag, Ismaning, 1988

[8] **Crosby, P.B.:** *Qualität 2000: kundennah, teamorientiert, umfassend.* Hanser Verlag. München, 1994

[9] **DGQ-Schrift Nr. 12-62:** *Qualitätssicherungs-Handbuch und Verfahrensanweisungen.* Beuth Verlag, Berlin, 1991

[10] **DGQ-Schrift Nr. 14-11:** *Qualitätszirkel.* Beuth Verlag, Berlin, 1987

[11] **DGQ-Schrift Nr. 14-13:** *TQM-Total Quality Management.* Beuth Verlag, Berlin, 1990

[12] **DGQ-Schrift Nr. 14-17:** *Qualitätskosten.* Beuth Verlag, Berlin, 1985

[13] **DGQ-Schrift Nr. 14-20:** *Rechnerunterstützung in der Qualitätssicherung (CAQ).* Beuth Verlag, Berlin, 1990

[14] **DGQ-Schrift Nr. 14-23:** *Qualitätskennzahlen (QKZ) und Qualitätskennzahlensysteme.* Beuth Verlag, Berlin, 1990

[15] **DGQ-Schrift Nr. 15-38:** *Mitarbeiter für die Qualitätssicherung.* Beuth Verlag, Berlin, 1982

[16] **DGQ-Schrift Nr. 15-44:** *Anleitung für Mitarbeiter in der Fertigung.* Beuth Verlag, Berlin, 1990

[17] **DGQ-Schrift Nr. 16-01:** *Stichprobenprüfung anhand qualitativer Merkmale.* Beuth Verlag, Berlin, 1986

[18] **DGQ-Schrift Nr. 16-03:** *Skip-lot-Stichprobenprüfung.* Beuth Verlag, Berlin, 1990

[19] **DGQ-Schrift Nr. 16-26:** *Methoden zur Bestimmung geeigneter AQL-Werte.* Beuth Verlag, Berlin, 1990

[20] **DGQ-Schrift Nr. 16-43:** *Stichprobenprüfung für quanitativer Merkmale.* Beuth Verlag, Berlin, 1988

[21] **DGQ-Schrift Nr. 16-31:** *SPC 1 – Statistische Prozeßregelung.* Beuth Verlag, Berlin, 1990

[22] **DGQ-Schrift Nr. 16-32:** *SPC 2 – Qualitätsregelkartentechnik.* Beuth Verlag, Berlin, 1990

[23] **DGQ-Schrift Nr. 17-33:** *Einführung in die Zuverlässigkeit.* Beuth-Verlag, Berlin, 1987

[24] **Dietrich, E.; Schlosser, D.; Schulze, A.:** *Rechnergestützte Verfahren zur statistischen Prozeßlenkung.* In: QZ 34 (1989), Sonderdruck

[25] **DIN 31051:** *Begriffe der Instandhaltung.* Beuth Verlag, Berlin, 1989

[26] **DIN 55350:** *Begriffe der Qualitätssicherung und Statistik.* Beuth Verlag, Berlin, 1987

[27] **DIN 55350 Teil 11:** *Begriffe zur Qualitätssicherung und Statistik. Grundbegriffe der Qualitätssicherung.* Beuth Verlag, Berlin, 1987

[28] **DIN 55350 Teil 11:** *Begriffe zum Qualitätsmanagement und Statistik. Begriffe des Qualitätsmanagements.* Beuth Verlag, Berlin, 1994

[29] **DIN 55350 Teil 17:** *Begriffe der Qualitätssicherung und Statistik. Begriffe der Qualitätsprüfungsarten.* Beuth-Verlag, Berlin, 1988

[30] **DIN 55350 Teil 31:** *Begriffe der Qualitätssicherung und Statistik. Begriffe der Annahmestichprobenprüfung.* Beuth Verlag, Berlin, 1985

[31] **DIN ISO 2859 Teil 1:** *Annahmestichprobenprüfung anhand der Anzahl fehlerhafter Einheiten oder Fehler (Attributprüfung).* Beuth Verlag, Berlin, 1989

[32] **DIN ISO 2859 Teil 3:** *Annahmestichprobenprüfung anhand der Anzahl fehlerhafter Einheiten oder Fehler (Attributprüfung)/Skip-lot-Verfahren.* Beuth Verlag, Berlin 1989

[33] **DIN ISO 3951:** *Verfahren und Tabellen für Stichprobenprüfungen auf den Anteil fehlerhafter Einheiten in Prozent anhand quantitativer Merkmale (Variablenprüfung).* Beuth Verlag, Berlin, 1989

[34] **DIN ISO 8402:** *Qualitätsmanagement und Darlegung des Qualitätsmanagementsystems – Begriffe.* Beuth Verlag, Berlin, 1994

[35] **DIN ISO 9000:** *Qualitätsmanagement- und Qualitätssicherungsnormen-Leitfaden zur Auswahl und Anwendung.* Beuth Verlag, Berlin, 1987

[36] **DIN ISO 9000 T2:** *Qualitätsmanagement- und Qualitätssicherungsnormen – Allgemeiner Leitfaden zur Anwendung von ISO 9001, ISO 9002 und ISO 9003.* Beuth Verlag, Berlin,1992

[37] **DIN ISO 9001:** *Qualitätssicherungsystem. Modell zur Darlegung der Qualitätssicherung in Design/Entwicklung, Produktion, Montage und Kundendienst.* Beuth Verlag, Berlin, 1987

[38] **DIN ISO 9002:** *Qualitätssicherungsystem. Modell zur Darlegung der Qualitätssicherung in Produktion und Montage.* Beuth Verlag, Berlin, 1987

[39] **DIN ISO 9003:** *Qualitätssicherungsystem. Modell zur Darlegung der Qualitätssicherung bei der Endprüfung.* Beuth Verlag, Berlin, 1987

[40] **DIN ISO 9004:** *Qualitätsmanagement und Elemente eines Qualitätssicherungssystems. Leitfaden.* Beuth Verlag, Berlin, 1987

[41] **FORD-Qualitätssystemrichtlinie:** *Q-101,* 1990

[42] **FORD-Richtlinien:** *Process Capability,* 1990

[43] **FORD-Testbeispiele:** *Beurteilung von SPC Software,* 1991

[44] **FORD-Instruktionsleitfaden:** *Fehler-Möglichkeiten und Einfluß-Analyse (FMEA),* 1988

[45] **FORD-Leitfaden:** *Weltweites Qualitätsbewertungssystem,* 1990

[46] **FORD-Leitfaden:** *Statistische Prozeßregelung,* 1985

[47] **Franke, W.D.:** *FMEA-Fehlermöglichkeits- und -Einflußanalyse in der industriellen Praxis.* mi Verlag, Landsberg/Lech, 1987

[48] **Franke, W.D.:** *ppm Programm für Bauteile.* mi Verlag, Landsberg/Lech, 1988

[49] **Franzkowski, R.:** *Annahmnestichprobenprüfung.* In: Masing, W. (Hrsg.): Handbuch der Qualitätssicherung, S. 137 ff. Hanser Verlag, München, 1988

[50] **Frehr, H.-U.:** *Total Quality Management.* Hanser Verlag, München, 1993

[51] **Frehr, H.-U.:** *Unternehmensweite Qualitätsverbesserung.* In: Masing, W. (Hrsg.): Handbuch der Qualitätssicherung, S. 815 ff. Hanser Verlag, München, 1988

[52] **Geiger, W.:** *Qualitätslehre,* Vieweg Verlag, Wiesbaden, 1994

[53] **Hall, P.:** *Eine Qualitätsumgebung für ISO 9000.* In: QZ (1993) 11, S. 607 ff

[54] **Hansen, W.:** *Selbstprüfung.* In: Masing, W. (Hrsg.): Handbuch der Qualitätssicherung. Hanser Verlag, München, 1988

[55] **Hansen, W.:** *Zertifizierung und Akkreditierung.* Hanser Verlag, München, 1993

[56] **Henckels, I.:** *Das ungenutzte Kostenpotential.* In: QZ (1993) 11, S. 615 ff

[57] **Hering, E./Triemel, J./Blank, H-P.:** *Qualitätssicherung für Ingenieure.* VDI Verlag, Düsseldorf, 1993

[58] **Hirano, H.:** *Poka-yoke-Verbesserung der Qualität durch Vermeidung von Fehlern.* mi Verlag, Landsberg/Lech, 1992

[59] **HOECHST:** *Fehler-Möglichkeiten erkennen und ausschalten (FMEA),* Frankfurt/Main, 1991

[60] **HOECHST:** *Kundenerwartungen erfüllen,* Frankfurt/Main, 1993

[61] **HOECHST:** *Statistische Prozeßführung (SPC),* Frankfurt/Main, 1993

[62] **Kamiske, G. F.; Brauer, J.-P.:** *Qualitätsmanagement von A - Z.* Hanser Verlag, München, 1993

[63] **Köppe, D.:** *Erstellen eines Qualitätssicherungs-Handbuchs.* In: QZ-Sonderteil Zertifizierung, ZG 23 ff, München, 1993

[64] **Köster, A.:** *Dokumentation.* In: Masing, W. (Hrsg.): Handbuch der Qualitätssicherung, S. 977, Hanser Verlag, München, 1988

[65] **Kübler, F.;Cramer, U.:** *Statistik für nicht-mathematische Berufe 2 (Wahrscheinlichkeitsrechnung).* Hueber-Holzmann Verlag, Ismaning, 1990

[66] **Masing, W.(Hrsg.):** *Handbuch Qualitätsmanagement.* Hanser Verlag, München, 2. Aufl., 1988

[67] **Melchior, K.W.; Kring, J.R.:** *Prüfplanung.* In: Masing, W. (Hrsg.): Handbuch der Qualitätssicherung, S. 485 ff, Hanser Verlag, München, 1988

[68] **Methner, H.:** *Aus-und Weiterbildung.* In: Masing, W.(Hrsg.): Handbuch der Qualitätssicherung, S. 771 ff, Hanser Verlag, München, 1988

[69] **Mittag, H.J.:** *Qualitätsregelkarten.* Hanser Verlag, München, 1994

[70] **Mohr, G.:** *Qualitätsverbesserung im Produktionsprozeß.* Vogel Verlag, 1991 (Kamprath Reihe)

[71] **Pfeifer, T.:** *Qualitätsmanagement.* Hanser Verlag, München, 1993

[72] **REFA (Hrsg.):** *Methodenlehre der Betriebsorganisation, Teil 4-Planung und Steuerung.* Hanser Verlag, München, 1991

[73] **Rinne, H.;Mittag, H.J.:** *Statistische Methoden der Qualitätssicherung.* Hanser Verlag, München, 2. Aufl., 1991

[74] **Sachs, L.:** *Angewandte Statistik.* Springer Verlag, Berlin, 5. Aufl., 1978

[75] **Schubert, M.:** *FMEA-Fehlermöglichkeits- und Einflußanalyse.* DGQ-Schrift Nr. 13-11, Beuth Verlag, Berlin, 1993

[76] **Schubert, M.:** *Qualitätszirkel.* In: Masing, W. (Hrsg.): Handbuch der Qualitätssicherung, S. 829 ff, Hanser Verlag, München, 1988

[77] **Schuster, R.:** *Motivation.* In: Masing, W. (Hrsg.): Handbuch der Qualitätssicherung, S. 789 ff, Hanser Verlag, München, 1988

[78] **Seibel, H.:** *Selbstprüfung.* DGQ-Schrift Nr. 15-42, 2. Aufl., Beuth Verlag, Berlin, 1981

[79] **Seghezzi, H.D.;Hansen, J.R.:** *Qualitätsstrategien.* Hanser Verlag, München, 1993

[80] **Shingo, S.:** *Poka-yoke-Prinzip und Technik für eine Null-Fehler-Produktion.* gfmt Verlag, St. Gallen, 1991

[81] **Simon, H.:** *Die Innovation der kleinen Schritte.* In: Readme.TQU, 13. Ausgabe, S. 6 ff

[82] **VDA-Schriftenreihe Band 1:** *Dokumentationspflichtige Teile bei Automobilherstellern und deren Zulieferanten-Durchführung der Dokumentation,* Frankfurt/Main, 1973

[83] **VDA-Schriftenreihe Band 2:** *Sicherung der Qualität von Lieferungen-Lieferantenbewertung/Erstmusterprüfung,* Frankfurt/Main, 1975

[84] **VDA-Schriftenreihe Band 3:** *Zuverlässigkeitssicherung bei Automobilherstellern und Lieferanten-Verfahren und Beispiele,* Frankfurt/Main, 1984

[85] **VDA-Schriftenreihe Band 4:** *Sicherung der Qualität vor Serieneinsatz,* Frankfurt/Main, 1986

[86] **VDA-Schriftenreihe Band 5:** *Produktaudit bei Automobilherstellern und Zulieferanten-Einführung/Durchführung/Bewertung,* Frankfurt/Main, 1983

[87] **VDA-Schriftenreihe Band 6:** *Qualitätssicherungssystemaudit-Fragenkatalog/ Bewertung der Ergebnisse,* Frankfurt/Main, 1993

[88] **Zäschke, J.:** *Qualitätsbewertung.* In: Masing, W. (Hrsg.): Handbuch der Qualitätssicherung, S. 421 ff, Hanser Verlag, München, 1988

Sachwortverzeichnis

W

Z